D1721337

Die zweite Erschaffung der Welt

Floris Cohen

Die zweite Erschaffung der Welt

Wie die moderne Naturwissenschaft entstand

Aus dem Niederländischen von Andreas Ecke und Gregor Seferens

Campus Verlag
Frankfurt/New York

Das Original erschien 2007 unter dem Titel *De herschepping van de wereld. Het ontstaan van de moderne natuurwetenschap verklaard* im Verlag Prometheus – Bert Bakker, Amsterdam.
De Herschepping van de wereld
Copyright © Floris Cohen, 2007.

Die Übersetzung erfolgte mit Unterstützung des Nederlands Literair Productie- en Vertalingenfonds.

Bibliografische Information der Deutschen Nationalbibliothek:
Die Deutsche Nationalbibliothek verzeichnet diese Publikation in der Deutschen Nationalbibliografie. Detaillierte bibliografische Daten sind im Internet unter http://dnb.d-nb.de abrufbar.
ISBN 978-3-593-39134-2

Umschlaggestaltung: Guido Klütsch, Köln
Umschlagmotiv: © akg-images
Satz: Campus Verlag, Frankfurt am Main
Druck und Bindung: Beltz Druckpartner, Hemsbach
Gedruckt auf Papier aus zertifizierten Rohstoffen (FSC/PEFC).
Printed in Germany

Besuchen Sie uns im Internet: www.campus.de

Inhalt

Einleitung – Die »alte« und die »neue« Welt

Hätten Sie, liebe Leserin, lieber Leser, mehr als etwa zwei Jahrhunderte früher gelebt, wären Sie mit hoher Wahrscheinlichkeit arm gewesen, sehr arm sogar. Sie hätten ihr Leben lang Landarbeit verrichtet, ohne Hoffnung oder Aussicht auf Veränderung. Ihre zahlreichen Kinder hätten Sie bis auf wenige, die dank besonderer Zähigkeit die Kindheit überlebten, selbst zu Grabe getragen. Das Ende Ihres eigenen Lebens hätten Sie ganz selbstverständlich um Ihr 45. Jahr erwartet. Ihre dörfliche Behausung wäre im Winter mit selbst gesammeltem Holz geheizt worden. Für andere Annehmlichkeiten hätten Sie bestenfalls ein paar aufgesparte Münzen bei der Hand gehabt. Wenn wir Alltagsgespräche, Kindergeschrei und Hühnergegacker einmal außer Acht lassen, hätte in Ihrer Umgebung Stille geherrscht, nur hin und wieder von Gewitterdonner oder mehrstimmigem Gesang unterbrochen, vom Getrommel und den Trompetensignalen eines Kriegszuges, vielleicht sogar vom regelmäßigen Läuten einer einsamen Glocke. Sie hätten an Geister, Götter oder einen Gott als der richtungweisenden, alles bestimmenden Instanz im Leben und besonders nach dem Tod geglaubt, ohne die wörtliche Wahrheit der Überlieferung in Frage zu stellen.

Kurz und gut, Sie hätten in einer Welt gelebt, die man als die »alte« Welt bezeichnen kann – in diesem Fall zur Unterscheidung von der »neuen« Welt, in der Sie und ich leben und die Ihnen und mir zu Wohlstand verholfen hat und uns nächstes Jahr wohl noch reicher machen wird. Diese »neue« Welt ist eine Welt voll überall verfügbarer Güter; viele von ihnen besitzen wir, und einige davon werden wir demnächst vielleicht durch wieder etwas fortschrittlichere ersetzen. Wir haben eine wesentlich höhere Lebenserwartung und sterben meistens an anderen Krankheiten. Wir leben inmitten von Lärm. Wir sind Eltern sehr weniger, mit Bedacht geplanter und gegen alle möglichen Krankheiten geimpfter Kinder, die gute Aussichten haben, noch älter zu werden als wir selbst. Auch bei den nicht sehr zahlreichen Zeitgenossen, die noch regelmäßig zur Kirche gehen, ist es keineswegs selbstverständlich, dass sie die dort rezitierten Texte wörtlich nehmen. Wir glauben, nur dieses eine Leben zu haben, denn von so etwas wie einem Leben nach dem Tod können wir uns beim besten Willen keine klare Vorstellung machen. Wenn Sie in die weite Welt hinaus ziehen – zu früher undenkbaren Zwecken wie Konferenzbesuch oder Urlaub –, erreichen Sie ihr Reiseziel durch die Luft oder mit dem Zug oder Auto innerhalb weniger Stunden. Nicht erst nach Tagen, Wochen oder Monaten zu Pferd oder an Bord eines schlingernden Schiffes, oder am glücklichen Ende einer Fußwanderung, im besten Fall auf Sandwegen, bei der Sie tausend Ängste ausgestanden haben, nicht vor Staus oder Reifenpannen, sondern vor Überfällen maskierter Räuber.

Die moderne Lebensweise, die ich hier beschreibe, ist für Sie und mich alltägliche Wirklichkeit. Für die Mehrheit der Weltbevölkerung gilt das nicht, besser gesagt: noch nicht. Denn die Minderheit, für die das Skizzierte schon jetzt Realität ist, wächst schnell. Und die schrumpfende Mehrheit hat viele unserer materiellen Segnungen als Ziel vor Augen. Mehr noch, dieses Ziel ist inzwischen recht realistisch geworden. Wenn der heutige Arme nicht hoffen kann, es selbst zu erreichen, so erhofft er es doch für seine Kinder oder Kindeskinder. Der Sprung von der »alten« in die »neue« Welt wird, so scheint es zumindest, in wenigen Generationen für jeden Menschen möglich sein.

Nun stellt sich natürlich die Frage, wie die Verwandlung der Welt historisch einzuordnen ist. Wann, wo, wie und warum hat sie begonnen?

Die Fragen nach dem Wann und Wo sind nicht schwer zu beantworten. Die Entstehung der modernen Welt ist ein Phänomen des Westens. Die ersten Anzeichen dieser Entwicklung gab es in England um das Jahr 1780, und innerhalb eines Jahrhunderts hat sie Europa und die Vereinigten Staaten bis zur Unkenntlichkeit verändert.

Wie der Modernisierungsprozess verlaufen ist, und vor allem, warum überhaupt der »alten« eine »neue« Welt entwachsen konnte, und warum gerade in dieser einen Kultur, der europäischen, und nicht in China, Indien oder der islamischen Welt – dieser Fragenkomplex stellt Historiker vor große Probleme. Seit einem Jahrhundert sind ihm zahlreiche Studien gewidmet worden, auf die wir hier nicht näher eingehen werden. Wir beschränken uns darauf, einen Aspekt dieser Fragen zu klären, der häufig übersehen oder nur nebenbei abgehandelt wird, aber dennoch ganz wesentlich ist. Immer ist nämlich ein Zusammenhang, ob ein direkter oder indirekter, zwischen den von mir skizzierten Kontrasten und der modernen Naturwissenschaft zu erkennen.

Betrachten wir zwei dieser Kontraste: Den zwischen modernem Lärm und vormoderner Stille und den zwischen modernem Unglauben und vormodernem Glauben an ein konkret vorstellbares Leben nach dem Tod, dem Wortlaut der Überlieferung entsprechend. Der zweite dieser Kontraste hängt mit unserer Kenntnis abstrakter Naturgesetze zusammen. Sie formulieren feste Regeln, nach denen sich bestimmte Vorgänge in der Natur unter exakt definierten Bedingungen vollziehen – seit Newton ist dies der für die Naturwissenschaft charakteristische Typus von Gesetzen. Durch dieses Wissen ist die Vorstellung von einem Gott oder von Göttern, die sich um unser persönliches Wohlergehen kümmern, höchst problematisch geworden. Ob die moderne Naturwissenschaft so etwas wie ein »wissenschaftliches Weltbild« tatsächlich *erzwingt*, ist noch die Frage (auf die ich am Schluss des Buches näher eingehe). Aber dass sie mit der Weltsicht, die zu den traditionellen Religionen gehört, auf gespanntem Fuß steht, liegt auf der Hand und offenbart sich täglich aufs Neue, am schmerzlichsten vielleicht in den Integrationsproblemen von Bauern aus dem anatolischen Hochland oder dem Rif-Gebirge, die es in unsere modernen Gesellschaften verschlagen hat.

Der zuerst genannte Kontrast – zwischen vormoderner Stille und modernem Lärm – hängt nicht mit dem Spannungsverhältnis zwischen einem vorwissenschaftlichen und einem durch die moderne Naturwissenschaft mitgeformten Weltbild zusammen, sondern mit dem Gegensatz zwischen dem vormodernen Handwerk, das auf Erfahrungswissen beruhte, und unserer modernen, auf die Naturwissenschaft gegründeten Technik. Von meinem ersten Besuch im »archäologischen Themenpark« *Archeon* in Alphen aan den Rijn ist mir das später abgebrochene Hauptgebäude in Erinnerung geblieben, vor allem aber das Gelände der Abteilung Urgeschichte direkt dahinter, damals noch vom Übrigen getrennt. Die unirdisch anmutende Stille, die einen beim Betreten gleich umgibt. Keine Popsender und keine Muzak in Hörweite, keine quietschend zurücksetzenden Lastwagen, keine nachbarliche Bohrmaschine. Wie entspannend, all das einmal nicht halb bewusst ausblenden zu müssen. Dafür hört man zwar das Autogesumm auf der einige Kilometer entfernten Ringstraße, aber das ist so monoton, dass man es ohne merkliche Anstrengung im Hintergrund halten kann. Also: Stille, vormoderne Stille.

Lärm hat es natürlich zu allen Zeiten gegeben, im alten Kaifeng oder Rom bestimmt nicht wenig, und vermutlich Tag und Nacht. Aber man konnte ihm leicht entkommen: Man brauchte nur die Stadt zu verlassen. Vor allem war er kein Ausdruck mutwilliger Selbstbetäubung, kein nach Belieben verstärkbares Gedröhn ohne jeden Inhalt und Sinn. Nicht nur, dass unsere moderne Welt voller Lärm ist, dem man nicht entkommt, zum ersten Mal in der Geschichte ist jene besondere, im Prinzip angenehme Art von Geräuschen, die wir Musik nennen, zu einem Teil der Lärmkulisse geworden. Wie hat sich das alltägliche Erleben von Geräusch und Klang so radikal verändern können? Was steckt hinter dieser Veränderung? Wer steckt dahinter? Wer hat diesen vollkommenen Wandel eines uralten Musters verursacht, das trotz gewisser Unterschiede grundsätzlich überall auf der Welt das Gleiche war?

Nun, Hertz und Marconi haben ihn verursacht. Nicht sie allein, selbstverständlich nicht. Keine einzige Note haben der geniale Physiker und der tüchtige Ingenieur komponiert, kein elektronisches Schlagzeug haben sie stereophonisch aus den Lautsprechern ihres Autos dröhnen lassen. Fassungslos wären sie, würden sie heute erleben, dass dergleichen aus der Entdeckung des einen und der Erfindung des anderen hervorgegangen ist. Und doch müssten sie bei aller Bestürzung über den betäubenden Krach ehrlicherweise eingestehen, dass sich ohne die theoretische Vorhersage und den experimentellen Nachweis von Radiowellen und deren praktische Anwendung im drahtlosen Telegraphen diese Technik nicht so, ja eigentlich überhaupt nicht hätte entwickeln können. Sie könnten höchstens auf die zahlreichen späteren Naturwissenschaftler und Ingenieure hinweisen, die ihr eigenes noch elementares Wissen über den Elektromagnetismus seitdem erheblich vertieft und ihn technisch beherrschbar gemacht haben. Oder sie könnten stattdessen in der Zeit zurückgehen – besonders Hertz – und auf Maxwell als den Theoretiker des Elektromagnetismus schlechthin verweisen. Und Maxwell wiederum auf Faraday als den Pionier der systematischen Erforschung elektromagnetischer Phänomene, und dieser auf Newtons Werk als Modell naturwissenschaftlicher Forschung, und Newton auf Galilei als den Pionier einer methodisch schlüssigen naturwissenschaftlichen Vorgehensweise. Tatsächlich stößt man in den gesammelten Werken und Briefen dieser Forscher auf solche Rückverweise. Hertz wusste genau und erkannte ausdrücklich an, dass er nicht ohne Maxwell … wie Maxwell nicht ohne Faraday … und so weiter, bis zurück zu Galilei. Dieser rief zwar bei Gelegenheit den »göttlichen« Archimedes als Schutzpatron an, wusste aber sehr gut, dass seine eigene Methode der Naturforschung die grundsätzlich richtige war und außerdem als solche kein wirkliches Vorbild hatte.

Und so sind wir bei den Jahren um 1600 angekommen, in denen mit der zweiten Erschaffung der Welt ein Anfang gemacht wurde. Dieser Anfang war vor allem ein Denk-Anfang. Schon jahrhundertelang hatten Griechen, aber auch Chinesen; Europäer, aber auch Araber; Mönche, aber auch Laien; Einzelgänger, aber auch philosophische Schulen klug und beharrlich darüber nachgedacht, was die Naturwelt im Innersten zusammenhält. Zwischen 1600 und 1640 haben Galilei und Kepler, Descartes und Bacon und noch manch anderer diesem überlieferten Denken, das oft sehr intelligent war, letztlich aber einer genaueren Prüfung nicht standhielt, eine entscheidende neue Wendung gegeben. Nicht nur eine denkerische Wendung, sondern auch, untrennbar mit ihr verbunden, eine praktische. Die Denkform, die zur damals in Ansätzen herausgebildeten modernen Naturwissenschaft gehört, ist als »Denken mit den Händen« bezeichnet worden. Und dieses Denken machte es zum ersten Mal in der Weltgeschichte möglich, Aussagen auf ihren Realitätsgehalt zu prüfen. »Du behauptest das, aber geht es in der Natur wirklich so zu?« Erst im Lauf des 17. Jahrhunderts haben solche »handfesten« Denker auch durch Irrtümer und Rückschläge Verfahren und Methoden erlernt, mit denen sich überprüfen ließ, ob eine plausibel wirkende Behauptung mehr war als eben dies: eine plausibel wirkende Behauptung. Die Frage, wie dieser Prozess verlaufen ist und wie er so verlaufen *konnte*, versuche ich in diesem Buch zu beantworten.

Für die fast unwahrscheinliche Serie denkerischer und praktischer Durchbrüche von Galilei bis Newton haben kompetente Wissenschaftshistoriker schon eine ganze Reihe von Erklärungen gegeben. (Reifere Leser erinnern sich vielleicht noch an das Buch *Die Mechanisierung des Weltbildes* von Eduard Jan Dijksterhuis, mehr als ein halbes Jahrhundert alt, aber immer noch beeindruckend – und 2002 bei Springer in Berlin nachgedruckt.) Ich selbst habe diese Erklärungen und Interpretationen in *The Scientific Revolution. A Historiographical Inquiry* (1994) inventarisiert, zueinander in Beziehung gesetzt und bewertet. Bisher wurde aber noch nicht systematisch zu erklären versucht, weshalb der entscheidende Schritt zur modernen Naturwissenschaft gerade in Europa getan wurde, dem Nachzügler unter den großen Kulturen. Warum nicht in China oder in der islamischen Welt, die doch beide sehr weit entwickelte Formen der Naturforschung kannten? Viele Klischees sind in Umlauf, an raschen Antworten mangelt es nicht. Aber eine einigermaßen tiefschürfende Untersuchung, bei der die verschiedenen Arten von Naturforschung in den hier relevanten Kulturen systematisch verglichen werden, gab es noch nicht. In meiner Studie *How Modern Science Came Into the World. Four Civilizations, One 17th Century Breakthrough* habe ich die Ergebnisse einer solchen Untersuchung ausführlich und mit zahlreichen

Verweisen auf die Fachliteratur dargestellt. Im vorliegenden Buch wende ich mich nicht in erster Linie an meine Fachkollegen, die Wissenschaftshistoriker, sondern an ein breiteres Lesepublikum.

Dieses Publikum braucht kein Spezialwissen, um meiner Darstellung folgen zu können. Alles Mathematische, das hier und dort zur Sprache kommt, erkläre ich in Worten. Viel wichtiger als das Vorhandensein von Wissen ist die Bereitschaft, vorhandenes Wissen vorübergehend auszublenden. Ich habe dieses Kapitel mit dem Kontrast zwischen der »alten« und der »neuen« Welt begonnen. Das Leben in der »alten« Welt können wir uns annähernd vorstellen, wenn wir uns umblicken und die Gegenstände, die wir sehen, einen nach dem anderen fortdenken. Weg mit der Steckdose; raus mit dem Gasherd; das Handy muss verschwinden; und was hat der Plastik-Müllsack – ja, und auch das Fahrrad – im Holzschuppen zu suchen (der selbst aber stehen bleiben darf)? Dementsprechend bitte ich den Leser oder die Leserin, eine Reihe moderner Begriffe aus seinem oder ihrem Gehirn zu entfernen. Weg mit der Evolutionstheorie und dem Gravitationsgesetz, und das Periodensystem der Elemente ist jetzt ebenfalls unerwünscht. Ich muss meine Leser sogar bitten, ihre Vorstellungen von der Entstehung unseres Wissens über die Natur und von den allmählichen oder plötzlichen Fortschritten dieses Wissens erst einmal wegzusperren. Wenn Sie Thomas S. Kuhn gelesen haben: Entdecken Sie bitte nicht gleich überall Paradigmenwechsel, wir werden unterwegs noch feststellen, ob wir diesen Begriff gebrauchen können. Falls Sie mehr von Karl Popper halten: Versuchen Sie bis zum Ende des Buches einmal ohne Ihr vertrautes Kriterium der Falsifizierbarkeit auszukommen. Und wenn Sie stillschweigend davon ausgehen, dass die Naturwissenschaft früherer Zeiten im Grunde mehr oder weniger wie die heutige gewesen sei, nur einfacher und mit seltsamen Fehlern behaftet, die von den großen Helden in der Geschichte der Naturwissenschaft nach und nach beseitigt worden sind: Bitte schaffen Sie in ihrem Gehirn Platz für eine Situation, in der von so etwas wie Naturwissenschaft einfach noch keine Rede sein kann. Unerforscht und unentdeckt liegt die Naturwelt vor uns. Wie können wir sie denkend und wahrnehmend erfassen?

I. Um am Anfang anzufangen: Naturerkenntnis im alten Griechenland und in China

Die uns umgebende Natur ist eindrucksvoll, aber auch rätselhaft. Um sie sich gefügig zu machen, in Zeiten der Dürre oder der Pest zum Beispiel, vertraute man auf die magische Beschwörung. Und um sie erklärend in den Griff zu bekommen, brauchte man die Götterwelt. In der Ilias und der Odyssee findet sich eine Menge dieser Erklärungen: Bei Gewitter donnert Zeus (Jupiter); wenn ein Vulkan ausbricht oder die Erde bebt, tobt Hephaistos (Vulcanus) in seiner Schmiede; bei Regen im Sonnenschein beeilt sich Iris, einen Bogen an den Himmel zu setzen. In den Götterwelten anderer Kulturen ging es ebenso zu, nur mit anderen Personifikationen. Derartige Naturerklärungen ließen durchaus die Möglichkeit offen, auf diesem oder jenem Teilgebiet tiefer in das Wesen der Erscheinungen einzudringen. So brachten es die Babylonier zu bemerkenswert genauen Vorhersagen der Positionen von Mond, Sternen und Planeten, indem sie systematisch deren Bahnen am Nachthimmel verfolgten. Und so gelang es den Polynesiern dank genauer Beobachtung kleinster Nuancen bei Wolkenformationen oder beim Vogelzug, in ihren Kanus zuverlässig den Weg über Hunderte von Meilen auf dem Ozean zu finden.

Nicht wenige Kulturen haben sich im Lauf der Zeit solches Spezialwissen über die Natur angeeignet, zwei sind einen entscheidenden Schritt weiter gegangen. Das waren im 6. Jahrhundert vor unserer Zeitrechnung die griechische und ungefähr gleichzeitig die chinesische. Beide ließen Naturerklärungen des Typs Zeus-Hephaistos-Iris hinter sich und formten sich ihr Bild von der Welt auf völlig anderer Grundlage. Nicht, dass sie von ihrem Glauben an Götter oder Geister abgekommen wären. Nur schrieben sie ihnen nicht mehr die unendliche Mannigfaltigkeit der Naturphänomene zu. Stattdessen entwarfen sie Ordnungsprinzipien und erklärende Schemata, die sie in die Lage versetzten, die Natur in ihrer Gesamtheit nach einigen wenigen Leitideen zu deuten und weiter zu erkunden.

Wie man einer Mahlzeit sowohl mit Messer und Gabel als auch mit Stäbchen zu Leibe rücken und wie man Sprache sowohl mit Buchstaben als auch mit Logogrammen schriftlich festhalten kann, so kann man auch die Naturphänomene auf ganz unterschiedliche Weise angehen und übersichtlich einteilen. Tatsächlich sehen in der griechischen Kultur die Herangehensweise und die Einteilung völlig anders aus als in der chinesischen. Der chinesische Ansatz war vor allem an den Erfahrungstatsachen ausgerichtet und auf die Praxis bezogen. So versuchte Zhang Heng im 2. Jahrhundert n. Chr. eine Regelmäßigkeit im Vorkommen von Erdstößen zu entdecken, um rechtzeitige Warnungen zu ermöglichen. Solche von der Beobachtung ausgehende Forschung wurde vor dem Hintergrund eines zusammenhängenden Weltbildes betrieben, das sich langsam herauskristallisiert hatte und in dem alle Erscheinungen ihren Platz zugewiesen bekamen. Der griechische Ansatz dagegen war kein »Bottom-up-Approach« wie der chinesische, sondern »Top-down« – die Generalisierung ging dem Sammeln von Daten voraus, Erfahrungstatsachen wurden in eine intellektuelle Konstruktion eingepasst. Eine Verbindung zu praktischen Fragen gab es kaum, das Denken war abstrakt und theoretisch. Und während in China nach der Einigung des Reiches unter *einem* Kaiser eine Synthese zustande kam und von da an die eine Vorgehensweise und das eine Weltbild im Großen und Ganzen festlagen, vollzog sich im griechischen Denken eine dauerhafte Spaltung. In Athen nahmen Abstraktion und Theoriebildung die Gestalt der Philosophie an, in Alexandria die der Mathematik. Zum Beispiel erklärten in Athen Philosophen in groben Zügen, wie die Erde sich zum Rest des Kosmos verhält, während in der griechischen Kolonie Alexandria Mathematiker Modelle der Planetenbahnen am Himmel berechneten.

Die Aufspaltung in einen athenischen und einen alexandrinischen Ansatz ist von entscheidender Bedeutung. Ohne eine genauere Kenntnis der zwei getrennten Wege lässt sich die viel spätere Entstehung der modernen Naturwissenschaft nicht angemessen erklären, und deshalb gehen wir von dieser Zweiteilung aus. Wir betrachten zunächst die athenische Form der Naturerkenntnis, danach die alexandrinische, um schließlich zu fragen, worin die wichtigsten Unterschiede bestanden und wie tief die Spaltung war.

Athen

Philosophie bietet für jeden etwas. Man kann in ihr Trost suchen, Weltweisheit, Disziplinierung des Denkens, Gedanken über das Wesen guter Regierung, fundierte Ratschläge für einen verantwortungsvollen Umgang mit seinen Mitmenschen. Von all dem stellte jede der vier philosophischen Schulen, die vor gut zweitausend Jahren in Athen entstanden, etwas bereit. Darüber hinaus waren bei ihnen entwickelte Formen von Naturerkenntnis zu finden. Jede dieser Schulen erhob sogar den Anspruch, nicht weniger als das Wesen der Natur erkannt zu haben. Ob man die von Platon gegründete Akademie aufsuchte, das Lyzeum seines Schülers Aristoteles, die Stoa (»Säulenhalle«) oder den Garten Epikurs, überall konnte man erfahren, worauf die Gesamtheit der Naturphänomene letztlich zurückzuführen sei. Natürlich lehrte jede Schule etwas anderes. Trotzdem war ihnen etwas gemeinsam: Jede bot eine eigene Lösung für dasselbe Problem, das der Veränderung.

Wie kann nun Veränderung ein Problem sein? Sehen wir nicht, wie sich die Dinge um uns herum unaufhörlich verändern? Ein Ast bricht vom Stamm und fällt zu Boden, Wasser verdampft in der Sonne, ein Vulkan spuckt Lava, der Säugling wächst heran, der Erwachsene wiederum schrumpft irgendwann zum Greis. Muss es beim Streben nach Naturerkenntnis nicht gerade darum gehen, Regelmäßigkeiten in all der unablässigen Veränderung zu entdecken? Hatte nicht auch ein sehr früher griechischer Denker, Heraklit, für dieses ständige Sich-Verändern das schöne Bild »Alles fließt« gebraucht?

Dass Veränderung zum Problem werden konnte, lag am größten Querkopf unter jenen frühen griechischen Denkern, die man als Vorsokratiker bezeichnet. In gut 50 Zeilen seines Lehrgedichts hatte Parmenides in beschwörendem Ton jegliche Veränderung für Schein erklärt. Es gebe nur das Seiende und das Nichtseiende, Zwischenformen oder ein Übergang des einen ins andere könnten nicht ohne inneren Widerspruch gedacht werden. Entweder sei dasjenige, worin etwas anderes sich verwandle, ursprünglich nicht da gewesen, und in diesem Fall sei nicht zu verstehen, woher es nun habe kommen können, oder es sei von Anfang an da gewesen, und dann könne man nicht von einem Werden sprechen, sondern alles sei geblieben, wie es war:

»Wie aber könnte dann Seiendes vergehen? Wie könnte es werden? / Wenn es nämlich wurde, *ist* es nicht; auch nicht, wenn es zukünftig einmal sein wird. / So ist Werden ausgelöscht und verschollen der Untergang.«

Nirgendwo zwischen dem Sein und dem Nichtsein wäre demnach ein Werden denkbar. Wenn wir Entstehen und Veränderung in der uns umgebenden Wirklichkeit wahrzunehmen glauben, lässt das nur sehr bedauerliche Rückschlüsse auf unsere Wahrnehmung zu, und wir müssen uns mit der Tatsache abfinden, dass unsere Sinne uns keine zuverlässigen Auskünfte über die Wirklichkeit geben. Was dieses frühe griechische Denken über die Welt zugleich imponierend und abstoßend macht, ist die Bereitschaft, tatsächlich kaltblütig eine solche Schlussfolgerung zu ziehen. Und wie so oft in der Geschichte des Denkens wird auch in diesem Fall inspirierte Frechheit belohnt – manche Kenner der griechischen Tradition sind sogar der Ansicht, bei aller Unschärfe hätten die Hexameter des Parmenides dem griechischen Denken die entscheidende Wendung gegeben.

Dies, weil die sinnliche Wahrnehmung, mit der Parmenides so hart ins Gericht gegangen war, bald wieder rehabilitiert wurde, aber nicht, indem man so tat, als sei inzwischen gar nichts geschehen. Das *Paradox* des Parmenides – Werden ist entgegen allem Anschein unmöglich – wird kreativ zum *Problem* des Parmenides umgeformt: Wie können wir das Paradoxon als solches anerkennen und es zugleich unschädlich machen, das Werden also doch noch retten, durch ein nicht weniger strenges Denken? Wie können wir das Werden begreiflich machen?

Jede der vier philosophischen Schulen, die nach den Vorsokratikern in Athen gegründet werden, wählt ihre Ausgangspunkte so, dass sie das Problem des Parmenides auf ihre Weise lösen kann.

Platon geht mit seiner Zustimmung zu Parmenides am weitesten. Er unterscheidet zwischen der unvollkommenen Welt der Erscheinungen, die wir mit unseren Sinnen wahrnehmen, und einer vollkommenen Welt der idealen Formen, die von den wahrnehmbaren Phänomenen unzulänglich widergespiegelt werden. Es gibt Kiefern und Eichen und Palmen, mit denen ständig alles Mögliche geschieht, aber was wirklich zählt, ist die unveränderliche Idee des Baumes, der ideale Baum, aus dem sich die spezifischen Formen all der Kiefern, Eichen und Palmen herleiten. Das Bemühen um Erkenntnis der Natur, des Menschen und der menschlichen Gesellschaft ist immer auf die Erkenntnis ihrer idealen Formen ausgerichtet. Platon ging es vor allem um die Einrichtung des Staates, die so gut wie irgend möglich die Idee der Gerechtigkeit verkörpern sollte. Einer seiner Dialoge, *Timaios*, vermittelt aber einen Eindruck von seinem Bild der Naturwelt. Er bringt einen Schöpfungsmythos ins Spiel, der beschreibt, wie die Naturwelt von einem weisen Architekten nach dem Vorbild einiger regelmäßiger geometrischer Figuren gestaltet wurde. Die Bedeutung der Mathematik liegt für Platon darin, dass uns die geometrischen Figuren so deutlich den Unterschied zwischen der Welt der Alltagserfahrung und der idealen Welt vor Augen führen, die sich nur denken, nicht wahrnehmen lässt. Misst man die Winkel eines in den Sand gezeichneten Dreiecks und addiert sie, kommt man auf etwa 175 Grad, vielleicht auch noch etwas näher an 180, sofern man mit einem sehr geraden Lineal außergewöhnlich exakt gezeichnet hat. Aber nie wird man auf genau 180 Grad, 0 Minuten und 0 Sekunden kommen, die das Ergebnis sein müssten, wie mathematisch bewiesen wurde. Nur für die drei Winkel des Dreiecks, das wir uns denkend vorstellen, geht die Addition auf, mit einer durch keinen unserer Sinne beeinträchtigten Vollkommenheit. So kann das Studium der Mathematik auf die höchste Form der Erkenntnis vorbereiten – auf das denkende Schauen der idealen Formen im Reich der Ideen.

Platon löst also Parmenides' Paradox auf, indem er Veränderung zwar als real anerkennt, sie aber für nebensächlich erklärt; die eigentlich bedeutsame Wirklichkeit ist von ihr nicht betroffen. Sein Schüler Aristoteles dagegen akzeptiert Veränderung doch wieder als vollwertige Kategorie. Seine Neuerung besteht darin, dass er zwei Arten von Sein unterscheidet, potentielles Sein und aktuelles Sein. So kann Veränderung als Entfaltung dessen, was in einer Sache *als Möglichkeit* angelegt ist, in Richtung eines Zustands wirklichen Seins verstanden werden. Ein beliebtes Beispiel ist die Entwicklung einer Eichel (nur potentiell eine Eiche) zu einer vollwertigen, wirklichen Eiche. Veränderung ist demnach die Verwirklichung eines *Zieles*, das alles sich Verändernde von Beginn an in sich trägt. Die Essenz, die ideale Form, liegt nicht, wie Platon lehrte, in einer anderen Welt, sondern in den Dingen selbst, und diese Dinge sind unablässig damit beschäftigt, ihre ideale Form zu verwirklichen, so gut es eben geht.

In der Atomlehre Epikurs wird Parmenides' Paradox auf wieder andere Weise aufgelöst. Das eine, festgefügte Sein des Parmenides wird gewissermaßen in unendlich viele winzige Seinsbröckchen zerschlagen, Atome genannt (nach dem griechischen Wort für »unteilbar«). Es sind nicht wahrnehmbare und nicht weiter spaltbare Materieteilchen, die sich unaufhörlich durch den ansonsten leeren Raum bewegen. Alle Veränderung in der Welt ist letztlich fortwährende Umgruppierung dieser Atome, die sich zu Himmelskörpern zusammenballen, zu Felsbrocken oder zu lebendigen Wesen, sich aber nach einiger Zeit wieder voneinander lösen und neue Kombinationen eingehen.

Nach der Atomlehre ist die Welt also ein Gefüge aus gesonderten Einheiten. Für die Stoa dagegen ist der enge Zusammenhang aller Dinge das

Hauptthema: nicht ihre wesensmäßige Getrenntheit, sondern ihre unauflösbare Kontinuität. Veränderung erscheint hier als allgegenwärtiger und unaufhörlicher Wechsel von Spannung und Entspannung in einem besonderen Medium, dem *Pneuma*, das den gesamten Kosmos durchdringt. Dieses Pneuma fassen die Stoiker als höchst subtile Mischung von Feuer und Luft auf, als hauchzarte Substanz sowohl materieller wie geistiger Art, die alles mit allem verbindet. Und wie in einem Spinnennetz feinste Vibrationen entstehen, wenn sich ein Insekt darin verfängt, so ruft die Abwechslung von Spannung und Entspannung im Pneuma Wirkungen in der Natur hervor. Eine andere viel gebrauchte Analogie ist die von Wellen, ausgelöst durch einen Stein, den man in einen stillen Teich wirft; in den Wellenbergen und -tälern pflanzt sich die hervorgerufene Spannung über die gesamte Wasseroberfläche fort.

Diese vier Deutungen der Veränderung und die sich daraus ergebenden Bilder der Natur sind also grundverschieden. Tatsächlich gaben die inhaltlichen Gegensätze Anlass zu endlosen Debatten – die alten Griechen waren versessen aufs Debattieren. So hielt ein Anhänger des Aristoteles den Stoikern vor, es sei doch unverständlich, wie das Pneuma, eine solch zarte Substanz, Dinge zusammenhalten könne, die viel fester und schwerer seien als es selbst. Die Stoiker antworteten dann, das Pneuma verdanke seine Bindekraft der Elastizität der Luft und der unaufhörlichen Aktivität des Feuers, aus denen es bestehe. Auffällig an einem solchen Disput ist, dass er kaum weiterführt – jeder hält an seinen eigenen Standpunkten fest. Hinter dem Einwand gegen die stoische Naturauffassung steckt nämlich, dass auch Aristoteles in seiner Naturphilosophie eine sehr zarte Substanz annahm, die allerdings auf das Nichtirdische beschränkt bleibt und nicht selbst Wirkungen hervorruft; das Pneuma der Stoiker hätte er beim besten Willen nicht in sein eigenes System einfügen können. Die Ausgangspunkte oder Leitgedanken beider Philosophien schließen einander aus. Weil außerdem jede Athener Schule behauptete, ihre eigenen Leitgedanken seien so unmittelbar einleuchtend, dass man an ihnen gar nicht zweifeln könne, war es unmöglich, zu einer Übereinstimmung zu gelangen.

Also hatten sie doch etwas ganz Wesentliches gemeinsam, das mit der *Form* ihrer Naturerkenntnis zusammenhängt. Jede der vier Schulen entwickelt einige wenige Leitideen zu den Eigenschaften der uns umgebenden Wirklichkeit. Für jede dieser Sammlungen von Leitideen wird der Anspruch absoluter Gewissheit erhoben, ihre Richtigkeit kann nicht angezweifelt und schon gar nicht widerlegt werden. Ihr Erklärungspotential ist unbegrenzt, jede Erfahrungstatsache fügt sich problemlos ins Gesamtbild, das in allem Wesentlichen von den Leitgedanken bestimmt ist. Dennoch greift jede Athener Schule vorzugsweise auf ganz bestimmte Beobachtungen zurück, um mit ihnen ihre Leitgedanken zu illustrieren. So verweisen Atomisten gern auf die atomartigen Staubteilchen, die man in einem Bündel Sonnenlicht im abgedunkelten Zimmer tanzen sieht. Ein anderes Beispiel ist das Austreten einer steinernen Stufe – unmerklich trägt jeder Fuß, der sie betritt, eine Anzahl von Atomen ab, die Höhlung wird größer und größer, bis schließlich nichts mehr von der Stufe übrig bleibt. Bei der Stoa spielt das von einem Stein ausgelöste Wogen eines stillen Teichs eine vergleichbare Rolle, die der Erfahrungstatsache, die durch die Lehre erklärt wird und gleichzeitig zu deren Illustration dient.

So macht sich nicht nur jede Athener Schule ihr eigenes Bild von der Welt, jede tut dies auf eine typische Weise, für die wir in diesem Buch den Begriff *Naturphilosophie* reservieren. Wir werden noch einigen *Weltbildern* begegnen, sowohl in China als auch im Europa der Renaissance, die keine Naturphilosophien in diesem ganz speziellen Sinn waren, sondern viel lockerer gefügte Denkkonstruktionen. Der Begriff Weltbild steht hier immer für eine globale Vorstellung vom Zusammenhang der Erscheinungen. Den Begriff Naturphilosophie gebrauchen wir in einem viel engeren Sinn. Wir sprechen nur dann von Naturphilosophie, wenn sich ein Weltbild durch jene ganz spezifische »Athener« Erkenntnisstruktur auszeichnet, also ein Komplex alles erklärender, über jeden Zweifel erhabener Leitgedanken über die Welt in ihrer Gesamtheit ist.

An der unbezweifelbaren Gewissheit jener Leitgedanken war allerdings etwas Problematisches. Hat man es mit einem einzigen System von Leitideen zu tun, so lässt sich noch leicht behaupten, die Welt könne einfach nicht anders als diesen Leitideen entsprechend aufgebaut sein. Konkurrieren aber gleich vier solcher Systeme miteinander, ist nur schwer glaubhaft zu machen, dass nun gerade eines die ganze Wahrheit gepachtet habe. Und auf diesen Schwachpunkt konzentriert sich die Kritik einer fünften athenischen Schule, die nicht etwa eine fünfte Philosophie ins Spiel bringt, sondern im Gegenteil eine Anti-Philosophie zu begründen versucht. Das ist die skeptische Schule. Ihr Gründer, Pyrrhon von Elis, kam angesichts des Wettstreits mehrerer philosophischer Systeme, die jeweils für sich vollkommene Gewissheit beanspruchten, zu der Überzeugung, dass dem Menschen gar keine sichere Erkenntnis beschieden sei. Unser Intellekt wie unsere Sinne können uns auf vielfältige Weise täuschen, die Möglichkeiten reichen vom Traum, der unser

Denken verwirrt, bis zur Farbenblindheit, die unsere Wahrnehmung verzerren kann. Was wir für Wissen halten, ist es nur scheinbar, in Wirklichkeit können wir nichts mit Gewissheit wissen. Dieser Standpunkt rief gleich den Einwand hervor, Pyrrhon behaupte offensichtlich doch eines mit Gewissheit zu wissen, nämlich, dass man nichts sicher wissen könne. Und so läuft das skeptische Denken letztlich auf etwas hinaus, das man »Zurückhaltung des Urteils« nennt – zu nichts, was über die eigene unmittelbare Wahrnehmung hinausgeht, können wir eine sichere Aussage machen, sie bietet keine Grundlage für Verallgemeinerungen. »Ich sehe und spüre, dass es regnet« – mehr als dergleichen kann nicht behauptet werden. Was für ein trauriges Ende des Erkenntnisabenteuers, in das sich die Vorsokratiker fünf Jahrhunderte zuvor so unerschrocken gestürzt hatten!

Alexandria

Vielleicht hätte es im griechischen Denken nie einen Fortschritt gegeben, wäre nicht weit von Athen entfernt noch ein anderer Ansatz entwickelt worden. Nach der Eroberung des östlichen Mittelmeerraums durch Alexander den Großen blüht gegen 300 v. Chr. neben Athen ein zweites Wissenszentrum auf, die von ihm selbst gegründete Stadt Alexandria. Wie in Athen wird auch dort an einige vorsokratische Gedanken angeknüpft. Den Schwerpunkt bildet die Mathematik. Dieser Wissenszweig war keine griechische Erfindung. Wie erhaltene Hieroglyphen und Tontafeln zeigen, hatte das mathematische Denken schon Jahrhunderte vor den Griechen einen beachtlichen Stand erreicht. Ägypter konnten den Inhalt einer Stumpfpyramide mit quadratischer Grundfläche berechnen, Babylonier rechneten mit arithmetischen Reihen und lösten quadratische Gleichungen. Der große Unterschied zwischen der griechischen und dieser frühen Mathematik besteht darin, dass die griechischen Mathematiker von Anfang an mit *Beweisen* arbeiteten. Die Babylonier wussten längst, dass bei einem rechtwinkligen Dreieck die Summe der Quadrate über den beiden Katheten gleich dem Quadrat über der Hypotenuse ist, aber sie formulierten diesen Befund als Rechenregel und ergänzten diese mit Beispielen, die einem Landvermesser nützlich sein konnten. Pythagoras machte daraus im 6. Jahrhundert v. Chr. einen abstrakten, allgemeinen Lehrsatz, ließ die praktische Anwendung weg und fügte einen Beweis hinzu. Eine solche abstrakte und beweisende Mathematik kam Platon gerade recht: Sie eignete sich zur Einführung in seine Ideenlehre. Im *Timaios* erklärte er sogar eine Reihe dreidimensionaler Figuren, von denen drei aus gleichseitigen Dreiecken zusammengesetzt sind, zu Elementarbauteilen der Schöpfung. In Alexandria wurde die sich schnell weiterentwickelnde Mathematik aber auf ganz andere Weise als bei Platon mit der Welt der Naturerscheinungen verbunden. Ein gutes Beispiel verdanken wir wiederum Pythagoras.

Ihm wird die Entdeckung einer *mathematischen* Regelmäßigkeit in einem Phänomen zugeschrieben, das wir mit unseren *Sinnen* wahrnehmen können. Zwei beliebige musikalische Töne passen meistens schlecht zueinander: Sie scheinen sich zu »beißen«, sie dissonieren. Neben der Vielzahl dissonanter Intervalle gibt es aber auch einige, bei denen die Töne geradezu miteinander zu verschmelzen scheinen, sie sind dem Gehör angenehm, sie konsonieren. Man kann diese konsonanten Intervalle systematisch nacheinander erzeugen, indem man eine Saite erst ungeteilt zum Schwingen bringt, anschließend nachdem man sie genau in der Mitte geteilt hat, so dass die Länge des schwingenden Saitenteils zur Gesamtlänge im Verhältnis 1:2 steht, dann so, dass dieses Verhältnis 2:3 und schließlich 3:4 beträgt. Auf diese Weise bringt man die Oktave, die Quinte und die Quarte hervor. Also, folgerte Pythagoras, stimmen die konsonanten Intervalle haargenau mit den Verhältnissen der einfachen ganzen Zahlen überein.

Für ihn war die Entdeckung dieses eigenartigen Zusammenhangs der willkommene Anlass, mit einem Schlag die Welt als Ganze auf die Zahl zurückzuführen. Der Kosmos selbst ist nach Ansicht des Pythagoras und seiner Anhänger entsprechend den Konsonanzverhältnissen aufgebaut, deren Regelmäßigkeit er entdeckt hatte; auch bei den Bewegungen der Himmelskörper entstehen harmonische Zusammenklänge, die *Sphärenharmonie*.

Die Intervalle sind das Material, aus dem Tonleitern gebildet werden. Einer der großen alexandrinischen Mathematiker, Euklid, hat die dazugehörigen Zahlenverhältnisse genauer untersucht. Dabei vermied er Spekulationen über die Frage, wie die Welt als Ganze eingerichtet sei – die Sphärenharmonie war eher ein Spielzeug für Philosophen. Euklid beschränkte sich auf eine mathematische Abhandlung über die Zahlenverhältnisse bei aufeinanderfolgenden Saitenteilungen, mit exakten Herleitungen und strengen Beweisführungen.

Dieser spezialistische Ansatz blieb kennzeichnend für die mathematische Methode der Naturerkenntnis, die ungefähr ab 300 v. Chr. in und um Alexandria aufblühte. Zu ihren Repräsentanten gehörten die größten Mathema-

tiker der griechischen Antike, die auch die »reine« Mathematik auf einen
hohen Stand brachten, außer Euklid vor allem Archimedes, Apollonios von
Perge, Aristarchos von Samos und (Jahrhunderte später) Ptolemäus. Fünf
besondere Naturphänomene boten sich für eine abstrakt-mathematische Behandlung an, wie sie am Beispiel der Konsonanzen dargestellt wurde. Außer
den Konsonanzen waren dies Lichtstrahlen, Gleichgewichtszustände bei festen Körpern und in Flüssigkeiten und schließlich die beobachteten Positionen der »Wandelsterne« (Sonne, Mond und Planeten). Was war nun eigentlich das Mathematische an diesen so verschiedenen Phänomenen?

Im Fall der Lichtstrahlen ist es am deutlichsten erkennbar, weil sich das
Licht in einer Geraden ausbreitet, der einfachsten zweidimensionalen geometrischen Figur. Indem er Lichtstrahlen als Geraden darstellte, konnte Ptolemäus einige elementare Gesetzmäßigkeiten in ihrem Verhalten bei Reflexion – Einfallswinkel gleich Ausfallswinkel – und Brechung zwischen Luft und
Wasser formulieren. (Hier sollten sich die von ihm aufgestellten Regeln allerdings später als ziemlich ungenau erweisen.)

Bei den Erscheinungen, auf die das Hebelgesetz anwendbar ist – es beschreibt unter anderem die Bedingungen, unter denen ein Balken mit daran
aufgehängten Gewichten im Gleichgewicht bleibt –, ist die Verbindung mit
der Mathematik nicht ohne Kunstgriffe herzustellen. Möglich wird sie durch
einen Abstraktionsprozess, also durch die Lösung von allem Materiellen: Der
Balken wird als Gerade dargestellt, die Gewichte werden nicht wirklich auf-
gehängt, sondern nur als mit der Geraden verbunden gedacht.

Archimedes, der den mathematischen Beweis für das Hebelgesetz er-
brachte, hat auch Gesetzmäßigkeiten des Treibens oder Sinkens von Körpern
in Flüssigkeiten formuliert; Gesetzmäßigkeiten, die es letztlich ermöglichen,
die Unterschiede des spezifischen Gewichts verschiedener Stoffe zu bestimmen. Auch hier wird von der kunterbunten Formenvielfalt wirklicher Körper abstrahiert, der Körper auf eine geometrischen Figur reduziert.

Schließlich noch die Positionen der Himmelskörper am Firmament: Vergleicht man sie von Nacht zu Nacht, sieht es so aus, als würden sich die
»Fixsterne« nach einem festen Muster über die »Himmelskugel« bewegen,
beim Mond und den Planeten dagegen ist ein solches Muster viel weniger
leicht erkennbar. Übrigens auch bei der Sonne; die Jahreszeiten dauern nicht
alle gleich lang. Von der Frühlings-Tagundnachtgleiche über die Sommer-
sonnenwende bis zur Herbst-Tagundnachtgleiche sind es neun Tage mehr als
von der Herbst-Tagundnachtgleiche über die Wintersonnenwende bis zur
Frühlings-Tagundnachtgleiche. Zu den Unregelmäßigkeiten bei den Plane-

ten gehört auch, dass ihr schwaches Licht in der Helligkeit schwankt – offensichtlich wechselt ihre Entfernung zur Erde. Außerdem erweist sich bei allnächtlicher Beobachtung, dass ihre Bahnen im Verhältnis zu den Tierkreiszeichen nicht geradlinig verlaufen: Hin und wieder bewegt sich jeder Planet eine Zeitlang in die entgegengesetzte Richtung. Trotzdem wollten die alexandrinischen Mathematiker genau vorhersagen können, wann ein Planet wo am Himmel stehen würde. Dabei hielten sie an drei Ausgangspunkten fest. Die Erde steht *unbeweglich im Mittelpunkt* des Weltalls, und die Himmelskörper, die sich um sie drehen, tun dies auf *gleichmäßig* (mit konstanter Geschwindigkeit) durchlaufenen *Kreisbahnen*. Nur sind die scheinbaren Bahnen mit dem erwähnten unregelmäßigen Rücklauf keineswegs kreisförmig. Dieses Problem versuchte man durch die Konstruktion komplizierter Modelle zu lösen; in einem astronomischen Handbuch des Ptolemäus (nach der späteren arabischen Übersetzung als *Almagest* bekannt) fanden diese Versuche einen vorläufigen Abschluss. Charakteristisch für die Modelle sind die diffizilen Kombinationen von Kreisen, die es so in der kosmischen Realität gar nicht geben könnte. Es sind fiktive Kreiskombinationen, die einen großen Vorteil hatten: Mit Hilfe eines solchen Modells lassen sich auf der Grundlage aktueller Planetenpositionen genaue Vorhersagen künftiger Positionen machen, die weitgehend mit den besten damals möglichen Beobachtungen übereinstimmen.

Auf allen fünf Gebieten zeichnet sich die mathematische Naturerkenntnis also durch einen hohen Abstraktionsgrad aus. Die Verbindung zur Realität ist in jedem Fall nur sehr locker. Ein wirklicher, greifbarer Hebel hält sich nicht so genau an das Hebelgesetz, wenn auch die Abweichung vom Mathematisch-Exakten um so kleiner ist, je näher die Gestalt des Hebels der einfachen Geraden kommt. Um die Reflexion und Brechung von Lichtstrahlen zu veranschaulichen, werden sie als Geraden gezeichnet, aber was sich an der Grenzfläche, an der es zur Reflexion oder Brechung kommt, nun eigentlich genau abspielt, bleibt dabei offen. Und im Fall der Konsonanzen bleibt gerade das Phänomen, dem die Töne ihre Existenz verdanken, die (Saiten-) Schwingung, völlig unberücksichtigt; die mathematische Musiktheorie beschränkt sich auf die abstrakte Behandlung der Zahlenverhältnisse verschiedener Saitenlängen – ganze Saite, halbe Saite, Drittelsaite und so weiter.

Der letzte große Alexandriner, Ptolemäus, war sich dieses hohen Abstraktionsgrades durchaus bewusst, und in seinen Abhandlungen über Planeten, über Konsonanzen und über Reflexion und Brechung von Licht finden sich Versuche, eine engere Verbindung zur Wirklichkeit herzustellen. Er bemüht sich, die Kreiskombinationen aus dem *Almagest* auch in drei Dimensionen umzusetzen. In seinem Lehrbuch der Astrologie bringt er die Planeten (genauer gesagt, die Winkel, in denen sie zum Beobachter stehen) mit dem Klima auf der Erde und mit den menschlichen Schicksalen in Verbindung. Außerdem versucht er sich an einer Synthese zwischen der Konsonanzenlehre des Pythagoras und einer Melodielehre, die von einem Aristoteles-Schüler ausgearbeitet worden war. Und die von ihm selbst beschriebenen Strahlenverläufe in Spiegeln und bei Brechung an der Grenzfläche zwischen zwei Medien verknüpft er mit einer Erklärung der Funktionsweise des Auges. Der moderne Naturwissenschaftler in uns mag spöttisch feststellen, dass Ptolemäus mit jedem seiner Versuche, Brücken zwischen dem mathematischen Modell und der Wirklichkeit zu schlagen, aus heutiger Sicht gründlich gescheitert ist. Für den Historiker in uns ist etwas anderes wichtiger: Gerade dieses Scheitern lässt uns ermessen, welch große gedankliche Schwierigkeiten hier noch zu überwinden waren. Nur im Rückblick kann es so aussehen, als führe ein direkter Weg von einer fast rein abstrakten Form mathematischer Wissenschaft zu einer Wissenschaft mit sehr viel engerem Bezug zur Realität der Naturphänomene. In diesem Buch geht es mir ja darum zu zeigen, wie die Menschheit zu einer solchen Wissenschaft gekommen ist – teils durch ein zufälliges Zusammentreffen günstiger Umstände, aber auch durch Entwicklungen, in denen deutlich bestimmte Muster zu erkennen sind. Eines dieser Muster ist der bleibende Gegensatz zwischen den beiden Formen der Naturerkenntnis, die wir jetzt kennengelernt haben.

»Athen« und »Alexandria«: Zwei Formen der Naturerkenntnis im Vergleich

Wir haben gesehen, dass die mathematische Naturerkenntnis in ihrer alexandrinischen Gestalt wenig Realitätsbezug hatte. Hier liegt schon einer der bedeutsamsten Unterschiede zur athenischen Form der Naturerkenntnis. Diese war auf die Wirklichkeit ausgerichtet – die alltäglich erfahrbare Wirklichkeit, allerdings aus einem speziellen Blickwinkel betrachtet. Das gilt sogar für die Lehre Platons, dem es so wichtig war, über die Wirklichkeit der Alltagserfahrung hinauszugelangen. Außerdem wollte man in Athen, anders als in Alexandria, die Naturphänomene *erklären*, und zwar, indem man sie in ein großes Ganzes einordnete. Wie erwähnt machte es sich der Naturphilosoph zur Aufgabe, die Welt in ihrer Gesamtheit anhand bestimmter Leitideen von unbezweifelbarer Richtigkeit zu erklären. Die wahrnehmbaren Erscheinungen deutete man den jeweiligen Leitideen entsprechend, sie wurden außerdem zu deren Illustration herangezogen, wobei in der Praxis der philosophischen Lehre jeder Philosoph die Phänomene bevorzugte, die am besten zu den Auffassungen seiner Schule passten. Allumfassende Erklärungen qualifizierender, nicht oder kaum quantifizierender Art, abgeleitet aus ein für allemal feststehenden Leitgedanken und erschöpfend in Worten dargelegt: Das ist es, worum es dem Naturphilosophen geht. Aber Naturphilosophie ist für ihn nicht alles. Immer steht das Nachdenken über das Wesen der Natur in engem Zusammenhang mit anderen Hauptfragen der Philosophie: Wie der Staat organisiert sein sollte, wie man ein tugendhaftes Leben führt, wie man logisch argumentiert.

Mathematische Naturerkenntnis steht dagegen für sich allein, die Richtigkeit einer Aussage hängt nicht von der Plausibilität von Aussagen auf einem Nachbargebiet ab. Leitideen, wie sie für den »Athener« den Kern von allem bilden, lassen den »Alexandriner« kalt. Er will nicht erklären, sondern beschreiben und beweisen, und das nicht qualifizierend und mit großem Aufwand an Worten, sondern über mathematische Einheiten, mit denen man rechnen kann – mit Zahlen und Figuren. Die wahrgenommenen Phänomene dienen ihm nicht zur Illustration, sondern als Ausgangspunkt für mathematische Analyse; im Übrigen bleibt fast alles abstrakt. Die Phänomene (die bekannten fünf: Konsonanzen, Lichtstrahlen, Planetenbahnen und zwei verschiedene Gleichgewichtszustände) werden jeweils für sich untersucht, ohne eine Verbindung zwischen ihnen oder gar einen großen Gesamtzusammenhang anzunehmen. Das Einzige, was sie gemeinsam haben, ist ihre offenkundige Eignung für eine mathematische Herangehensweise. Und während an der philosophischen Debatte jeder Gebildete teilnehmen kann, gehört zum mathematischen Weg der Naturerkenntnis ein hoher Grad an Spezialisierung. Die Wenigen, die diese Voraussetzung erfüllen, beschränken sich dann allerdings nicht auf ein einziges Gebiet, sondern beschäftigen sich gleich mit mehreren. So fasste Euklid nicht nur beinahe das gesamte mathematische Wissen Griechenlands systematisch zusammen, sondern widmete einige seiner Abhandlungen auch den Konsonanzen und Lichtstrahlen. Und während Archimedes in der Beschreibung beider Gleichgewichtszustände Bedeutendes leistete, bildet Ptolemäus' Werk den Höhepunkt des »alexandrinischen« Denkens auf den übrigen drei Gebieten.

»Athen« und »Alexandria« unterschieden sich also grundlegend, und zwar keineswegs nur inhaltlich. Es waren zwei verschiedene *Formen der Naturerkenntnis*. Das ist kein gebräuchlicher Fachterminus. Ich führe den Begriff »Formen der Naturerkenntnis« hier wegen der Notwendigkeit einer brauchbaren Alternative zu »Naturwissenschaft« ein. Warum diese Notwendigkeit? Als heutiger Leser widersteht man nur schwer der Versuchung, die in diesem und den folgenden Kapiteln behandelten Arten von Naturerkenntnis mit Begriffen und Methoden zu verbinden, die kennzeichnend für die *moderne* Naturwissenschaft geworden sind. Die Griechen erdachten das Atom, wir arbeiten noch heute damit, und deshalb übersieht man leicht, dass die antike Atomlehre außer diesem einen Wort so gut wie nichts mit der modernen gemein hat und obendrein in ein völlig anderes Denkmodell eingebettet war. Außerdem hat sehr viel von dem, was wir in diesem Kapitel untersuchen, in modernen Augen schwerwiegende Mängel. Es liegt so nahe, die konsonanten Intervalle mit den *Schwingungen* der Saite in Verbindung zu bringen, die jeden der Töne hervorbringt – was also hat sämtliche Griechen von Pythagoras bis Ptolemäus daran gehindert, diesen einfachen Schritt zu tun? Für den Historiker ist das keine produktive Frage. Es gilt vielmehr festzustellen, dass das griechische Denken, ob es um Konsonanzen oder irgendeinen anderen Gegenstand ging, im Rahmen zweier unterschiedlicher Denkmodelle stattfand, die beide nicht das der modernen Naturwissenschaft sind (wenn auch vor allem das »alexandrinische« Denken gewisse Gemeinsamkeiten mit diesem hat), *sondern ihre eigenen Charakteristika haben und eigene Entwicklungspotentiale in sich tragen.*

Den Begriff »Form der Naturerkenntnis« gebrauche ich in diesem Buch als Einheit der historischen Analyse. Jede Form der Naturerkenntnis ist gewissermaßen ein Ansatz für sich, ein Bündel von Denk- und Verfahrensweisen in der Deutung von Naturphänomenen, das in vieler Hinsicht von anderen abweichen kann. Formen der Naturerkenntnis können sich in der beanspruchten Reichweite unterscheiden: Sie können die Welt als Ganze erfassen wollen, wie bei den Athenern, oder sich auf kleine Ausschnitte konzentrieren, wie bei den Alexandrinern. Sie können sich im Grad ihrer Orientierung an der Alltagserfahrung unterscheiden, anders gesagt im Abstraktionsgrad. Sie können sich durch den Weg unterscheiden, auf dem Erkenntnisse gewonnen werden, nämlich primär durch Denken oder vor allem über die Sinne. Sie können sich durch ihre praktischen Verfahrensweisen unterscheiden, durch den Stellenwert, den Beobachtung, Experiment und der Gebrauch von Instrumenten bei ihnen haben. Auch die Intentionen können unterschiedlich sein: Erkenntnis kann allein um ihrer selbst willen angestrebt werden oder in der Hoffnung auf praktischen Nutzen (beispielsweise in der Schifffahrt oder überall dort, wo Arbeitsersparnis erwünscht ist). Und schließlich können sie sich durch den Umfang des Dialogs mit anderen Formen der Naturerkenntnis unterscheiden. (So wird uns gleich der auffällige Mangel an Interaktion zwischen der athenischen und der alexandrinischen Form interessieren.)

Von besonderer Bedeutung ist für jede Form der Naturerkenntnis eine Eigenschaft, die ich als »Erkenntnisstruktur« bezeichne. Soll die angestrebte Erkenntnis dazu befähigen, Phänomene zu erklären oder zu beschreiben? Falls es darum geht, sie zu beschreiben, erfolgt dann die Beschreibung in Worten oder in Zahlen und Maßen? Wie wird mit Erfahrungstatsachen umgegangen: Betrachtet man sie als jeweils für sich stehende Wissenseinheiten oder als Teil eines vorab aufgestellten Schemas? Sofern sie Teil eines Schemas sind, dienen sie dann zu dessen Illustration und Bestätigung oder zur kritischen Überprüfung seiner Richtigkeit? Und wie steht es mit der zeitlichen Orientierung: Wollen die Vertreter einer bestimmten Form der Naturerkenntnis eine Wiederherstellung dessen, was sie als verlorene Vollkommenheit vergangener Epochen ansehen, oder geht es ihnen um die Konstruktion eines neuen Gesamtsystems, oder gehört zu ihrem Selbstverständnis, dass sie ihren Beitrag zu einer grundsätzlich offenen Zukunft leisten?

Formen der Naturerkenntnis, wie wir sie hier unterschieden haben, brauchen nicht unveränderlich zu sein. Es können sich nämlich Umstände ergeben, die eine Metamorphose begünstigen. Der Schlüssel zur Lösung unseres zentralen Problems liegt, wie sich noch zeigen wird, gerade in diesen Metamorphosen. Dabei reicht die Bandbreite von begrenzter Erweiterung und Entwicklung innerhalb eines vorgegebenen Modells bis zu revolutionärer Transformation – und genau solche Transformationen waren es, die im Europa des 17. Jahrhunderts mehrfach stattgefunden haben.

»Form der Naturerkenntnis« ist kein Begriff, der von den Helden dieser Geschichte jemals gebraucht wurde. Ebenso wenig haben sie sich »Naturwissenschaftler« genannt; die Bezeichnung »Naturwissenschaft« für mehr als einzelne Zweige der Naturforschung kommt erst im 19. Jahrhundert auf. Man verwendete eine Vielzahl von Ausdrücken, die sich nicht immer klar gegeneinander abgrenzen lassen. Am besten wählen wir unsere Begriffe unabhängig vom Wortgebrauch früherer Epochen. Nur müssen sie ausreichend genau umschrieben werden – aus terminologischen Unschärfen, wie sie bei einem Thema dieser Art immer drohen, dürfen sich keine Schlussfolgerungen ergeben. Deshalb werden wir die alexandrinische Form der Naturerkenntnis als »abstrakt-mathematische Naturerkenntnis« oder auch kurz »Alexandria« bezeichnen. Für die athenische Form reservieren wir den Ausdruck »Naturphilosophie«, oder wir nennen sie einfach »Athen«, wenn wir den Gegensatz zu »Alexandria« betonen wollen.

Kann man tatsächlich behaupten, »Athen« und »Alexandria« seien zwei unterschiedliche Formen der Naturerkenntnis in der umschriebenen Bedeutung? Die Liste von Gegensätzen, die wir aufgestellt haben, stützt diese Behauptung: Der abstrakt-mathematische Ansatz unterschied sich in vielerlei Hinsicht vom naturphilosophischen. So grundlegend sogar, dass zwischen beiden kaum ein Dialog stattfand. Zum Teil erklärt sich dies durch ihre Entstehungsgeschichte mit zwei geographisch weit voneinander entfernten Zentren. Aber noch anderes muss eine Rolle gespielt haben; Alexandriner hatten nämlich, wie ihre Schriften zeigen, durchaus Kenntnis von einigen naturphilosophischen, also athenischen Ansichten. Ptolemäus hat sich ihrer sogar hin und wieder bedient, um eine Lücke in seiner eigenen, ansonsten streng mathematischen Argumentation zu schließen. Sein gelegentlicher Rückgriff auf den Vorrat naturphilosophischer Behauptungen war aber reiner Opportunismus – »bloße Mutmaßung«, wie er Naturphilosophie höhnisch nannte, konnte in seinen Augen der mathematischen Herleitung mit ihrer vollkommenen Gewissheit nicht das Wasser reichen.

Trotzdem sind auf der inhaltlichen Ebene auffällig viele Berührungspunkte zu entdecken, die hätten genutzt werden können, aber – und das ist bezeichnend – nicht genutzt wurden. Hätte nicht zum Beispiel die Lehre von den konsonanten Intervallen leicht mit der stoischen Idee der Schallausbreitung durch Luftwellen verbunden werden können? Dass dies nicht geschah, hängt wie angedeutet mit der Vielzahl grundsätzlicher Unterschiede zwischen den beiden Formen der Naturerkenntnis zusammen. Außerdem aber mit einem Phänomen, das man als Stabilität der Tradition bezeichnen kann. Zumindest in der »alten« Welt war es der Normalfall, dass alles beim Alten blieb, Neuerungen waren die Ausnahme. Das gilt ganz besonders für ein gedanklich in sich geschlossenes Ganzes, wie es die griechischen Formen der Naturerkenntnis waren. Wir werden sehen, wie »Athen« und »Alexandria« jeweils für sich weiterentwickelt werden und sogar revolutionäre Veränderungen erfahren, bevor um die Mitte des 17. Jahrhunderts zum ersten Mal in der Weltgeschichte zwei getrennte Formen der Naturerkenntnis miteinander in produktive Wechselbeziehung gebracht werden – wofür wir übrigens den Niederländer Christiaan Huygens verantwortlich machen dürfen.

In der griechischen Welt, dem Ursprung beider Formen, konnte von produktiver Wechselbeziehung keine Rede sein. Überschneidungen gab es dennoch. Das beste Beispiel ist die allgemein geteilte Überzeugung, besser gesagt die stillschweigende, weil völlig selbstverständliche Annahme, dass die Erde den unbeweglichen Mittelpunkt des Weltalls bildet. In der gesamten griechischen Antike gibt es nur einen einzigen Denker, Aristarch von Samos, der in dieser Frage eindeutig anderer Meinung war. Soweit wir wissen, hat er seine Gedanken aber nie zu einer vollwertigen mathematischen Planetentheorie entwickelt, wie es 18 Jahrhunderte später Kopernikus tun sollte. Es ist kein Wunder, dass seine Zeitgenossen ihn in dieser Hinsicht für einen Spinner hielten. *Spüren* wir auch nur das Geringste von einer Drehung der Erde? *Sehen* wir die Sonne denn nicht im Osten auf- und im Westen untergehen? Von der Kugelform der Erde konnte die intellektuelle Elite schon seit Parmenides wissen, aber unserem Planeten eine tägliche Drehung um die eigene Achse oder gar eine jährliche Umkreisung der Sonne zuzuschreiben, das ging zu weit. Es war durch keine einzige Erfahrungstatsache begründet, die ganze Vorstellung widersprach dem gesunden Menschenverstand. Ptolemäus wusste sehr gut, dass die Annahme einer sich drehenden und die Sonne umkreisenden Erde seine mathematischen Modelle in manchen Punkten vereinfachen konnte, aber auch für ihn wogen die erwähnten Einwände allzu schwer. Zumindest in dieser Frage stimmen also alexandrinisch-mathematische Astronomen wie Ptolemäus mit athenischen Naturphilosophen wie Aristoteles überein. Dieser hat zum Platz der Erde im Kosmos genauere Aussagen als all seine Kollegen gemacht. Aber bei Aristoteles ist es kein bloßes Faktum, dass die Erde unbeweglich im Mittelpunkt des Weltalls steht. Es *ist* nicht nur so, es *kann nicht anders sein.*

Die Art und Weise, wie Aristoteles seinen Kosmos konstruierte, veranschaulicht sehr schön, was die athenische Form der Naturerkenntnis auszeichnet. Aristoteles hatte das Problem des Parmenides gelöst, indem er Veränderung als Übergang vom potentiell Seienden zum faktisch Seienden auffasste. Veränderung ist demnach die Annäherung an ein Ziel, das als Wesensmerkmal im sich Verändernden enthalten ist. Nun tritt Veränderung in vier Formen auf: als Werden und Vergehen (aus einer Eichel wächst eine Eiche), als qualitative Veränderung (im Herbst werden die grünen Eichenblätter braun), als quantitative Veränderung (im Herbst verringert sich die Anzahl der Blätter) und als Ortsveränderung (im Herbst fallen die Blätter ab). Auch für Ortsveränderung, also Bewegung, gilt demnach, dass es sich um die Verwirklichung eines Ziels handelt. Was aber ist das immanente Ziel eines sich bewegenden Objekts? Das hängt davon ab, aus welchem Urstoff es gemacht ist. Besteht es hauptsächlich aus dem schweren Urstoff Erde oder dem weniger schweren Urstoff Wasser, dann bewegt sich das Objekt in gerader Linie auf den Mittelpunkt des Weltalls zu. Besteht es hauptsächlich aus dem leichten Urstoff Luft oder dem noch leichteren Urstoff Feuer, dann bewegt es sich linear vom Mittelpunkt des Weltalls fort. Besteht es schließlich aus dem immateriellen »Äther«, dann bewegt es sich in einer Kreisbahn um den Mittelpunkt des Weltalls. Ist die natürliche Ordnung vollständig verwirklicht, sind also alle Ziele erreicht, so hat sich um den Mittelpunkt des Weltalls eine Kugel aus Erde gebildet, um sie herum eine Kugelschale aus Wasser, um diese herum eine weitere aus Luft und außen eine aus Feuer. Das Ganze wird von den ätherischen Himmelskörpern auf ewigen Kreisbahnen umrundet. Erkennen Sie hier etwas wieder? Die Erde im Mittelpunkt? Die Meere und Ozeane auf ihrer Oberfläche? Die Atmosphäre um sie herum? Mond und Sonne und Planeten und Fixsterne, die sie täglich umkreisen? Es ist unsere Welt, die Aristoteles aus den Leitgedanken seiner Naturphilosophie ableiten konnte.

Nur ist es eine »athenische« Welt, die hier durch Herleitung erklärt wird, nicht die »alexandrinische«. Über die Unbeweglichkeit der Erde im Mittelpunkt des Weltalls ist man sich einig, aber weiter geht die Übereinstimmung nicht. Aristoteles erklärt verbal in groben Zügen den Aufbau des Weltalls, wobei er so tut, als bewege sich jeder Himmelskörper auf einer einfachen Kreisbahn um die Erde. Ptolemäus beschreibt in einem mathematischen Modell, zu dem eine Vielzahl von Kreiskombinationen gehört, die Planetenbahnen in ihrer ganzen Kompliziertheit (jedenfalls soweit sie zu seiner Zeit bekannt waren); zu allem übrigen äußert er sich nicht. Das Ziel ist unterschiedlich, das Ergebnis zum Teil ebenfalls. Ein Bedürfnis nach Zusammenführung beider Perspektiven, der »athenischen« und der »alexandrinischen«, besteht nicht oder kaum. Allenfalls versucht Ptolemäus wie erwähnt den Realitätsgehalt seiner abstrakt-mathematischen Herleitungen manchmal mit ein paar Versatzstücken Naturphilosophie zu erhöhen.

Von eben diesem Ptolemäus haben wir bisher so gesprochen, als wäre er mehr oder weniger ein Zeitgenosse der anderen großen Alexandriner gewesen: von Euklid, Archimedes, Aristarchos und Apollonios. Das war er nicht, er lebte nicht wie sie in der Blütezeit des griechischen Denkens einige Jahrhunderte vor unserer Zeitrechnung, sondern im 2. Jahrhundert danach. Er war ein einsamer Kreativer zu einer Zeit, als dieses griechische Denken, soweit es die Natur zum Gegenstand hatte, schon seit langem im Niedergang begriffen war.

Niedergang: Ein gleichbleibendes Muster

Zunächst die wesentlichen Fakten. Um 150 v. Chr. ist es mit der Pionierarbeit in der Naturphilosophie ganz und in der mathematischen Naturerkenntnis beinahe vorbei. Auf anderen Gebieten der Kultur hält die Blüte an oder steht sogar erst bevor – bis zum Untergang der antiken Welt ist es noch weit. Wir haben es also nicht mit einem allgemeinen Verfall zu tun; nur das Goldene Zeitalter der griechischen Naturerkenntnis geht Mitte des 2. Jahrhunderts v. Chr. recht plötzlich zu Ende. Dieses Goldene Zeitalter übertraf noch die vorangegangene kreative Epoche, die gut zweieinhalb Jahrhunderte angedauert hatte, von der Ouvertüre im vorsokratischen Denken bis zur Bildung der ersten Schulen durch Platon und Aristoteles. Die dann einsetzende Eruption von Kreativität, mit einer Vielzahl bedeutender Leistungen (ab ungefähr 350 v. Chr.), ist die erste in einer Reihe von Goldenen Zeitaltern der Naturerkenntnis.

Was ist hier unter »Goldenem Zeitalter« zu verstehen? Wir definieren es als eine Epoche, in der große kreative Talente auffällig dicht gesät sind. Im Fall der alten Griechen sind dies – in alphabetischer Reihenfolge – Apollonios von Perge (Erforscher der Kegelschnitte), Archimedes, Aristarchos von Samos, Chrysippos von Soloi (Erdenker des stoischen Pneumas), Epikur (Gründer der atomistischen Schule), Euklid, Hipparchos von Nikaia (Pionier der mathematischen Planetentheorie) und Pyrrhon von Elis. Und sie sind nicht die Einzigen, sondern nur die bedeutendsten, die originellsten Geister. Auf etwas niedrigerem Niveau stehen andere, die sie umgeben, deutlich zahlreicher als das halbe Dutzend Denker pro Generation, die sich vor dem Goldenen Zeitalter um Naturerkenntnis bemühten. Als um 150 v. Chr. Hipparchos stirbt, ist es jedoch mit der Eruption vorbei; er ist der letzte Große, schon in der nächsten Generation finden sich allenfalls noch ein paar zweitrangige Nachfolger, die sich gegenseitig die Lehren ihrer jeweiligen Meister um die Ohren schlagen. Aber auch in einer Umgebung, die sich ansonsten aufs Wiederkäuen verlegt oder mit ganz anderen Themen als der Natur beschäftigt, kann gelegentlich noch ein intellektueller Riese erscheinen, der einfach dort anknüpft und weitermacht, wo einige Jahrhunderte

früher seine Vorgänger aufgehört haben. Ptolemäus' Denken ist das beste
Beispiel für einen solchen Nachbrenneffekt, obwohl es auf »alexandrini-
schem« wie auch auf »athenischem« Gebiet noch ein paar andere gab, bis ins
5. Jahrhundert. Das Vorkommen solcher gelegentlichen Nachbrenneffekte
steht nicht unbedingt im Widerspruch zu der Feststellung, dass auf das Goldene Zeitalter ein gewaltiger Niedergang folgte. Es ist im Gegenteil charakteristisch für das Muster von Auf- und Niedergang in der Naturerkenntnis
der »alten« Welt: zuerst die Ouvertüre, dann ein Aufblühen, das in einem
Goldenen Zeitalter kulminiert, schließlich steiler Niedergang, wobei nicht
ausgeschlossen ist, dass hin und wieder ein Einzelner noch Bedeutendes leistet. Die Geschichte wiederholt sich nie in jeder Hinsicht; dennoch werden
wir sowohl in der islamischen Kultur als auch im mittelalterlichen Europa
und im Europa der Renaissance grundsätzlich das gleiche Muster vorfin-
den.

Weshalb nun dieser Niedergang? Wodurch wurde er ausgelöst? Über diese Frage haben sich schon viele Historiker den Kopf zerbrochen, aber eigentlich ist sie falsch gestellt. Die Antwort lautet nämlich: »Was hätte man denn
anderes erwarten sollen?« Wir haben uns in die »alte« Welt zurückversetzt,
sind also noch weit entfernt von der heutigen Naturwissenschaft und den
Pfeilern, auf denen sie in der modernen Gesellschaft ruht. Ihre Kontinuität
verdankt die Naturwissenschaft unserer Zeit zwei außerordentlich stabilen
Faktoren. Naturwissenschaftliche Forschung wird von einer inneren Dynamik angetrieben, die es ihr ermöglicht, die Grenzen unseres Wissens ständig
weiter zu verlegen. Und zahlreiche Elemente dieses Wissens sind geeignet, in
fortwährender Wechselwirkung mit der Technik unseren Wohlstand zu ver-
größern und in vieler Hinsicht auch unsere Lebensqualität zu verbessern (die
Hauptursache der Gegensätze zwischen »alter« und »neuer« Welt, die ich am
Anfang des Buches aufgelistet habe). Keiner der beiden Faktoren war in der
»alten« Welt irgendwo oder irgendwann auch nur in Ansätzen vorhanden. Es
gab keine eingebaute Kontinuität; dieses Buch soll im Gegenteil erklären,
wie überhaupt eine Form der Naturerkenntnis aufkommen konnte, die *nicht*
dazu verurteilt war, innerhalb weniger Jahrhunderte oder noch kürzerer Zeit
wieder zu verfallen. Denn das galt für alle Naturforschung in der griechischen Welt – gerade das *Ausbleiben* des Niedergangs hätte dringend einer
Erklärung bedurft. Sinnvolle Fragen wären höchstens noch, wie es kommt,
dass der Niedergang gerade in der Mitte des 2. Jahrhunderts v. Chr. einsetzte, und auch, wie er vor sich ging. Versiegte der Strom der Kreativität ganz,
oder suchte er sich von Zeit zu Zeit ein neues Bett?

Die erste Frage ist kaum mit Gewissheit zu beantworten. Immerhin können wir feststellen, dass zwei Elemente, die später in anderen Kulturen den Niedergang mit ausgelöst haben, im alten Griechenland keine Rolle spielten: verheerende Invasionen und religiöse Konflikte. In Gesellschaften mit einem Heiligen Buch kann Naturforschung, wie wir noch sehen werden, viel Anlass zu Kritik geben. In der götterreichen antiken Welt wurde zwar manchmal über die Naturphilosophie gespottet, aber Blasphemisches hat man in ihr vor dem Aufkommen des Christentums kaum entdeckt. Auch scheint es zumindest den »athenischen« Naturphilosophen nicht plötzlich an Erwerbsmöglichkeiten gefehlt zu haben. Seit jeher hatten Philosophen außer Naturerkenntnis auch Lebensweisheit und Rat in politischen Fragen im Angebot, und Nachfrage nach Bildung auf diesen Gebieten gab – und gibt – es immer. Der Niedergang der Naturphilosophie zu jener Zeit dürfte eher inhaltliche Gründe haben. Mit der skeptischen Schule wurde eine Art Endpunkt erreicht. Fast scheint es, als habe durch die (nach Ansicht der Skeptiker) unausweichliche Zurückhaltung des Urteils das ganze griechische Denkabenteuer ein Ende gefunden. Aber auch wer nicht den Skeptikern Recht gab, sondern ein Anhänger der athenischen Form der Naturerkenntnis blieb, muss große Schwierigkeiten gehabt haben, sich eine Weiterentwicklung auf hohem Niveau vorzustellen: Der Vorrat an brauchbaren Leitideen schien erschöpft zu sein.

So viel zu »Athen«; der Fall »Alexandria« liegt wieder etwas anders. Bis weit ins 17. Jahrhundert steht und fällt mathematische Naturerkenntnis mit der Unterstützung durch die Mächtigen. Manche Herrscher hielten gern Mathematiker an ihrem Hof, boten ihnen für bestimmte Leistungen ein Einkommen. Aber diese Bereitschaft war nichts Selbstverständliches; der Tod eines großzügigen Herrschers konnte für seinen Hofmathematiker den Untergang bedeuten, und so war es vermutlich auch in Alexandria. Das Goldene Zeitalter der alexandrinischen Naturerkenntnis beginnt mit König Ptolemaios I. Er ist fest entschlossen, die neue Stadt Alexandria zum kulturellen Zentrum jenes Teils der Welt zu machen, den Alexander der Große erobert und erschlossen hat; er hofft, dass damit auch die griechische Herrschaft über Ägypten für seine Untertanen akzeptabel wird. Er gründet die berühmte Bibliothek, vollgestopft mit Handschriften, die in der gesamten bekannten Welt gesammelt werden, und den »Musensitz« (Museion). So zieht er auf verschiedenen Kulturgebieten Talent an, das sich – zumindest, was die Mathematik angeht – sonst nie entfaltet hätte. Wir wissen nicht, was an der mathematischen Naturerkenntnis ihm und seinen Nachfolgern so viel Kosten und Mühen wert war; es liegt allerdings nahe, hier vor allem an fachkundigen astrologischen Rat zu denken, abgesehen vom Ruhm der neuen Dynastie. Unbekannt ist auch, welcher Nachfolger des Ptolemaios aufgehört hat, die Mathematik zu fördern. Wir können nur annehmen, dass dies etwa um 150 v. Chr. geschah, und vermuten, dass drei Jahrhunderte später unter dem römischen Präfekten in Ägypten die Mathematik vorübergehend wieder zu Ehren kam – wie hätte sich sonst der Astronom Ptolemäus mit seiner vielseitigen mathematischen Forschung über Wasser halten können?

Weil es an Fakten fehlt, muss all dies Spekulation bleiben. Mehr Anhaltspunkte haben wir bei der zweiten Frage, nämlich, wie der Niedergang eigentlich aussah. Wenn das Bemühen um Naturerkenntnis bleibt, aber kaum noch grundlegend Neues hervorgebracht wird – was wird dann weiterhin geleistet?

»Kulturbewahrung« ist hier das Entscheidende. Vor allem im Wortsinn. Man muss bedenken, wie verwundbar Texte in materieller Hinsicht waren, auf empfindlichen Papyri festgehalten und nur per Hand kopierbar. Unzählige Schriften sind während des klassischen Altertums verloren gegangen, von den Werken vieler antiker Autoren kennen wir allenfalls ein paar Fragmente. Was überliefert ist, verdanken wir dem Abschreiben, Überarbeiten und Verbreiten von Texten – auf den ersten Blick bescheidene Tätigkeiten, aber von kaum zu überschätzender Bedeutung. Auch in inhaltlicher Hinsicht wird manches zur Kulturbewahrung beigetragen, mehr oder weniger kreativ. In der Naturphilosophie verkommt die ursprünglich fruchtbare Konkurrenz aufregender neuer Wahrheiten zu einem endlosen Wiederkäuen der festen Ansichten dieser oder jener Schule, zu abgestandener Rhetorik. Ansonsten wird bekanntes Gedankengut neu geordnet und zu didaktischen Zwecken vereinfacht, und im Versuch einer Aussöhnung werden Lehrsätze der vier Schulen miteinander vermischt. Bestenfalls werden durchdachte Varianten entworfen, wie in Plotins weiterer Vergeistigung von Platons Lehre, oder bei Proklos, wenn er im Geist Platons über die Grundlagen der euklidischen Geometrie nachdenkt. Außerdem werden Lehrsätze verschiedener athenischer Schulen mit erklärenden, manchmal sogar kritischen Kommentaren versehen.

All dies kann nicht verhindern, dass der Anteil »Naturphilosophie« an der Philosophie insgesamt immer weiter abnimmt. So geht die stoische Naturphilosophie fast vollständig verloren (nur aus frühen Fragmenten lässt sie sich mühsam rekonstruieren), während die Stoa sich auch weiterhin eifrig der Staatslehre und der Ethik widmet. Und es kommt zu einer Art Wachablösung. Die Schulen mit dem höchsten Anteil »Natur« in ihren Lehren, die des Aristoteles und der Atomisten, geraten mehr und mehr in den Hintergrund. In der Spätzeit der römischen Republik und der frühen Kaiserzeit dominiert die Stoa, in der späten Kaiserzeit Plotins Neuplatonismus; einige von dessen Grundgedanken greifen wiederum frühe Kirchenlehrer auf, um die christliche Botschaft mit Gelehrsamkeit zu schmücken.

Es wird aber nicht nur wiederholt, zusammengefasst, erklärt, kommentiert, vermischt und variiert, sondern auch übersetzt. Im Zusammenhang mit der allmählichen Spaltung des Römischen Reiches in ein westliches und ein östliches Kaiserreich (Rom und Konstantinopel) kann man zwei Übersetzungswellen unterscheiden. Zunächst wird vom Griechischen ins Lateinische übersetzt. Das beginnt im 1. Jahrhundert v. Chr. und dauert bis zum 6. Jahrhundert an. Mit der Übertragung ist zum Teil eine radikale Neuordnung und Vereinfachung verbunden; oft handelt es sich weniger um Übersetzungen als um lateinische Paraphrasen. Vom 4. bis zum 6. Jahrhundert übersetzen dann aus Konstantinopel vertriebene, nach Persien emigrierte Christen vom Griechischen ins Syrische oder Persische oder in beide Sprachen. Hier handelt es sich um wesentlich genauere Übertragungen, in denen die ursprüngliche athenische oder alexandrinische »Erkenntnisstruktur« erhalten bleibt. Wie wir noch sehen werden, sollten die Übersetzungen dieser zweiten Welle Jahrhunderte nach dem Untergang der antiken Kultur zum Ausgangspunkt einer Entwicklung werden, deren Höhepunkt das Goldene Zeitalter der Naturerkenntnis in der islamischen Kultur bildete.

Bisher haben wir die griechische Naturerkenntnis für sich betrachtet, haben ihre Charakteristika und ihre Leistungen herausgearbeitet. Eigentlich geht es in diesem Buch aber um die Entstehung der modernen Naturwissenschaft, als deren unmittelbare Vorgängerin häufig die der alten Griechen angesehen wird. Das ist insofern richtig, als wir feststellen können, dass die moderne Naturwissenschaft tatsächlich auf der griechischen aufbaut und nicht auf der chinesischen. Die jetzt zu beantwortende Frage lautet, woran das liegt. Wir werden also untersuchen, wie man in der chinesischen Kultur die Naturerscheinungen denkend zu erfassen versuchte, und diesen Ansatz mit den beiden griechischen vergleichen.

Der Weg und die Synthese

Eine grobe Periodisierung der griechischen und der chinesischen Naturerkenntnis sieht folgendermaßen aus. Beide beginnen mit einer »Ouvertüre«, in der zahlreiche später wichtige Themen schon in noch nicht ganz klar
umrissener Gestalt anklingen. Bei den Griechen ist das die Epoche der Vorsokratiker (etwa 585 bis 400 v. Chr.). Im alten China blüht das Nachdenken
über Naturerscheinungen in der Zeit der Streitenden Reiche auf, die um
480 v. Chr. beginnt und im Jahr 221 v. Chr. mit der Einigung des Reiches
unter dem Ersten Kaiser endet.

In beiden Fällen kommt es anschließend zu einer Auswahl aus der großen
Menge der Themen und zur Systematisierung.

Bei den Griechen geschieht dies in Athen mit der Gründung der vier
philosophischen Schulen, die jeweils auf einen vorsokratischen Gedanken
zurückgreifen. Unabhängig davon entwickelt sich in und um Alexandria ein
besonderer mathematischer Ansatz, der von der vorsokratischen Idee des
mathematischen Beweises ausgeht. Der Aufschwung führt zu einem Goldenen Zeitalter intensiver und kreativer Naturforschung, das etwa anderthalb
Jahrhunderte dauert und in der Mitte des 2. Jahrhunderts vor unserer Zeitrechnung endet. Der Niedergang ist ebenso plötzlich wie steil; Bewahrung
und Verbreitung des erworbenen Wissens bleiben die Hauptleistungen bis
zum Untergang der antiken Kultur.

Bei den Chinesen überleben von der Vielzahl der Leitideen einige wenige, die unter einer neuen kaiserlichen Dynastie (den Han) zusammengeführt
werden. Ermöglicht wird diese Synthese durch einen inzwischen erreichten
Konsens der Gebildeten, der trotz mancher Variation und Weiterentwicklung des Denkens bis zum Ende des Kaiserreichs zu Anfang des 20. Jahrhunderts Bestand haben sollte.

Im chinesischen Denken stand von Anfang an die Frage im Mittelpunkt,
wie eine stabile Gesellschaftsordnung geschaffen werden kann. Stabil sein
kann sie nur, wenn sie in Übereinstimmung mit der menschlichen Natur
steht. In dieser wiederum spiegelt sich die harmonische Ordnung des Kosmos. Wenn es in der unendlichen Mannigfaltigkeit der Erscheinungen etwas
alles Verbindendes gibt, liegt es in ihrer wechselseitigen Abhängigkeit. Man
hat das chinesische Denken in diesem Zusammenhang als »korrelativ« bezeichnet:

»Für die Chinesen waren die Dinge eher miteinander verbunden als eines durch das
andere verursacht [...] Das Universum ist ein riesiger Organismus, in dem bald die

eine, bald die andere Komponente die Führung übernimmt, wobei alle Teile einander gegenseitig dienen [...] In einem solchen System stellt sich die Kausalität nicht als eine Kette von Ereignissen dar [...] deutlich ist jedenfalls, daß im chinesischen Denken eine Vorstellung von Kausalität vorherrschte, in der die Idee einer Abfolge dem Gedanken einer gegenseitigen Abhängigkeit untergeordnet war.«

Die Welt ist ein unendlich feines Gewebe; jedes Fädchen ist mit jedem anderen verwoben, und ein Denken, mit dem man etwas von dieser Vielschichtigkeit zu fassen bekommen will, muss ein Denken in Korrelationen sein, in Zusammenhängen. In den vier Grundbegriffen der Vorstellungskomplexe, die sich schließlich zu *dem* chinesischen Weltbild entwickeln sollten, kommt diese Denkweise zum Ausdruck: *Tao* (Der Weg), *Ch'i* (Materie-Energie), *Wu Hsing* (Fünf Elemente oder Wandlungsphasen), *Yin* und *Yang*.

Der Begriff *Tao* wird hier nicht in der speziellen Bedeutung verwendet, die er in der taoistischen Religion hat. Diese hat sich über Jahrhunderte aus *einer* der ehrwürdigen alten Denktraditionen entwickelt, auf denen das chinesische Weltbild beruht. Der *Weg* im weiteren Sinn war dagegen in jeder dieser Überlieferungen das Hauptziel der geistigen Suche. Bei Konfuzius (6. bis 5. Jahrhundert v. Chr.) bekommt das normale Wort für Weg oder Pfad zum ersten Mal die Bedeutung des – für den Menschen und die Gesellschaft – rechten Weges, richtig im Sinn der Übereinstimmung mit dem Gewebe der Natur. Die Weisen der alten Zeit gingen diesen *Weg* von selbst, die später Lebenden müssen ihn erst wiederfinden. Konfuzius sucht den Weg vor allem in Anstand, Etikette und den richtigen Zeremonien. Die natürliche Ordnung als solche interessiert ihn nicht, die Beiträge seiner Anhänger und Nachfolger zur Naturforschung bleiben sehr begrenzt. Die beiden Autoren, deren Texte zur Grundlage der späteren taoistischen Religion geworden sind, unterscheiden zwischen einem *Weg*, über den man sprechen kann – dem ewig veränderlichen *Weg* der natürlichen Vorgänge –, und dem unveränderlichen *Weg*, über den nicht gesprochen werden kann, weil das Wort hier wie in jeder Mystik versagen muss. Noch viele andere *Wege* werden angepriesen, wenn auch darüber Einigkeit besteht, dass nur einer der rechte sein kann. Jeder chinesische Denker, der in der Zeit der Streitenden Reiche am Hof eines lokalen Herrschers Ratgeber sein möchte, muss ein eigenes Weltbild anbieten können, das auf plausible Weise den einzig rechten *Weg* weist. Als das Reich dann geeint ist, im ersten Jahrhundert der Han-Dynastie, werden all die verschiedenen *Wege* endgültig zur Übereinstimmung gebracht, und zwar so, dass der *Weg* von nun an mit der kosmischen Ordnung zusammenfällt, auf der das neue, zentralisierte Kaiserreich gründet.

Wie kann diese kosmische Ordnung erkannt werden? Einsicht ist hier nicht über den Verstand allein zu erlangen, sie erfordert auch Intuition, Kontemplation und Einbildungskraft:

»Studium war nur eine unter mehreren Formen der Selbstentwicklung. Es verschaffte Einsicht und nützliches Weltwissen (was die eine Seite des Weges war). Die tiefere Schicht der Wirklichkeit (der namenlose Weg) ist so subtil, dass man nur mit nicht-kognitiven Mitteln in sie vordringen kann.

Das *Huai-nan tzu* formuliert dies unzweideutig: »Was man mit den Füßen betritt, nimmt nicht viel Raum ein; aber um auch nur gehen zu können, ist man auf das angewiesen, was man nicht betritt. Was der Verstand weiß, ist begrenzt; um Erleuchtung erlangen zu können, ist man auf das angewiesen, was er nicht weiß.«

Auch die übrigen Leitbegriffe durchlaufen jeder für sich eine Entwicklung, bevor sie in der Han-Synthese gemeinsam zu dem Instrumentarium umgebildet werden, das Voraussetzung für das Eindringen ins Weltgewebe ist.

Sofern man *Ch'i* mit einem modernen Ausdruck übersetzen kann, lässt sich seine Bedeutung noch am besten durch einen künstlichen Kombinationsbegriff erfassen: »Materie-Energie«. Ursprünglich steht *Ch'i* für eine Reihe unterschiedlicher Phänomene: Luft, Atem, Dampf, Nebel, Wolken. Ihnen ist gemeinsam, dass sie zwar wahrnehmbar, aber nicht greifbar sind. Davon ausgehend erfährt *Ch'i* eine Bedeutungserweiterung; es steht auch für Lebenskraft und die klimatischen und kosmischen Kräfte, die Einfluss auf die Gesundheit haben.

Charakteristisch für *Yin* und *Yang* ist, dass sie Gegenpole sind und einander zugleich ergänzen und bedingen: Auch bei Gegensätzlichem kommt das eine niemals ohne das andere aus, das Verbindende ist etwas, das dem Gegensatz gewissermaßen schon innewohnt. Im Prinzip kann jeder Gegensatz, jedes räumliche Verhältnis und jeder Prozess, der sich in der Zeit vollzieht, nach dem *Yin-Yang*-Muster gedeutet werden, ob es um Weibliches und Männliches, Passives und Aktives oder sich Zusammenziehendes und sich Ausdehnendes geht.

Wo immer man es mit einem Dualismus zu tun hat, bieten *Yin* und *Yang* das Interpretationsschema. Wo eine Einteilung in mehr Einheiten näher liegt, wird schon früh auf *Wu Hsing* zurückgegriffen, die »Fünf Wandlungsphasen« (meist Fünf-Elemente-Lehre genannt). Für sie werden materielle Begriffe verwendet: Wasser, Feuer, Holz, Metall und Erde. Diese Wörter haben hier eine konkrete und eine abstraktere Bedeutung, das heißt, sie bezeichnen sowohl die Substanzen selbst als auch die Prozesse, in denen die Dinge werden, sich wandeln oder vergehen. So steht Erde für vegetative Prozesse, Metall für den Übergang fester Formen in einen anderen Zustand durch Schmelzen oder Verdampfen. Ihr Erklärungspotential verdanken die Fünf Wandlungsphasen vor allem der Unterscheidung bestimmter Zyklen, besonders des »Nährungszyklus« und des »Kontrollzyklus«. Der Nährungszyklus »Holz-Feuer-Erde-Metall-Wasser« beschreibt, wie die Elemente einander nähren oder wie ein Wandlungsprozess aus dem anderen hervorgeht. Und im Kontrollzyklus »Holz-Metall-Feuer-Wasser-Erde« dominiert ein Element das andere oder ein Prozess (zum Beispiel Löschen oder Schmelzen) den folgenden. Ob man sich solche Prozesse nun konkret oder abstrakt vorstellt, sie laufen nicht geradlinig, sondern tatsächlich zyklisch ab: Nachdem der hölzerne Spaten die Erde überwunden, die metallene Axt den hölzernen Gegenstand gespalten, Feuer das Metall geschmolzen und Wasser das Feuer gelöscht hat, wird das siegreiche Wasser wiederum durch Erde eingedämmt und kanalisiert.

So viel zu den Leitgedanken des chinesischen Denkens, jeweils für sich betrachtet. Im 1. Jahrhundert v. Chr. wurden sie zusammengeführt. Wir betrachten zunächst die politische Entwicklung, die diese Synthese ermöglicht hat. Danach fragen wir, wie die Verknüpfung eigentlich aussah. Zum Abschluss beschäftigen wir uns kurz mit einem vielversprechenden *Weg*, der wie die übrigen in der Zeit der Streitenden Reiche entstand, für den aber in der kaiserlichen Synthese schließlich kein Platz war.

Anders als Griechenland, das in der ersten kreativen Epoche aus unabhängigen kleinen Stadtstaaten bestand, war China eine Ansammlung mittelgroßer Staaten, die in einen endlosen Krieg um die Vorherrschaft verwickelt waren. Dieser Epoche hat man hinterher den Namen »Zeit der Streitenden Reiche« gegeben. Es war eine Ära, die alle anderen an Kreativität übertraf und in der die erwähnten Leitgedanken in verschiedenen Texttraditionen Gestalt annahmen. Die Pioniere und Anhänger dieser Traditionen wetteiferten darin, ihren jeweiligen *Weg* an den Mann zu bringen, das heißt, einen der vielen Fürsten davon zu überzeugen, dass er gerade diesen besonderen *Weg* zur Leitlinie seines politischen Handelns machen müsse.

Die Einigung Chinas unter einem Kaiser hat die Herausbildung des chinesischen Weltbildes ganz entscheidend beeinflusst. Der neue Alleinherrscher, der sich stolz »Erster erhabener Gottkaiser« nannte, ergriff rigorose Maßnahmen. Er verlangte im gesamten Reich strikten Gehorsam auf allen Gebieten, mit keiner besseren Rechtfertigung als der, dass er aus dem jahrhundertelangen Kampf als Sieger hervorgegangen war. Und das Einzige, wovon seine Ratgeber etwas verstanden, waren nackte Gewalt und die Technik der Macht. Weniger grobmaschiges Denken war nicht gefragt, und was von den verschiedenen Texttraditionen aus der Zeit der Streitenden Reiche erhalten blieb, ist das, was den Bücherverbrennungen entkam. Besonders für die Texte aus der Tradition des Pazifisten Mo-Ti (darüber später mehr) sollten die Bücherverbrennungen verhängnisvoll sein.

Kein Reich lässt sich allein durch Gewalt und Gewaltandrohung zusammenhalten. Und niemand wusste dies besser als die Rebellen, die sich gegen die Erben des Ersten Kaisers erhoben und im Jahr 206 v. Chr. ein neues Herrscherhaus gründeten, die Han-Dynastie. Wollte sie länger Bestand haben als ihre wüste Vorgängerin, deren Herrschaft knapp 14 Jahre gedauert hatte, musste so etwas wie ein Leitgedanke her, der die Untertanen dazu bewegen konnte, die Autorität des Herrschers als legitim anzuerkennen und aus freiem Willen zu achten, nicht nur unter Zwang. Nun kam das Wenige, das von den alten Überlieferungen geblieben war, gerade recht. Unter den Han wurde jener Konsens erreicht, der im Großen und Ganzen für das chinesische Denken charakteristisch bleiben sollte. Im Mittelpunkt steht der Harmoniegedanke. Es gibt eine himmlische Harmonie, die sich, solange alles in Ordnung ist, im harmonischen Funktionieren des Reiches widerspiegelt. Und ob alles in Ordnung ist, hängt vom Kaiser ab, dessen wichtigste Aufgabe darin besteht, Harmonie herzustellen und zu bewahren. Er regiert kraft eines »Mandats des Himmels«, und eine Ablösung der Dynastie findet statt, wenn sie dieses Mandat verloren hat. Naturereignisse wie Erdbeben oder Überschwemmungen können Vorzeichen des Mandatsverlustes sein.

Naturphänomene sind aber mehr als bloße Zeichen; sie können auch auf ihren Zusammenhang untersucht werden. Charakteristisch für diesen Zusammenhang ist Harmonie. Und das Grund-Instrumentarium, mit dem man dem Zusammenhang der Dinge auf die Spur zu kommen versucht, erhält man durch die Verknüpfung der soeben vorgestellten Leitgedanken.

Man hat die Han-Synthese als Philosophie eines »organischen Materialismus« bezeichnet. In diesem Weltbild sind materielle Prozesse Teil eines organischen Gewebes, und sie alle haben zugleich eine spirituelle Komponente. Das folgende Zitat fasst diese Verhältnisse in aller Kürze zusammen:

»Der chinesische Kosmos ist ein konstanter Strom von Transformationen, der sich immer aufs Neue regeneriert, während sich die einzelnen Bestandteile spontan wandeln. Ch'i ist Materie, Materie in wechselnder Gestalt, immer Materie einer besonderen Art, Materie, die Vitalität verkörpert.

Gegen Ende des 1. Jahrhunderts v. Chr. haben Yin und Yang und die Fünf Wandlungsphasen einen konsistenten, dynamischen Charakter angenommen, als Teil des

Ch'i -Komplexes. Alles, was aus Ch'i besteht oder ihm seine Energie verdankt, ist Yin oder Yang, nicht absolut, sondern bezogen auf irgendeinen Aspekt eines Paares, zu dem es gehört, und im Verhältnis zu dessen anderem Teil [...] Dank Yin und Yang verfügte man über eine anpassungsfähige Sprache, dazu geeignet, das Gleichgewicht von Gegensätzlichem auszudrücken. Dabei handelte es sich nicht um ein Gleichgewicht der Quantität, sondern der dynamischen Eigenschaften der beiden Teile in einander beeinflussenden Bereichen. Etwas kann zum Beispiel nach seiner Aktivität Yang sein und Yin nach seiner Empfänglichkeit. Wenn man es aber nicht mit einem Gegensatzpaar zu tun hat, sondern mit komplexeren Folgen von Werden und Vergehen oder Eroberung und Unterwerfung innerhalb eines größeren Prozesses, kommen die verschiedenen Abfolgen der Fünf Wandlungsphasen ins Spiel.«

Wie muss man sich all dies nun in einem konkreten Fall vorstellen? Wie gehen Forscher tatsächlich an zusammenhängende Naturphänomene heran? Selten oder nie findet man in einem besonderen Fall eine Kombination aller oben genannten Leitideen. Sämtlichen Ansätzen sind aber drei Hauptmerkmale gemeinsam: erstens ein deutlicher Praxisbezug; zweitens eine Neigung zur Einteilung in Klassen nach vorher festgelegten Schemata; drittens eine Wechselbeziehung zwischen Erfahrungswissen einerseits und dem herrschenden Weltbild, das sich in den Jahrhunderten zuvor herausgebildet hat und allgemeiner Konsens geworden ist, andererseits.

Ein Beispiel ist die Entdeckung des Zusammenhangs zwischen Gezeiten und Mondphasen (1. Jahrhundert n. Chr.). Der spektakuläre Wechsel von Ebbe und Flut im Mündungsgebiet des Jangtse lieferte das empirische Material. Was konnte einen Beobachter schon so früh in der Geschichte des Denkens dazu bringen, solche Vorgänge mit einem Phänomen in Verbindung zu bringen, das auf den ersten Blick überhaupt nichts mit ihnen zu tun hat, dem Zunehmen und Abnehmen des Mondes? Ein Weltbild, in dem die Dinge ein organisches Gewebe bilden und Ereignisse einen zyklischen Verlauf nehmen, machte den chinesischen Naturforscher besonders empfänglich für alles, was auf derartige Zusammenhänge hindeuten konnte.

Ein anderes Beispiel ist die Erfindung des für die Navigation nutzbaren Kompasses. Sie gelang dem Diplomaten, Naturforscher und Dichterphilosophen Shen Kuo im 11. Jahrhundert und steht in engem Zusammenhang mit der Lehre der richtigen Baugestaltung (Feng-Shui, vor einiger Zeit in der westlichen Welt in Mode gekommen). Die Erfindung wurde durch die Entdeckung der Deklination oder Ortsmissweisung möglich (Abweichung der magnetischen von der geographischen Nord- oder Südrichtung), die wiederum auf genauen Beobachtungen beruhte.

Derselbe Shen Kuo kannte eine Quelle, aus deren Wasser man durch Verdampfen bitteren Alaun gewann. Weitere Erhitzung ergab Kupfer, und wenn man den Alaun lange in einer Eisenpfanne erhitzte, wurde das Eisen selbst zu Kupfer. In der Terminologie der modernen Chemie ist das eine Verdrängungsreaktion. Für Shen Kuo passte das Phänomen genau in den Kontrollzyklus der Fünf Wandlungsphasen: Metall überwindet Wasser. Auch in diesem Fall prädisponierte der vorhandene Begriffsapparat den Forscher für solch feine Beobachtungen.

Oder man denke an das Phänomen der sympathetischen Resonanz: Wenn eine Saite angerissen oder eine Pfeife angeblasen wird, kann es vorkommen, dass eine andere Saite oder Pfeife in einiger Entfernung spontan mitzuklingen scheint. Man machte sich das für die genaue Stimmung von Glockenspielen zunutze. Doch wie in anderen Fällen blieb es nicht bei der praktischen Anwendung, das Phänomen wurde auch erklärt, und zwar mit Hilfe von Ch'i, das als eine Art kosmischer Wind die Pfeife mit anbläst oder den Saitenklang auszubreiten hilft. Immer begünstigte die Vorstellung von der Harmonie aller Dinge im Naturgewebe die Entdeckung von Phänomenen, die zu dieser Vorstellung passten.

Insgesamt bildete das Weltbild der Chinesen einen guten Nährboden für eine Naturforschung, in der genaue Beobachtung eine wichtige Rolle spielte. Nicht zufällig wurde immer von den »Myriaden Erscheinungen« gesprochen. Doch wie war zu verhindern, dass man in den Myriaden ertrank? Die Lösung hieß Ordnung durch Klassifizierung. Für Phänomenpaare bot sich das *Yin-Yang*-Schema an, für Fünfergruppen das der Wandlungsphasen. Es gab noch weitere Möglichkeiten. So registrierte man bei Musikinstrumenten feine Klangfarbenunterschiede (Klangfarbe ist das, was man bei gleicher Tonhöhe und Lautstärke als Unterschied zwischen musikalischen Klängen wahrnimmt); man klassifizierte die Instrumente nach dem Material, aus dem sie bestanden, aber auch nach den acht Windrichtungen (Nord, Nordost und so weiter). Der verdeckte Zusammenhang zwischen den Klangfarben wurde dabei wiederum über das Ch'i hergestellt.

Während der gesamten Geschichte des vormodernen China wurden die Myriaden von Naturerscheinungen auf solche Weise behandelt. Eigentlich gibt es nur eine einzige Ausnahme von dieser Regel, eine Sammlung sehr bruchstückhaft überlieferter Texte aus der Tradition von Mo-Ti. Sie sind als »Kanon« mit dazugehörigen Erläuterungen bekannt. Der Ansatz ist hier weniger durch das assoziative oder korrelative Denken geprägt, das zur Idee des Kosmos als organischem Gewebe gehört. Der Aufbau ist logischer, der Denk-

stil strenger und eher auf Wenn-dann-Beziehungen ausgerichtet als auf das
»und-und« der allumfassenden wechselseitigen Abhängigkeit. Der »Kanon«
legt das Hauptgewicht auf Themen, denen die chinesische Tradition sonst
wenig Beachtung schenkt: Bewegung und Kraft, Licht und Schatten. So
werden zum Beispiel zwei Arten von Hohlspiegeln unterschieden, diejenigen, die einen Gegenstand verkleinert und aufrecht stehend abbilden, und
andere, in denen er vergrößert und auf dem Kopf stehend erscheint. Solche
Fragen werden nach dem Zustandekommen der Han-Synthese nicht mehr
untersucht, die sogenannte mohistische Texttradition erwacht nicht wieder
zum Leben.

Griechische und chinesische Naturerkenntnis: Ein Vergleich

Im frühen 17. Jahrhundert erdachte der Wissenschaftsphilosoph und -sozio-
loge Francis Bacon ein wunderbares Gleichnis für verschiedene Wege der
Naturerkenntnis. Er unterschied drei Methoden, die der Ameise, der Spinne
und der Biene. Man dürfe nicht wie die Ameise immer nur geduldig Material zusammentragen – das ist der empiristische Ansatz, und mit ihm kommt
man nicht weit. Auch dürfe man nicht wie die Spinne ein Netz aus einem
Faden weben, den der eigene Leib hervorbringt – gemeint ist der intellektualistische Ansatz, und auch er führt nicht zum Ziel. Stattdessen müsse man
wie die Biene aus den Blüten Nektar saugen und diesen im Korb zu Honig
verarbeiten. Bloßes Sammeln von Fakten ist noch keine richtige Wissenschaft; Begriffsschemata allein bilden noch keine richtige Wissenschaft; richtige Wissenschaft entsteht erst dort, wo beides miteinander in produktive
Wechselbeziehung gebracht wird.

Mit dem Spinnenvergleich nahm Bacon besonders die griechische Naturerkenntnis aufs Korn. Seine Zeitgenossen sollten nicht den alten Griechen nacheifern, weil diese nur selten die Phänomene für sich sprechen ließen, bevor sie ihnen mit philosophischen Denkschemata oder mathematischen
Konstruktionen zu Leibe rückten. Mit dem Ameisenvergleich zielte Bacon
auf andere Zeitgenossen, denen wir noch begegnen werden. Anders als Bacon gebrauchen wir diesen Vergleich aber jetzt, um den Gegensatz zwischen
den griechischen Formen der Naturerkenntnis und der chinesischen zu ver-
bildlichen.

Dieser Gegensatz war kein absoluter. Gewiss, Bacons Charakterisierung des griechischen Ansatzes verrät Scharfblick. Philosophen wie Parmenides und Platon, aber auch die Alexandriner pflegten mit den beobachteten Phänomenen recht unsanft umzuspringen. Manchmal gab es allerdings auch Raum für ein etwas genaueres Studium von Naturerscheinungen (dies gilt vor allem für Aristoteles' zoologische Beobachtungen). Umgekehrt blieb die chinesische Naturforschung, wie wir gesehen haben, keineswegs auf verständnislose Fakten- und Fäktchensammelei beschränkt. Vor dem Hintergrund eines Weltbildes, in dem der gesamte Kosmos ein feines organisches Gewebe ist, wurden aus Beobachtungen geradezu gewagte Schlüsse gezogen, die außerdem praktische Auswirkungen haben konnten. Im Großen und Ganzen ist eine Charakterisierung der griechischen Naturerkenntnis als vorwiegend intellektualistisch und der chinesischen als vorwiegend empiristisch aber durchaus haltbar und hilfreich.

Sie kann nämlich unter anderem verdeutlichen, dass wir es in keinem der beiden Fälle mit einer Form der Naturerkenntnis zu tun haben, die im Grunde schon der modernen Naturwissenschaft nahe käme. Weder von den Spinnen-Griechen noch von den Ameisen-Chinesen kann man behaupten, dass sie auf dem Weg zu jener besonderen Art von Honigerzeugung gewesen wären, die unsere moderne Naturwissenschaft ausmacht. Damit meine ich die Bildung *und* fortdauernde Umbildung quantifizierender Modelle der Erfahrungswirklichkeit, wobei zu diesen Modellen die Möglichkeit systematischer Rückkopplung gehört, wie sie vor allem das Experiment bietet. (Dies nur als vorläufige Definition; auf diesen entscheidenden Punkt werde ich noch mehrmals zurückkommen.)

Deshalb ist es angebracht, die vormodernen Formen der Naturerkenntnis zunächst einmal an ihren unterschiedlichen Verdiensten zu messen statt an ihrer mehr oder weniger weit gehenden Annäherung an das, was schließlich aus der einen, nicht aber aus der anderen hervorgegangen ist: die moderne Naturwissenschaft. Blendet man unser Wissen über die weitere Entwicklung einmal aus, muss man nämlich feststellen, dass sowohl im alten Griechenland als auch im alten China schöpferische Denker gewagte Versuche unternahmen, eine Welt zu erfassen, die noch unerkundet vor ihnen lag. Sie haben diese Welt jeweils auf ihre Weise in Bestandteile von überschaubarer Größe zerlegt und verdeckte Zusammenhänge zwischen ihnen erkannt. Auch in ihrer Struktur unterschieden sich die Formen der Naturerkenntnis: strikt spekulativer Systembau beziehungsweise mathematische Herleitung bei den einen; Konzentration auf die Phänomene vor dem Hintergrund eines allgemein anerkannten Weltbildes bei den anderen. Dennoch waren sie prinzipiell völlig gleichwertig. Dass die moderne Naturwissenschaft schließlich auf der griechischen Variante aufbauen sollte und nicht auf der chinesischen, ist für die Frage nach deren Wert an sich unerheblich.

Nicht unerheblich ist natürlich die Frage nach dem Grund, weshalb es so gekommen ist. War es purer Zufall, dass es keinen chinesischen Galilei gegeben hat, keinen chinesischen Newton? Die Frage wurde oft gestellt, und an Antworten mangelt es nicht. Allzu leicht artet die Diskussion hier in ein Gesellschaftsspiel aus, bei dem jeder Teilnehmer seine Lieblingserklärung zum Besten gibt, ob sie nun in einer behaupteten Unfähigkeit der Chinesen zu logischem Denken oder in der vermuteten Erstickung jeglichen Wissensdrangs durch eine übermächtige und kontrollsüchtige Bürokratie liegt. Aus Ärger über so viel meist schlecht fundiertes und leichtfertiges Spekulieren hat mancher Chinaexperte die Frage an sich für unbeantwortbar oder gar sinnlos erklärt. Das geht allerdings einen Schritt zu weit. Tatsächlich hat es keinen Sinn, irgendwelche einzelnen Elemente einer komplexen Kultur herauszugreifen und dann aus dem Fehlen dieser Elemente in einer anderen Kultur zu folgern, dass auch die moderne Naturwissenschaft dort unmöglich hätte entstehen können. Es ist aber durchaus sinnvoll, Kulturen im Hinblick auf bestimmte Grundbedingungen zu vergleichen. Für uns geht es dabei vor allem um die Frage, wie es zu grundlegenden Neuerungen kommt – im Allgemeinen und in der Naturerkenntnis im Besonderen.

Kulturen können zusammenprallen, sie können einander aber auch befruchten. Dies zeigen zum Beispiel die beiden großen Neuerungswellen der griechischen Naturerkenntnis, die vorsokratische Ouvertüre und Jahrhunderte später die Eruption von Kreativität in der mathematischen Naturforschung, die zu einem Höhepunkt des Goldenen Zeitalters werden sollte. Die ersten Vorsokratiker lebten an genau den Ostküstenorten des damaligen Griechenland, die in großem Umfang Handel mit weiter östlich angesiedelten Völkern trieben. (Wir haben erwähnt, dass die anschaulich-praktische, kontextgebundene babylonische Geometrie von den Griechen durch die Idee des Beweises auf ein höheres Abstraktionsniveau gebracht wurde.) Jahrhunderte später zerstörten die Eroberungszüge Alexanders mit einem Schlag die alte Ordnung des gesamten östlichen Mittelmeerraums. Dabei ergaben sich neue Kontakte und ein kultureller Austausch, der vorher nicht unbedingt zu erwarten war. So wurde die athenische Stoa von Zenon, einem Immigranten von der Insel Zypern, gegründet. Außerdem entstand mit Alexandria ein neues Kulturzentrum (man denke an Euklid und all die anderen großen Mathematiker).

Der Zustrom von Fremden und das Kennenlernen andersartiger Ideen und Traditionen erhöhen die Wahrscheinlichkeit, dass in Routine abgenutzte Denkweisen und -gewohnheiten durch Neues belebt werden. Ein solcher Austausch ist in der Geschichte eine der wichtigsten Quellen neuen Denkens gewesen. Innovation durch Austausch ist kein Automatismus; es gibt genügend Fälle, in denen Kulturen nur kollidiert sind oder ein Austausch wegen zu großer Gegensätze letztlich zu nichts geführt hat. In der Geschichte der vormodernen Naturerkenntnis war Innovation durch kulturellen Austausch aber tatsächlich die Regel. Etwas genauer gesagt, der Austausch führte besonders dann zu Neuerung, wenn er eine Form annahm, die wir hier und im Folgenden »kulturelle Transplantation« nennen werden. Darunter verstehe ich eine bestimmte Art von Ereignissen, die zu Stimuli einer Erneuerung oder gar Transformation von Kulturgütern werden: Ein ganzer Komplex von Ideen, Begriffen und Verfahrensweisen, der sich in einer Kultur entwickelt hat, wird in eine andere verpflanzt, deren Boden sich für ihn als fruchtbar erweist. Und es hat sich nun einmal so ergeben, dass dies in der Geschichte *mehrmals mit der griechischen Naturerkenntnis, aber nie mit der chinesischen geschah.*

Das ist kein Zufall. Immer, wenn es zu einer solchen Verpflanzung kam, waren es militärische Ereignisse, die ungebeten und unbeabsichtigt den Anstoß gaben. Die erste dieser kulturellen Transplantationen – sie brachte die griechische Naturforschung nach Bagdad – war eine Folge der Eroberungszüge früher Kalifen und des ersten innerislamischen Bürgerkriegs (zwischen 750 und 760). Die zweite, im Toledo des 12. Jahrhunderts, verdankte sich der spanischen Reconquista; die dritte, in Italien, der Eroberung von Konstantinopel durch die Türken (1453). Im Falle Chinas ist es dagegen nie zu einer solchen fruchtbaren Konfrontation autochthonen Gedankenguts mit dem einer grundlegend anderen Kultur gekommen. Und zwar deshalb nicht, weil das chinesische Kaiserreich immer eine selbständige Einheit geblieben ist. Niemals kam die chinesische Naturforschung in die Lage der griechischen, die ihre Heimat verlor und anderswo ein Unterkommen finden musste. »Barbaren« konnten meistens an der Großen Mauer abgewehrt werden. Drangen sie doch auf Reichsgebiet vor – so vor allem die Mongolen, von denen die Yuan-Dynastie, und später die Mandschu, von denen die Qing-Dynastie errichtet wurde –, übernahmen die Eroberer innerhalb kurzer Zeit die Kultur ihrer neuen Untertanen. Kurz und gut, charakteristisch für die

Geschichte der chinesischen Naturerkenntnis ist eine ungebrochene Kontinuität, die ebenso bewundernswert wie auf die Dauer unfruchtbar ist. Das Denken dreht sich im Kreis und bleibt in ihm gefangen, so groß der Durchmesser des Kreises auch sein mag.

Das gilt besonders für das Weltbild des organischen Materialismus. Unter den Han war es als die große Synthese älterer Denktraditionen aus der Zeit der Streitenden Reiche entstanden. Danach gewann dieses Weltbild zwar an Tiefe und Detailliertheit, wurde aber nie in Frage gestellt, auch seine Grundlagen wurden nicht überprüft. Zusammen mit der korrelativen Denkweise, deren Ausdruck der organische Materialismus ist, bietet es vielfältige, bis zu einem gewissen Grad sogar plausible Erklärungen der Naturphänomene. Je mehr man sich an diese Denkweise gewöhnt, desto reizvoller erscheint sie, bis man vielleicht zu wünschen beginnt, die Natur würde wirklich so beschaffen sein, wie die Besitzer des *Weges* sie sich vorstellten. Es wurde sogar behauptet, die chinesische Naturerkenntnis hätte sich unter günstigeren Umständen zu einer (ein wenig »organischeren«) Variante der modernen Naturwissenschaft entwickeln können. Sinnvoller als solche unverbindlichen Spekulationen ist die Feststellung, dass der organische Materialismus für immer in sich selbst eingeschlossen blieb und nie die Gelegenheit bekam, in einem Prozess kultureller Transplantation zu zeigen, was er wert war.

Das beste Beispiel für verborgenes Entwicklungspotential, das beim Ausbleiben einer solchen kulturellen Transplantation ungenutzt bleibt, ist die mit dem Namen Mo-Ti verbundene Texttradition. In ihr finden sich nämlich genau die Forschungsansätze und Lehren, die aus heutiger Sicht einer Naturwissenschaft im modernen Sinn am nächsten kommen, besser gesagt, in die Nähe eines Denkens, das die Voraussetzung zur Entwicklung einer solchen Naturwissenschaft gewesen wäre. In dieser Hinsicht lassen sie sich mit der mathematischen Naturforschung Alexandrias vergleichen. Beide besaßen nämlich ein für die Zeitgenossen unsichtbares, nur im Rückblick erkennbares Entwicklungspotential. Eine weitere Gemeinsamkeit ist ihre kulturelle Randstellung. Die alexandrinische Naturforschung ist ein hochspezialisiertes Produkt des Königshofs, das anderswo kaum zur Kenntnis genommen wird; von der mohistischen Textüberlieferung ist schon zur Halbzeit der Han-Dynastie (1. Jahrhundert n. Chr.) nur noch ein dünnes Fädchen übrig. Aber es gibt einen entscheidenden Unterschied. Mit der mohistischen Tradition ist es nach den Han endgültig vorbei, sie wird von der großen *Weg*-Synthese, die den kaiserlichen Segen hat, ganz von der Bühne gedrängt, und zu einem Wiederaufleben in einem anderen Teil der Welt kommt es nicht,

kann es nicht kommen. Die alexandrinische Tradition dagegen, zwar seit
jeher eine Randerscheinung und schließlich mit der antiken Kultur unterge-
gangen, bekommt gleich zweimal die Gelegenheit, sich wieder zu beleben, in
Bagdad und später noch einmal in Italien. Und auf welch produktive Weise
diese Gelegenheiten genutzt wurden, werden wir bald sehen.

Entwicklungspotential als Erklärungsschlüssel

»Kulturelle Transplantation«, »Transformation«, »verborgenes Entwicklungspotential«: Das sind die Begriffe, die wir jetzt und später verwenden, um zu
erklären, warum sich – unter vergleichbaren Bedingungen – der eine Komplex von Denk- und Verfahrensweisen schließlich zu etwas (mehr oder weniger) radikal Neuem entwickelt und der andere nicht.

Die Idee eines verborgenen Entwicklungspotentials geht auf Aristoteles
zurück. Er sah in ihr die Möglichkeit, das Paradox des Parmenides aufzulösen: Veränderung als Verwirklichung dessen, was als Möglichkeit im sich
Verändernden angelegt ist. Außerdem setzte er sie für seinen zunächst vielversprechenden, schließlich aber vergeblichen Versuch ein, die Naturwelt zu
erklären. Wir wiederum benutzen sie nun, um die Geschichte der Naturerkenntnis zu erklären. Ein wichtiger Unterschied zu Aristoteles' Vorstellung
besteht allerdings darin, dass es sich dort um die Verwirklichung eines Zieles
handelt: Die Eiche, zu der die Eichel sich entwickelt, ist gewissermaßen in
dieser als Ziel enthalten. In der Geschichte geht es anders zu. Menschen
setzen sich Ziele und erreichen sie oder nicht; der Geschichtsprozess ist
dagegen nicht auf dem Weg zu einem von wem oder was auch immer vorgegebenen Ziel – das Ergebnis ist offen. Was am Ende eines geschichtlichen
Prozesses steht, und das gilt auch für die Entstehung der modernen Naturwissenschaft, ergibt sich immer aus einer von Fall zu Fall wechselnden Kombination von Zufallstreffern und Ereignisketten, denen eine gewisse Logik
innewohnt und in denen man Ursachen und Folgen erkennen kann.

Was ich mit dem Begriff »verborgenes Entwicklungspotential« meine
und was er verdeutlichen soll, erläutere ich zunächst an Hand eines konkreten Beispiels: Techniken der Zeitmessung in der »alten« Welt. Eine der
brauchbaren Zeitmessungsmethoden nutzt das gleichmäßige Auslaufen von
Wasser aus einem Behälter. Da der Wasserdruck im oberen Teil des Behälters
etwas höher ist als unten bei der Öffnung, ist die erforderliche Gleichmäßig-

keit allerdings nicht vollständig gegeben. Ende des 11. Jahrhunderts konstruierte ein gewisser Su Song eine komplizierte Wasseruhr, die dieses Problem löste. 36 an einem großen Rad befestigte Eimer wurden nacheinander von einem mehr oder weniger gleichmäßigen Wasserstrahl gefüllt. Hatte ein Eimer beim Befüllen ein bestimmtes Gewicht erreicht, löste sich die Radarretierung, das Rad drehte sich weiter, bis der nächste leere Eimer unter dem Wasserstrahl hing, dann wurde es wieder arretiert; unten angekommen wurden die Eimer entleert. Durch diesen Regulierungsmechanismus gelang es dem Erfinder, die Unregelmäßigkeiten des Auslaufs weitgehend auszugleichen.

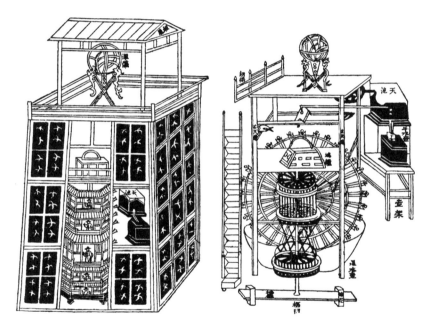

Su Songs Wasseruhr
Der Apparat war insgesamt etwa zehn Meter hoch. Die Schnittdarstellung rechts zeigt in groben Zügen den Mechanismus. Die linke Abbildung lässt den Zweck erkennen: Antrieb der Armillarsphäre oben (die Ringe stehen für Meridian, Ekliptik und Himmelsäquator) und des Himmelsglobus weiter unten (halb in einem hölzernen Gehäuse versenkt). Auf jeder der fünf Etagen steht ein Figürchen, das die Zeit angibt.

Wie eine moderne Rekonstruktion gezeigt hat, muss Su Songs Wasseruhr die Zeit wesentlich genauer gemessen haben als das mechanische Uhrwerk, das ungefähr 200 Jahre später, Ende des 13. Jahrhunderts, in Europa aufkommt. Es beruht auf einem völlig anderen Prinzip, nicht Aus- oder Einlauf von Wasser, sondern Hin- und Herbewegung eines Körpers.

Die Überlegenheit von Su Songs Uhr ist kaum zu bezweifeln. Das mechanische Uhrwerk musste mit Hilfe von Sonnenuhren kontrolliert werden, der Gangfehler konnte eine Viertelstunde pro Tag betragen – bei der Wasseruhr von Su Song höchstens eine Minute. Aber an dieser Überlegenheit ist etwas Eigenartiges. Früher oder später läuft sich die raffinierte Wasseruhr fest. Durch Temperaturschwankungen, Rost und Verschmutzung geht die Gleichmäßigkeit allmählich verloren. Vor allem aber lässt der Entwurf keine Variation zu, der Riesenapparat kann auch nicht wesentlich verkleinert werden. So ist die Uhr eine Episode geblieben: Nicht einmal ein halbes Dutzend Wasseruhren dieses Typs wurden in all den noch folgenden Jahrhunderten chinesischer Kultur gebaut. Der amerikanische Historiker David Landes hat Su Songs Uhr treffend als »magnificent dead-end« bezeichnet: *Sie holt das Äußerste aus einem Prinzip heraus, das keine Weiterentwicklung mehr zulässt.* Su Songs Wasseruhr steht am Ende *einer* technischen Entwicklung, die mechanische Uhr am Beginn einer anderen. Die mechanische Uhr ließ sich ohne besondere Schwierigkeiten in großer Zahl herstellen, sie war schnell zu reparieren, kleinere und dadurch praktischere, ja sogar tragbare Varianten konnten konstruiert werden. Vor allem war in ihr die Möglichkeit einer grundlegenden Transformation angelegt: Ersatz der »Waag« durch einen wirklich gleichmäßig schwingenden Regulator, das Pendel. Dazu kam es erst Jahrhunderte später, als die Eigenschaften des Pendels ans Licht kamen – eine der ersten Früchte der modernen Naturwissenschaft. Von da an brauchte man nur noch eine Gangungenauigkeit von wenigen Sekunden pro Tag in Kauf zu nehmen.

Kurz und gut, das mechanische Uhrwerk beruhte auf einem Prinzip, das im Unterschied zu dem von Su Songs Wasseruhr die Möglichkeit zur Weiterentwicklung in sich trug, *ohne dass irgendjemand dies wusste oder wissen konnte.* Landes hat die Bedeutung des Entwicklungspotentials für die beiden Zeitmessungsprinzipien herausgearbeitet; für mich sind Entwicklungspotentiale ein Schlüssel zur Erklärung der Entstehung der modernen Naturwissenschaft geworden.

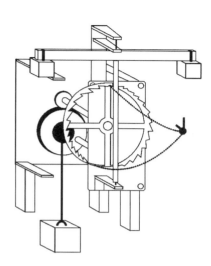

Das mechanische Uhrwerk
Über einen Zahnradmechanismus,
reguliert durch einen waagerecht auf
einer sich mitdrehenden Achse (»Spin-
del«) hin und her schwingenden Me-
tallstab mit kleinen verschiebbaren
Gewichten (die »Waag«), wird die
Abwärtsbewegung eines aufgehängten
Gewichts und damit die Drehung
der Zahnräder gehemmt, in immer
neue Impulse für die Waag umgesetzt
und halbwegs egalisiert. Allerdings
lässt die Gleichmäßigkeit sehr zu
wünschen übrig: Die Abwärtsbewe-
gung des Gewichts wirkt sich auf den
Takt der Schwingung aus.

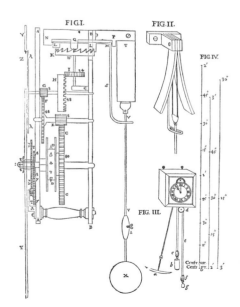

Huygens' Penduluhr
Rechts unten (Fig. III) die Uhr;
links (Fig. I) das Uhrwerk in
Seitenansicht; rechts oben (Fig.
II) die Aufhängung des Pendels
und seine Verbindung zum
Zahnradmechanismus.

Zu einer Erklärung nach diesem Muster gehört ein mehrfaches »Wenn-dann«. Ein bestimmter Bestand an Naturerkenntnis entsteht in einer Phase enthusiastischer Entdeckeraktivität, die einige Jahrhunderte andauert. Nun gibt es drei einander bedingende »Entweder-oder«.

a. Dieser Bestand ist entweder zu substantieller Weiterentwicklung fähig, oder er ist es nicht. Wenn nicht (wie – allem Anschein nach – der chinesische), haben wir es mit einer »großartigen Sackgasse« zu tun. Wenn doch, kommen die folgenden zwei Möglichkeiten in Sicht:

b. Der Bestand erfährt entweder eine kulturelle Transplantation oder nicht. Wenn die Transplantation ausbleibt (wie es ganz sicher beim chinesischen Naturerkenntnis-Komplex der Fall war), wird er in sich selbst eingeschlossen bleiben, für immer den eigenen Grundlagen treu und im Kern unveränderlich. Wenn aber ein Verpflanzungsprozess in Gang kommt, zeichnen sich zwei weitere Möglichkeiten ab:

c. Der Bestand wird entweder in etwas (mehr oder weniger) grundlegend anderes transformiert oder nicht.

Bei a. ist die entscheidende Frage, an welchem Punkt genau der Entdeckungseifer erlahmt, wie es im 2. Jahrhundert v. Chr. in Griechenland geschah. Bleiben dem Bestand an Naturerkenntnis, an diesem Punkt des Niedergangs angekommen, noch Möglichkeiten einer fruchtbaren Entwicklung? Wenn ja, sollte man darin ein Geschenk der Geschichte sehen. Das schmälert das Verdienst dessen, dem ein solches Geschenk in den Schoß fällt, natürlich ebenso wenig, wie ihm das Geschenk selbst als Verdienst anzurechnen ist. Der Historiker kann nur feststellen, was geschah, in dem Wissen, dass dies nur aus zeitlicher Distanz möglich ist.

Ob es zu kultureller Transplantation kommt oder nicht (Punkt b.), hängt von einer Reihe von Faktoren ab, die alle nichts mit dem besonderen Charakter des jeweiligen Bestands an Naturerkenntnis zu tun haben. Wichtige Faktoren sind geographische und wirtschaftliche Verhältnisse, besonders die Existenz oder Nichtexistenz von Knotenpunkten des Handels zwischen Völkern. Entscheidend ist aber, ob es zu militärischen Eroberungen großen Umfangs kommt, die eine Kultur als Ganze in Mitleidenschaft ziehen oder gar zur Entstehung einer neuen führen.

Das Schicksal der griechischen Naturforschung in Byzanz bestätigt ex negativo die Annahme, dass kulturelle Transplantation von entscheidender Bedeutung ist. In der Endzeit des Oströmischen Reiches, schon vor seiner staatlichen Selbständigkeit als Byzanz im 8. Jahrhundert, häufen sich Texte der griechischen Naturphilosophen und Mathematiker in den Palästen und Klöstern Konstantinopels an. Selbstverständlich handelt es sich um Texte in der Originalsprache Griechisch; sie erschließen sich also jedem byzantinischen Gelehrten, der sie zu Rate ziehen möchte, unmittelbar, ohne die Anstrengung eines komplexen Übersetzungsprozesses. Und sie werden zu Rate gezogen und sorgfältig und in wunderschöner Handschrift auf Pergament kopiert, der eine oder andere sogar in Einzelheiten leicht bearbeitet und erweitert. Andererseits ist festzustellen, dass fast ein volles Jahrtausend lang, bis zum Fall Konstantinopels im Jahr 1453, so etwas wie kreative Weiterentwicklung praktisch ausbleibt. Den byzantinischen Gelehrten war es viel zu einfach gemacht worden, alles hatten sie fix und fertig vorgefunden. Es fehlten die Herausforderungen, die mit kultureller Transplantation verbunden sind.

Schließlich Punkt c. Hier geht es um die Möglichkeit einer mehr oder weniger tiefgreifenden, vielleicht sogar revolutionären Transformation des verpflanzten Bestands an Naturerkenntnis. Im nächsten Kapitel werden wir sehen, dass sich diese Möglichkeit in der Geschichte zwei- oder dreimal ergeben hat und dass sie einmal genutzt wurde. Und wenn wir diesen Transformationsprozess untersuchen, können wir der Lösung des Rätsels auf die Spur kommen – sofern es sich lösen lässt –, wie um 1600 eine kleine Gruppe europäischer Gelehrter, in der griechischen Tradition groß geworden, die Welt ein zweites Mal erschaffen konnte, in einer Weise, dass wir uns vier Jahrhunderte später noch längst nicht davon erholt haben.

II. Islamische Kultur und das Europa des Mittelalters und der Renaissance

Um uns die aufeinander folgenden Transplantationen der griechischen Naturerkenntnis vor Augen zu führen, wählen wir eine Metapher, oder besser gesagt, wir bleiben beim Bild des Umpflanzens, jetzt allerdings im buchstäblichen Sinn. In Griechenland wurde die blütenreiche Pflanze, man denke zum Beispiel an Oleander, gesät und sorgfältig aufgezogen. Doch Jahrhunderte später ging die Gärtnerei pleite, und die Konkursverwalter (die Herrscher und Gelehrten von Byzanz) kümmerten sich nicht weiter darum. Ob die Pflanze vertrocknete oder einging, das war ihnen gleich. Zum Glück kann die Pflanze jahrhundertelang ohne Wasser überleben. Aber um sie wieder ausschlagen zu lassen, musste möglichst ein Ableger genommen werden, und auf jeden Fall musste man sie verpflanzen. Dazu bedurfte es jedoch Kunden, die über gut umgegrabenen Boden, in dem der Ableger Wurzeln schlagen konnte, und über Dünger verfügten, der die Pflanze erblühen lassen konnte.

Dreimal ist ein Kunde gekommen. Jedes Mal war zuvor der Erdboden des Kunden sehr tief umgepflügt worden. Dieses Umpflügen geschah durch Krieg.

Kriege waren natürlich grauenhafte Ereignisse für die Vielen, die ihnen im Laufe der Geschichte zum Opfer fielen. Die tägliche Routine gerät durcheinander, niemand ist mehr seines Lebens sicher. Aber dieses »Durcheinander« schafft auch Raum für Veränderung. Diese kann tiefgreifend sein und sich manchmal als schöpferisch erweisen. Wir haben am Beispiel der Naturerkenntnis in der griechischen Welt gesehen, wie der Eroberungsfeldzug Alexanders des Großen zur Gründung eines kulturellen Zentrums geführt hat, in dem vorsokratische Ansätze zu einer systematischen, mathematischen Form der Naturerkenntnis ausgebaut wurden.

Diese kreative Wirkung, die Kriege haben können, finden wir jedes Mal dort, wo griechische Naturerkenntnis verpflanzt wurde.

Der erste Kunde, der bei der Gärtnerei anklopfte, war ein Kalif, der So-undsovielte in der Reihe der Nachfolger Mohammeds. Er hieß al-Mansur, und er war um das Jahr 140 der islamischen Zeitrechnung an die Macht ge-kommen (nach christlicher Zeitrechnung, die wir von nun an der Einfach-heit halber verwenden, geschah dies um 760). Das verlief nicht ohne Schwie-rigkeiten. Seine Familie hatte einen Staatsstreich durchgeführt, und er hatte den darauf folgenden Bürgerkrieg gewonnen. Al-Mansur rechtfertigte den Putsch mit dem Argument, er stamme von al-Abbas ab, einem Onkel des Propheten. Daher wird das Herrschergeschlecht, das er begründete, Abbasi-den genannt, die Nachkommen von al-Abbas. Entschlossen, einen Neuan-fang zu machen, gründete er eine neue Hauptstadt, Bagdad, die er nach dem Vorbild Alexandrias erbauen ließ. Dabei beschränkte er sich nicht auf die Übernahme des schachbrettartig angelegten Straßennetzes. So erließ al-Mansur zum Beispiel die Order, überall im muslimischen Reich Handschrif-ten mit alten griechischen Texten zu sammeln und sie zwecks Übersetzung ins Arabische nach Bagdad zu bringen. Die meisten Schriften mussten aus dem Syrischen und Persischen übersetzt werden, doch auch in Konstantino-pel wurden Gesandte des Kalifen vorstellig, um Abschriften von ursprüng-lich griechischen Texten mit nach Hause zu nehmen.

Was veranlasste al-Mansur und auch spätere Abassiden zu diesem über Generationen hinweg betriebenen Unternehmen? Sie wussten jedenfalls ganz genau, was sie haben wollten und was nicht. An Dichtern wie Homer oder Euripides waren sie nicht interessiert; Aristoteles, Ptolemäus und ande-re Größen der griechischen Naturerkenntnis, die wollten sie haben. Einige ihrer Motive waren dieselben wie seinerzeit bei den Ptolemäern: gut fundier-te astrologische Ratschläge und Legitimation einer Herrschaft, die sich (vom Onkel al-Abbas einmal abgesehen) auf nichts anderem als Eroberung grün-dete. Aber da war noch etwas anderes. Unter ihren neuen, persischen Unter-tanen machte eine Legende die Runde: Die sogenannte griechische Naturer-kenntnis sei ursprünglich persisch, und Alexander der Große habe sie gestohlen. Durch die Übersetzungskampagne, bei der die griechische Natur-erkenntnis gleichsam den rechtmäßigen Eigentümern wiedergegeben wurde, wollten die Kalifen die gebildeten Perser für den Dienst bei Hofe gewinnen. Aber auch für die Bekehrung zum Islam. Es waren inzwischen anderthalb Jahrhunderte vergangen, seit Mohammed im weit von der zivilisierten Welt entfernten Mekka seine Missionsarbeit begonnen hatte. Führende Moslems waren sich sehr wohl bewusst, dass sie, als Eroberer, die noch die Wüstenluft in den Haaren hatten, ernste kulturelle Defizite im Vergleich zu ihren zahlreichen jüdischen, christlichen oder zoroastrischen Untertanen hatten. In theologischen Debatten waren sie regelmäßig unterlegen. Und daher waren es die mit Ratschlägen für zielgerichtetes Debattieren gespickten Texte des Ptolemäus und die Abhandlungen von Aristoteles, die als erste in die Sprache des Koran übersetzt wurden. In den zwei Jahrhunderten, die auf al-Mansurs Order folgten, sind die Übersetzer mehr und mehr gemäß ihren eigenen Neigungen vorgegangen. Etwa zu Beginn des 10. Jahrhunderts war der größte Teil dessen, was von der griechischen Naturerkenntnis im Altertum erhalten geblieben war, ins Arabische übersetzt. Die Handschriften zirkulierten von Andalusien an der Westgrenze der muslimischen Welt bis nach Afghanistan im Osten. Unbezahlbar waren sie nicht: Auf dem Markt von Bagdad konnte man schon für einen Esel eine Abschrift von Ptolemäus' *Almagest* kaufen.

Die zweite Transplantation begann in Spanien, in der Stadt Toledo. Diesmal handelte es sich um einen Ableger. Im 11. Jahrhundert florierte die griechische Naturerkenntnis auf Arabisch unter anderem in dem Teil der muslimischen Welt, der al-Andalus hieß und heute Andalusien genannt wird. Dies ist ein Gebiet im Süden Spaniens, dessen Hauptstadt und kulturelles Zentrum damals Córdoba war. Al-Andalus war bereits von den ersten Kalifen erobert worden, doch nun, vier Jahrhunderte später, wurde es durch christliche Fürsten und Reiche aus dem Norden Spaniens zunehmend unter Druck gesetzt. Die Rückeroberung Spaniens von den »Mauren« wird allgemein mit dem spanischen Begriff »Reconquista« bezeichnet. Sie war erst Ende des 15. Jahrhunderts vollendet, doch bereits im Jahr 1085 fiel die in der Nähe des heutigen Madrid gelegene Stadt Toledo in die Hände der Christen, und diese Stadt wurde erneut zum Schauplatz einer Übersetzungswelle. Vom arabischen Ableger der ursprünglich griechischen Naturerkenntnis wurde erneut ein Schößling genommen, den man nun in den Boden des Lateinischen pflanzte. Der Pionier war ein umherreisender Gelehrter, der Gerhard hieß und aus Cremona in Italien stammte. Er war auf der Suche nach dem Text des *Almagest* von Ptolemäus, konnte diesen aber in den wenigen Bibliotheken Europas nicht finden. So gelangte er um 1145 nach Toledo, wo er sich an die Übersetzung des *Almagest* machte. Er verbrachte den Rest seines Lebens in Toledo. Insgesamt übersetzte er rund 70 ursprüngliche griechische Werke aus dem Arabischen ins Lateinische. Da er anfangs des Arabischen noch nicht so recht mächtig war, benötigte er – wie ungefähr ein Dutzend andere Gelehrte, die sich zu ihm gesellt hatten – zunächst noch die Hilfe jüdischer und muslimischer Gelehrter; ein ebenso frühes wie schönes Beispiel für die einträchtige Zusammenarbeit von Anhängern der drei großen monotheistischen Religionen. Erneut waren es vor allem naturphilosophische und mathematische Texte, die zur Übersetzung ausgewählt wurden. Dabei lag der Schwerpunkt auf den Schriften von Aristoteles und etlichen Kommentaren eben dieser Werke.

Was trieb diese Übersetzer an? Um dies nachempfinden zu können, müssen wir uns die Situation des damaligen Europa bewusst machen. Es war lange ein bestenfalls oberflächlich zivilisiertes Anhängsel der römischen Welt am Mittelmeer gewesen. Im 7. Jahrhundert riegelten die ersten Kalifen mit ihren Eroberungszügen, die von Persien bis nach Spanien reichten, dieses Meer regelrecht ab. Europa wurde dadurch von der zivilisierten Welt abgetrennt, und es musste nun allein sehen, wie es zurecht kam. Zu Beginn des 9. Jahrhunderts tat es dies unter Karl dem Großen für kurze Zeit als politische Einheit. In Bagdad übertraf die Hofhaltung von al-Mansurs Enkel, Harun al-Raschid, die Karls des Großen bei weitem an Vielseitigkeit, Raffinement und kosmopolitischer Offenheit. Und als das Reich Karls des Großen wieder zerfiel und Normannen jahrhundertelang die Küsten unsicher machten, da waren nur in den Kirchen und Klöstern noch Reste von Kultur zu finden. Um die Naturerkenntnis war es nicht anders bestellt. Während sie in der arabischen Welt eine Blüte erlebte, gaben sich im abgelegenen Europa vor allem Mönche große Mühe, die zusammenfassenden Texte in die Hände zu bekommen, die die »westliche« Übersetzungsroute seinerzeit hervorgebracht hatte. Diese Texte waren nur ein schwacher Abklatsch des ursprünglichen Reichtums der griechischen Naturerkenntnis. Auf der »östlichen« Übersetzungsroute war, über das Syrische und das Persische, viel mehr von diesem Reichtum erhalten geblieben. Die Übersetzung ins Arabische hatte eine Verbreitung in der gesamten islamischen Welt ermöglicht, bis in den westlichsten Zipfel Andalusien. Und so konnte es geschehen, dass Mitte des 12. Jahrhunderts Gerhard und seine Übersetzerkollegen einen Schatz an Naturerkenntnis vorfanden, der dort zusammengetragen worden war. Sie konnten so an einem Brunnen trinken, der ihnen wie die Quelle der Erkenntnis vorgekommen sein muss. Und dies spornte sie an, im Laufe von etwa 50 Jahren Aristoteles, Ptolemäus und Euklid sowie zahlreiche andere Autoren, aber auch Texte arabischer Kommentatoren in ihre eigene Gelehrtensprache, das Lateinische, zu übersetzen.

Wieder 300 Jahre später, 1453, meldete sich ein dritter Kunde. Er klopfte bei der Gärtnerei in dem Moment an, als sie infolge einer feindlichen Übernahme den Besitzer wechselte. In den Gewächshäusern fand er die inzwi-

schen steinalte Pflanze vollkommen vertrocknet vor. Er nahm keinen Ableger, sondern die ganze Pflanze, überquerte das Adriatische Meer und
pflanzte sie in italienischen Boden.

Wir reden hier über die Folgen für die griechische Naturerkenntnis, die
sich nach der Eroberung von Konstantinopel durch Sultan Mehmed II.,
Herrscher des Osmanischen Reichs, ergaben. Er machte Konstantinopel zu
seiner Hauptstadt und gab ihr den Namen Istanbul. Doch der Sultan war
nicht der Kunde, der es auf die ursprüngliche Pflanze abgesehen hatte. In
seinem Reich stand nämlich noch – oder wieder – der Ableger der Kalifen in
voller Blüte. Für die osmanischen Gelehrten, die sich mit griechischer Naturerkenntnis beschäftigten, gab es daher keinen Grund, sich in die vielen
Handschriften zu vertiefen, die nun auf einmal in den Palästen und ortho-
doxen Klöstern in Konstantinopel/Istanbul zugänglich waren.

Diesen Grund gab es jedoch für einen nicht weit von Konstantinopel
entfernt geborenen Priester namens Bessarion. Er war zur römischen Kirche
übergetreten und wurde in Italien sogar zum Kardinal ernannt. Es ist vor
allem seinen Bemühungen zu verdanken, dass die alten griechischen Texte in
Italien zum Ausgangspunkt einer dritten und letzten Transplantation der
griechischen Naturerkenntnis wurden. Man konnte jetzt direkt aus dem
Original übersetzen. Es gab keine Fehler mehr, die durch die Zwischenschritte über das Syrische, das Persische oder das Arabische verursacht wurden, sondern es wurde der unmittelbare Kontakt zu denjenigen wiederherge-
stellt, die anderthalb Jahrtausende zuvor die Texte verfasst hatten. Die
Erregung, nun wirklich persönlich an der Quelle der Naturerkenntnis zu
stehen, war fühlbar, zuerst und vor allem im Italien der Renaissance, doch im
Laufe des 16. Jahrhunderts auch andernorts in Westeuropa. Die dritte Transplantation geschah.

Während der folgenden rund anderthalb Jahrhunderte wurde das Werk
Gerhards von Cremona und seiner Kollegen noch einmal auf etwas höherem
Niveau überarbeitet und sogar erweitert. Um 1600 konnte ein Gelehrter in
Europa über gültige Ausgaben von fast allen Texten mit griechischer Naturerkenntnis verfügen, die nicht im Laufe der Zeit definitiv verlorenen gegangen waren. Aufgrund der Erfindung des Buchdrucks waren sie für ihn sogar
besser erreichbar als für seine Vorgänger. Doch beim Übersetzen allein blieb
es nicht, im Europa der Renaissance ebenso wenig wie zuvor in der islamischen Kultur oder im mittelalterlichen Europa. Das Erblühen der Pflanze
und ihrer Ableger bedeutete mehr als nur die Wiederherstellung ihrer frühe-

ren Form in neuem, fruchtbarem Boden. Es wuchsen neue Zweige, und an diesen neuen Zweigen spross eine noch reichere Blütenpracht.

Übersetzungsfragen und Formen der Bereicherung

Übersetzen ist mehr als übertragen. Bei Texten, in denen Naturerkenntnis vermittelt wird, ist es mit Sicherheit ein sehr aktiver Prozess. Der Übersetzer muss über mehr Kenntnisse verfügen als die Beherrschung dessen, was wir heute als »Ausgangssprache« und »Zielsprache« bezeichnen. Er muss sich die technischen Besonderheiten, den philosophischen Jargon oder die mathematische Terminologie und die Beweisführung des Quellentextes zu eigen machen. Sonst kann er nicht verstehen, was sein Autor meint, wenn dieser vom »Pneuma« oder von »parallel« spricht. Behandelt das zu übersetzende Werk ein Gebiet, das in der Zielsprache zuvor niemals diskutiert wurde, dann muss er – etwa bei der Übersetzung in die Sprache des Koran – in der Zielsprache ein eigenes Vokabular schaffen. Sollte er dann neue Begriffe erfinden oder bereits vorhandenen eine neue Bedeutung geben? Und darf er sich dabei besonderer Eigenschaften der Zielsprache bedienen? Im Niederländischen etwa strebte gegen Ende des 16. Jahrhunderts Simon Stevin dies an. So führte er für »Mathematik« den Begriff »wiskunde« ein, um so die Gewissheit, die Zuverlässigkeit der darin verwandten Beweisform anzudeuten.

Eine Lösung dieser Art von Problemen erforderte bereits Übersetzer mit großen kreativen Fähigkeiten. Hinzu kommt noch, dass unsere heutige Vorstellung von buchstäblicher Texttreue damals nicht das höchste Ideal eines Übersetzers war. Hier ein Beispiel aus seinem Vorwort zum *Almagest*, das zeigt, wie im 9. Jahrhundert ein namhafter Mathematiker seine Arbeit verstand:

»Dieses Buch wurde aus dem Griechischen und Arabischen übersetzt von Hunayn ibn Ishaq [...] und korrigiert von Thabit ibn Qurra aus Harran. Alles, was in diesem Buch steht, ganz gleich, wo es steht und in welcher Passage oder Marge es vorkommt, ob im Kommentar oder in der Zusammenfassung oder einer Ergänzung zum Text, ob in einer Erklärung oder Vereinfachung um des besseren Verständnisses willen, ganz gleich, ob es sich dabei um eine Korrektur, einen Hinweis, eine Verbesserung oder eine Neubewertung handelt, stammt aus der Feder von Thabit ibn Qurra al-Harrani.«

Kurzum: Ein Übersetzer will dem Leser ein optimales Verständnis des auf den neuesten Stand gebrachten Themas des übersetzten Textes ermöglichen – Erläuterungen und Ergänzungen gehören dazu. Dadurch werden zwei prinzipiell unterschiedliche Tätigkeiten miteinander vermischt: das *Übersetzen* eines Textes und die *Weiterentwicklung* seines Inhalts. Bei Thabit ibn Qurra ist dieser Prozess bereits im vollen Gange: Tatsächlich hat er zur Weiterentwicklung einer Reihe von griechischen Erkenntnissen kräftig beigetragen. So ergänzte er seine in der Tradition des Archimedes stehende Arbeit über Gleichgewichtszustände um Balken, denen er ein eigenes Gewicht zuschreibt. Oder nehmen wir das Werk eines der Größten, den die Auseinandersetzung mit der Naturerkenntnis in der islamischen Zivilisation hervorgebracht hat: al-Biruni. Er erweiterte Archimedes' Werk über Gleichgewichte in Flüssigkeiten um einen Begriff, der dem modernen »spezifischen Gewicht« sehr nahe kommt. Außerdem arbeiteten Thabit, al-Biruni und andere Übersetzer mathematisch-astronomische Korrekturen in die theoretischen Modelle des *Almagest* von Ptolemäus ein.

Das Problem war nämlich, dass sich durch Wahrnehmung gewonnene Daten, die im *Almagest* noch exakt mit den Modellen übereinstimmten, knappe tausend Jahre später nicht mehr alle als hinreichend genau erwiesen. So hatte Ptolemäus die Länge des Sonnenjahrs oder den Winkel, den die Ekliptik zum Himmelsäquator bildet, für konstante Werte gehalten. Nachdem sich inzwischen in beiden Fällen erheblich abweichende Werte ergeben hatten, stellte sich die Frage, was zu tun war. Man konnte die alten Werte negieren und die neuen benutzen, um mit Hilfe der Modelle des *Almagest* neue Tabellen für die Position der Himmelskörper zu verschiedenen, zukünftigen Zeitpunkten zu erstellen. Dabei lief man Gefahr, dass diese Tabellen mit der Zeit wieder genauso veralten würden wie die bisherigen. Man konnte auch die Richtigkeit der alten *und* der neuen Daten akzeptieren. Dies bedeutete aber die Anerkennung der Tatsache, dass sowohl das Sonnenjahr als auch der Winkel der Ekliptik langfristigen Änderungen unterworfen waren, was unweigerlich die Notwendigkeit nach sich zog, die alten Modelle anpassen zu müssen, und zwar in einer Weise, die die langfristigen Veränderungen mit einberechnete. Es sagt etwas über den Tiefgang des Erweiterungsprozesses, von dem wir hier sprechen, aus, dass sowohl in der islamischen Kultur als auch im mittelalterlichen Europa die zweite, sehr viel anspruchsvollere Alternative von etlichen Astronomen in Angriff genommen wurde.

Manchmal wurde auch ein Problem, das in der griechischen Antike mehr oder weniger ungelöst geblieben war, von einer oder mehreren der drei

»Transplantations-Kulturen« doch noch gelöst. Ein Beispiel ist der Regenbogen. Aufbauend auf das Werk von Ptolemäus und dessen bestem arabischem Weiterdenker und Fortentwickler, Ibn al-Haitam, fanden Kamal al-Din al-Farisi und Dietrich von Freiberg tausende Meilen voneinander entfernt und praktisch zur selben Zeit heraus, wie ein Regenbogen entsteht.

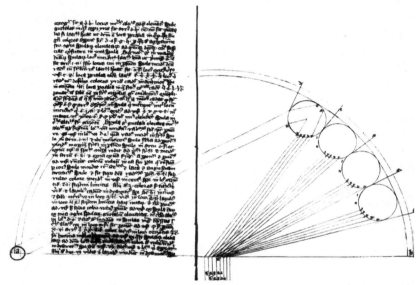

Das Entstehen eines Regenbogens nach Dietrich von Freiberg. Links unten die Sonne, rechts vier Regentropfen, unten in der Mitte der Beobachter. In jedem Tropfen entsteht das Farbspektrum durch Brechung des Lichts, dann folgt Spiegelung und erneute Brechung.

Oder betrachten wir die Regelmäßigkeit, mit der in aufeinanderfolgenden Winkeln ein Lichtstrahl auf der Grenze zwischen Luft und Wasser beispielsweise gebrochen wird. Ptolemäus hatte diese Regelmäßigkeit nur in grober Annäherung beschrieben. Das korrekte Gesetz (bekannt als Sinussatz) wurde im 10. Jahrhundert von Ibn Sahl gefunden. Seine Entdeckung, die er selbstverständlich handschriftlich festhielt, führte anschließend ein verborgenes Leben. Sieben Jahrhunderte später wurde sie von drei Anwendern der alexandrinischen Naturerkenntnis erneut gefunden, ganz unabhängig von Ibn Sahl und voneinander. Dabei ist die Handschrift, in der Willebrord Snel seine Entdeckung formulierte, verloren gegangen. Der ebenfalls handschriftliche Text von Thomas Harriot wurde, ebenso wie der von Ibn Sahl, erst in unserer Zeit wiedergefunden, und nur René Descartes hat seine Entdeckung tatsächlich publiziert, in gedruckter Form und mit dem Versuch eines Beweises versehen.

Dies sind lauter Beispiele für die Weiterentwicklung der »alexandrinischen« Naturerkenntnis. Doch auch bei der anderen Form der Naturerkenntnis, die die Griechen hinterlassen hatten, können wir mit Recht von Erweiterung sprechen. Ein Beispiel dafür ist Aristoteles' Erklärung der Bewegung eines Projektils. Wir sprachen bereits über seinen Begriff der »natürlicher« Bewegung: Gegenstände, die aus Erde und/oder Wasser gemacht sind, begeben sich, sobald sie die Möglichkeit haben, zum Mittelpunkt des Weltalls. Wir nehmen dies als den senkrechten Fall eines Objekts nach unten wahr. Doch wie verhält es sich mit einem Stein, den man wirft? Aristoteles nennt dies eine »erzwungene« Bewegung, und die bereitet ihm Schwierigkeiten. Wie kann es sein, dass ein Stein nicht augenblicklich senkrecht nach unten fällt, wenn er die Hand verlässt? Bewegung bedarf schließlich seiner Ansicht nach eines Bewegers. Aber welcher Beweger sorgt dafür, dass der Wurf noch eine Weile fortdauert? Aristoteles suchte die Lösung dieses Problems in der Luft: Die werfende Hand gibt der in unmittelbarer Nachbarschaft befindlichen Luftschicht ein bewegendes Vermögen mit. Dieses Vermögen hält den Stein weiter in Bewegung. Gleichzeitig gibt diese erste Luftschicht das Vermögen in abgeschwächter Form an die nächste weiter. Die versetzt dem Stein erneut einen Stoß. Schließlich kommen Stein und letzte Luftschicht am Boden zur Ruhe. Dies ist eine sehr forcierte Konstruktion, die noch einmal zeigt, wie stark in der naturphilosophischen Erkenntnisstruktur das Schema gegenüber der unbefangenen Wahrnehmung die Oberhand behält. Luft bremst die Bewegung gerade, das sieht und fühlt man doch? Nun, der Ansicht waren einige kritisch gestimmte Anhänger der Lehre des Aristoteles auch. In der islamischen Kultur lieferte einer der bedeutendsten Aristoteles-Kommentatoren, Ibn Sina, den Ansatz zu einer anderen Erklärung des Wurfs. In Mitteleuropa, wo er »Avicenna« genannt wurde, hat man seine Erklärung weiterentwickelt. Sie lief darauf hinaus, dass die werfende Hand ihr bewegendes Vermögen nicht an die Luft weitergibt, sondern an den Stein selbst. Dieser erhält also ein inneres bewegendes Vermögen, »Impetus« genannt, mit auf den Weg, das dann noch eine Zeitlang die Bewegung des Steins aufrecht erhält.

Diese Lösung passt problemlos in die aristotelische Lehre. Die Denkweise und die Erkenntnisstruktur bleiben unangetastet, Aristoteles hätte eigentlich auch selbst darauf kommen können. Und auch an den anderen Beispielen kann man sehr gut erkennen, welche Erweiterungen man in den drei Transplantationskulturen vorfindet. Vor allem die besten Erweiterungen und Korrekturen zeugen von einer beachtlichen kritischen Potenz und großem Einfallsreichtum. Aber dennoch, *die »alexandrinische« bzw. »athenische« Methode und Erkenntnisstruktur bleibt unverändert erhalten.* Die grundlegenden Annahmen der Griechen wurden nicht in Zweifel gezogen und folglich auch nicht durch vollkommen oder teilweise neue ersetzt. Ebenso wenig wurde die Reihe der Naturphänomene erweitert, mit der sich die mathematische Naturerkenntnis beschäftigte. Es blieb bei den bekannten fünf: die Positionen der Himmelskörper, musikalische Intervalle, Lichtstrahlen, Gleichgewichtszustände von festen Körpern und von Flüssigkeiten. Von einigen Ausnahmen abgesehen, wurden sie im gleichen Maß abstrakt behandelt wie seinerzeit in Alexandria. Und was die Naturphilosophie betrifft, so lebte die athenische Rivalität zwischen den Schulen, die jede für sich die Wahrheit gepachtet zu haben meinten, wieder auf. Denn schließlich ergibt sich die Wahrheit unweigerlich aus den grundlegenden Prämissen jeder einzelnen Schule. Auch so etwas wie die skeptische Kritik all dessen lebte wieder auf. Ebenso wie die Formen des Studiums jedes Mal wieder auflebten, denen die antike Naturphilosophie nach ihrem Goldenen Zeitalter unterworfen wurde: Zusammenfassung, Erklärung, Kommentar, Kombination.

Nicht nur hinsichtlich der Denkweise und der Struktur blieb die Erweiterung der gesamten, erhalten gebliebenen griechischen Naturerkenntnis also beschränkt, sondern auch was ihren Inhalt angeht. Betrachten wir einmal die im Verhältnis tiefgreifendste Erneuerung von allen. Die gab es auf dem Gebiet der Mathematik. Die griechische Mathematik war praktisch ausschließlich Geometrie. Bereits zu Beginn der Zeit der Abbasiden kam eine Form von Algebra dazu. In der kosmopolitischen Atmosphäre, welche die islamische Kultur damals auszeichnete, öffneten sich die Araber und Perser für eine nicht-geometrische Form der Mathematik, die sie in Indien kennenlernten. Dort wurde das Stellenwertsystem erfunden: Der Wert einer Ziffer richtet sich nach ihrer Stellung in der Zahl (die 7 in 374 steht nicht für »sieben« sondern für »siebzig«). Dies machte nicht nur im Alltag das Rechnen viel einfacher. Zusammen mit der Einführung der Null bahnte das Stellenwertsystem einer Form von Algebra den Weg. So gelangte der erste bedeutende Autor auf diesem Gebiet, al-Hwarizmi, zur Unterscheidung von sechs Formen, die eine Gleichung annehmen kann (zum Beispiel ax=b oder ax^2+bx=c, wobei er allerdings alles in Worten ausdrückte). Eine tiefgreifende Erneuerung mit einem gewaltigen Zukunftspotential. Doch Letzteres ist eine im nachhinein gemachte Feststellung. Bis weit in die Renaissance gingen selbst die avanciertesten Resultate, die mit dieser Algebra erzielt wurden, kaum weiter als das, was man auch mit den klassischen geometrischen Mitteln Euklids und Apollonios' erreichen konnte. Wir haben es hier also erneut mit einem Erweiterungsprozess zu tun, der über den vorgegebenen Rahmen nicht wirklich hinausgeht. Dies gilt für die islamische Kultur, und es gilt ebenso für die europäische Kultur des Mittelalters und der Renaissance. Anfang des 13. Jahrhunderts erläuterte Leonardo da Pisa das Stellenwertsystem in einem Lehrbuch. Kaufleute konnten fortan ihre Berechnungen sehr viel leichter erledigen, aber für die Naturerkenntnis bedeutete dies keinen Fortschritt. Und mit der Algebra verhielt es sich ebenso.

Immer wieder können wir also beobachten, dass sowohl die Mathematik als auch die überlieferte Naturerkenntnis sehr wohl erweitert werden konnten, sogar bis an die Grenzen der tradierten Denkformen. *Tatsächlich überschritten wurden diese Grenzen jedoch nicht.* Nirgendwo wird dies deutlicher als bei der Brückenfunktion, die Ptolemäus so wichtig gewesen ist. Zweimal hat man gemäß seinem Vorbild versucht, die so überaus abstrakte alexandrinische Naturerkenntnis enger mit der natürlichen Wirklichkeit zu verbinden. Im 11. Jahrhundert nahm Ibn al-Haitam (Alhazen) die Herausforderung an. Er kannte das Werk des Ptolemäus sehr gut, er war vertraut mit der griechischen Naturphilosophie und war außerdem Arzt. Er baute die geometrische Deutung der Lichtstrahlen zu einer allgemeinen Erklärung des Sehens aus. Dabei kombinierte er geometrisch beschriebene Strahlengänge, Wahrnehmungen an der Anatomie des Auges und Fragmente der Naturphilosophie, die in sein Gedankengebäude passten.

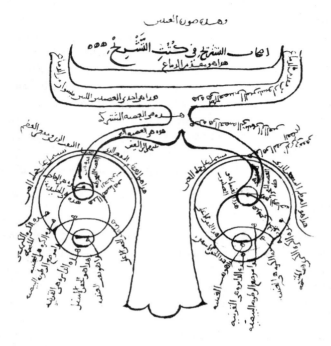

Wie wir laut Ibn al-Haitam (Alhazen) sehen

Einige Experimente mit einer sich drehenden Öllampe stützten das Konstrukt. Aus heutiger Sicht taugt Ibn al-Haitams Synthese kaum etwas. Aber für den Historiker geht es nicht hauptsächlich darum. Aufgrund der einfallsreichen Kombination von Erkenntnissen aus diversen Fachgebieten zu einem ordentlich zusammenhängenden Ganzen, gehört sein Werk zum Besten, was die drei Transplantationen der griechischen Naturerkenntnis hervorgebracht haben. Fünf Jahrhunderte später vollzog ein gelehrter Kapellmeister der Basilika San Marco in Venedig, Gioseffo Zarlino, eine vergleichbare Synthese auf dem Gebiet der Konsonanzlehre. Beide Versuche einer Zusammenschau haben sich als unhaltbar erwiesen und wurden beim Aufkommen der modernen Naturwissenschaften zu Beginn des 17. Jahrhunderts verworfen. Aber das ist es nicht, was uns hier interessiert. Es geht darum, dass Ptolemäus' Versuch, die mathematische Wissenschaft näher an die Realität heranzuführen, sowohl in der islamischen Kultur als auch später erneut in Europa während der Renaissance aufgegriffen und kreativ weiterentwickelt wurde. Ibn al-Haitam und Zarlino nahmen, jeder für sich, Ptolemäus' Lösungen zum

Ausgangspunkt und bauten darauf in seinem Geiste auf. Wir stehen erneut an der Grenze dessen, was in der griechischen Naturerkenntnis angestrebt wurde, ohne dass diese Grenze überschritten würde. Jemand, der um 1600 hätte überblicken können, wie es in Europa und in der islamischen Kultur um die griechische Naturerkenntnis steht, hätte feststellen können, dass vieles deutlicher geworden und ausgebaut worden ist, dass der Kern aber unverändert geblieben ist. Noch immer sind auf dem mathematisch-naturwissenschaftlichen Gebiet Archimedes und Ptolemäus und in der Naturphilosophie die Schulen von Athen der Bezugspunkt für jeden, der sich mit griechischer Naturerkenntnis beschäftigt und diese weiterentwickelt.

Islamische Kultur: Besondere Entwicklungen

Bisher haben wir uns angesehen, was unsere drei Fälle von kultureller Transplantation bei der Übersetzung und Verarbeitung des griechischen Corpus an Naturerkenntnis gemein hatten. Das Schema inhaltlicher Erweiterung unter Beibehaltung der Erkenntnisstruktur zeichnet sich deutlich ab. Aber es gibt auch Unterschiede.

Ein sofort ins Auge fallender Unterschied ist der Zeitpunkt der Transplantation. In der islamischen Kultur beginnt sie im 8. Jahrhundert, im mittelalterlichen Europa Mitte des 12. Jahrhunderts und im Europa der Renaissance Mitte des 15. Jahrhunderts. Natürlich hatte dieser Unterschied Folgen: In jeder neuen Phase profitierte man jedenfalls in gewissem Maße von den zuvor neu gewonnenen Erkenntnissen. So wurde Ibn al-Haitams Synthese von Licht und Sehen vom mittelalterlichen Europa übernommen, um anschließend unverändert in der Renaissance weiterzuleben.

Ein weiterer Unterschied besteht darin, dass die griechische Naturerkenntnis nicht in allen drei Fällen gleich vollständig übertragen und aufgenommen wurde. Am stärksten lebt sie in der Renaissance wieder auf, im Mittelalter wird sie mit Abstand am schwächsten und zudem noch einseitig rezipiert, während die islamische Kultur in dieser Hinsicht eine Zwischenstellung einnimmt. Obwohl in der islamischen Kultur durchaus etwas von der Atomlehre, von den Erkenntnissen der Stoa und sogar ein wenig von der skeptischen Kritik durchklingt, sind es doch in erster Linie Aristoteles und Platon, die die philosophische Debatte dominieren. Dabei wird nicht immer gleich streng zwischen den beiden unterschieden. Die Zusammenfassungen und Kommentare, die die großen Philosophen al-Kindi, al-Farabi und Ibn Sina (Avicenna) verfasst haben, zeigen eine Vorliebe dafür, aristotelische Probleme im Geiste von meist platonischen Einsichten zu lösen.

In der islamischen Kultur wurde und wird die Summe des Wissens eingeteilt in »arabisches Wissen« und »ausländisches Wissen«. Erstgenanntes umfasst Wissen über den Koran, über die Überlieferung des Propheten und über Recht und Rechtsprechung. Zum »Fremdwissen« gehörte alles andere, wobei die griechische Naturerkenntnis den Hauptbestandteil ausmachte. Diese wurde nach formalen Kriterien nicht, in der tatsächlichen Beschäftigung damit aber sehr wohl in »athenisch« und »alexandrinisch« unterteilt – sie waren und blieben, ebenso wie zuvor bei den Griechen selbst, zwei stark divergierende Formen der Naturerkenntnis, praktisch ohne jeden Berührungspunkt und ohne jeden Austausch. Mit einem bemerkenswerten Unterschied: In der griechischen Antike waren Philosophen und Mathematiker stets unterschiedliche Personen, doch in der islamischen Kultur verhielt es sich nicht immer so. Die Naturphilosophen al-Kindi und Avicenna haben sich auch mit Mathematik beschäftigt, wobei jedoch auffällt, dass sie das eine nicht mit dem anderen in Verbindung brachten, sie arbeiteten gleichsam mit zwei getrennten Hirnhälften. Dies ist ein Phänomen, dem wir später erneut begegnen werden.

Allerdings ist mit der Verarbeitung und Erweiterung von »Athen« und »Alexandria« die Naturerkenntnis des Islam noch nicht ans Ende gekommen. Am Rande dieser Beschäftigung stoßen wir auf einige naturkundliche Themen, die ihre Herkunft aus eben dieser Kultur deutlich zeigen. Der Koran schreibt jedem Gläubigen vor, dass er seine Gebete nach Mekka gewandt verrichtet. Je weiter sich das vom Islam dominierte Territorium über die Grenzen der arabischen Halbinsel hinaus ausbreitete, wurde es immer schwieriger, die neuen Moscheen exakt in Richtung Mekka auszurichten. Theoretisch betrachtet ist dies ein kompliziertes Problem der sphärischen Trigonometrie, und es kostete die islamischen Mathematiker ungefähr zweihundert Jahre, eine exakte Lösung für diese Frage zu finden (die *qibla*, Gebetsrichtung, wird heute per GPS ermittelt). Außerdem verlangt der Koran vom Gläubigen, dass er fünfmal am Tag betet. Die Zeitpunkte werden durch Ereignisse bestimmt, die sich ebenso wenig in kurzer Zeit exakt bestimmen lassen: Sonnenaufgang, Dämmerung und Schattenlänge. Auch in die Lösung dieses Problems wurde sehr viel mathematischer Sachverstand gesteckt. Dasselbe gilt für die Regeln, die der Koran für die Verteilung des Erbes vorschreibt, dem sich die algebraischen Pionierarbeiten al-Hwarizmis zu einem großen Teil widmeten. Die Bildung einer Gemeinschaft der Gläubigen beförderte darüber hinaus den Wunsch, deren Gesundheit zu erhalten. Es entstanden nicht nur zum ersten Mal in der Geschichte öffentliche Hospitäler, sondern wir sehen auch, dass viele, die sich mit griechischer Naturerkenntnis beschäftigten, gleichzeitig als Ärzte arbeiteten. Schließlich stellen wir fest, dass in der islamischen Kultur ein Weg gesucht wurde, Metalle zu transmutieren; allgemeinverständlicher ausgedrückt: Man suchte nach einem Mittel, wie man aus Blei Gold machen konnte. Die Alchemie ist von alters her das multikulturelle Fachgebiet par excellence. In Alexandria hat es einen ersten Ansatz gegeben, aus China stammt die Vorstellung, dass das Mittel, welches die Transmutation bewerkstelligt, gleichzeitig die Fähigkeit in sich birgt, unser Leben zu verlängern: das »Elixier«. Alchemie ist nicht nur eine Sammlung von Vorstellungen darüber, wie Metalle in der Erde von grob (Blei) zu edel (Gold) reifen und wie man diesen Prozess beschleunigen kann. Sie ist auch eine Sammlung von Techniken, wie man diese Beschleunigung tatsächlich erreicht, durch Verbrennen, Destillieren, Filtrieren usw. Dies alles wird in der islamischen Kultur in eine esoterische Bildersprache verpackt, wobei die Reinigung von Stoffen symbolisch als Reinigungsprozess der Seele verstanden wird.

Drei Besonderheiten der Transplantation von griechischer Naturerkenntnis in die islamische Kultur haben wir nun Revue passieren lassen: Sie ist die erste Transplantation, sie umfasst zwar die meisten Texte, aber nicht alle, und außerdem wurden einige Aspekte behandelt, die nicht zur alexandrinischen oder athenischen Form der Naturerkenntnis gehören, sondern im Gegenteil spezielle Merkmale dieser spezifischen Kultur widerspiegeln.

Es gibt noch eine wichtige Besonderheit, die den Niedergang der Naturerkenntnis in der islamischen Kultur betrifft.

Dass es so etwas wie einen Niedergang gegeben hat, steht zweifellos fest. Auf die Frage, wie es dazu gekommen ist und wodurch er ausgelöst wurde, kursieren eine Reihe von Antworten. Es sind sogar so viele, und sie werden oft, auf tönernen Füßen stehend, mit soviel leichtsinniger Entschiedenheit geäußert, dass die Fachleute, die die Texte im ursprünglichen Arabisch oder Persisch lesen können, geneigt sind, die ganze Frage ungeduldig als zu spekulativ für eine historisch abgesicherte Beantwortung beiseite zu schieben. Auch hier scheint mir das Schweigen der Experten zu weit zu gehen. Was sich im speziellen Fall der empirischen Betrachtung entzieht, lässt sich sehr wohl durch historische Vergleiche stützen. Womit wir den in Frage stehenden Niedergang vergleichen, liegt auf der Hand, auch wenn dies, meines

Wissens nach, nie zuvor gemacht wurde. Es ist, etwa anderthalb Jahrhunderte vor unserer Zeitrechnung, der Niedergang der griechischen Naturerkenntnis in ihrer ursprünglichen Form. Den haben wir als Teil eines umfassenderen Schemas bereits betrachtet: ein enthusiastisches Aufblühen kulminiert in einem Goldenen Zeitalter, auf das dann ein plötzlicher, steiler Niedergang folgt. Über diesen Niedergang habe ich zwei Behauptungen aufgestellt: 1. Gelegentlich wird Jahrhunderte später doch noch die eine oder andere Spitzenleistung erbracht (zum Beispiel von Ptolemäus). 2. Die Frage, warum es zum Niedergang kommt, ist falsch gestellt.

Das grobe Schema des Aufblühens und des Niedergangs der beiden Kulturen stelle ich in der folgenden Tabelle dar. Die kursiv gesetzten Stichworte markieren die wichtigsten Unterschiede.

	Griechenland	islamische Kultur
Aufblühen	Schöpfung + (in der Mathematik) Transformation	*Übersetzung* → *Erweiterung*
• Goldenes Zeitalter	Platon bis Hipparchos	al-Kindi bis Ibn Sina + al-Biruni + Ibn al-Haitam
Niedergang	ca. 150 v. Chr.	ca. 1050
1. Wodurch?	normaler Gang der Dinge	normaler Gang der Dinge
2. Warum zu der Zeit?	Skeptische Krise? Ende des Mäzenatentums?	*Invasionen* → *Wendung nach innen*
3. Nachleben	Niedergang steil abwärts, anhaltend, auf dauerhaft niedrigem Niveau	steil abwärts, anhaltend; gefolgt von *partieller, regional geprägter Umkehr zu höherem Niveau*
• gekennzeichnet durch	Kodifizierung, Kommentare, Synkretismus …	Kommentare
• große Nachblüher	Ptolemäus, Diophantos, Proklos, Philoponos	at-Tusi, Ibn asch-Schatir, Ibn Ruschd (Averroës)

Natürlich unterschied sich das frühere Aufblühen vom späteren. Im griechischen Fall bestand es zu einem Teil aus neuen Erkenntnissen und der Rest aus Transformation von Wissen, das woandersher stammte; in der islamischen Kultur wurde das griechische Erbe einem lange währenden Prozess der Übersetzung und Erweiterung unterzogen. Gemeinsam waren beiden allerdings die Entdeckerlust, der Schwung und der Enthusiasmus, den die Aktivitäten ausstrahlten, ganz gleich ob es dabei um die Suche nach noch unbekannten Fernen ging oder um die Wiederentdeckung von vergessenem Wissen, das man nun sorgsam wiederherstellte. In beiden Fällen kulminierte das Aufblühen in einem Goldenen Zeitalter. Dieses zeichnete sich durch etwas aus, das wir als »auffallend dichte Konzentration großer kreativer Talente« bezeichnet haben. In der islamischen Kultur sind das – nach einer ganzen Reihe von Bagdader Größen wie Thabit Ibn Qurra – vor allem Ibn Sina (Avicenna), al-Biruni und Ibn al-Haitam (Alhazen), die in der ersten Hälfte des 11. Jahrhunderts den Höhepunkt markieren. Danach setzt, wie zuvor bei den Griechen, ein steiler Niedergang ein. Ihr Werk wird nicht mehr aufgegriffen, ganz zu schweigen davon, dass es ausgeweitet und übertroffen oder vielleicht sogar grundlegend neu durchdacht und zu etwas größtenteils anderem transformiert würde. Nichts von alledem: Mit dem fast gleichzeitigen Tod der drei endete die Entwicklung für Jahrhunderte.

Wieso?

Wie bereits ausgeführt, war in der Alten Welt das Schema von Aufblühen und Niedergang sehr naheliegend. Was vielmehr nach Erklärung verlangt, ist eher das Gegenteil dieses Schemas: die welthistorisch einmalige Dauerhaftigkeit, die so kennzeichnend für die moderne Wissenschaft geworden ist. An sich war der Niedergang der Naturerkenntnis in der islamischen Kultur also nichts Besonderes; erneut lautet die Antwort auf die Frage nach dem Warum: Was hätte man denn anderes erwarten sollen? Aber die *speziellere* Frage, wie es kommt, dass gerade um 1050 der Schwung verloren geht und es keine Weiterentwicklung mehr gibt, die eignet sich sehr wohl für Antworten, auch wenn sie natürlich nie mit absoluter Sicherheit gegeben werden können. Der Niedergang wird recht häufig mit der berühmten Zerstörung Bagdads im Jahre 1258 in Verbindung gebracht, als westwärts ziehende Mongolen unter Dschingis Khans Enkel Hulagu die Stadt verwüsteten. Andere bezeichnen eine einflussreiche Abhandlung vom Ende des 11. Jahrhunderts als die große Schuldige. Darin setzt sich der Autor, al-Ghazali, sehr kritisch mit dem »Fremdwissen« auseinander, und er tut dies im Namen des »arabischen Wissens«. Diese Art von Erklärungsversuchen hat erhebliche Mängel. So stimmt die erste schon in zeitlicher Hinsicht nicht – 1258 hatte der Niedergang längst stattgefunden. Außerdem war Bagdad auf dem Höhepunkt des Goldenen Zeitalters bereits nicht mehr das Zentrum der Naturerkenntnis – al-Biruni und Ibn Sina dienten in Persien oder noch weiter östlich herrschenden Dynastien und Ibn al-Haitam der ägyptischen Fatimiden-Dynastie. Und zumindest ein Schwachpunkt der zweiten Erklärung ist, dass ein Buch, soviel es manchmal auch vermag, dennoch nicht in der Lage ist, ganz allein eine Bewegung zum Stillstand zu bringen, zu der Dutzende von Personen über Jahrhunderte hinweg beigetragen haben. Das gelingt selbst dann nicht, wenn der Autor dies speziell bezweckt, was bei al-Ghazalis skeptischem Angriff auf die behauptete Gewissheit philosophischer Erkenntnis eigentlich nicht der Fall war.

Trotzdem bieten uns diese beiden allgemeinen Erklärungsversuche des Niedergangs Anknüpfungspunkte für eine Antwort auf die Frage, warum der Niedergang um 1050 einsetzte. Den Fall Bagdads müssen wir dann als ein Symbol für eine ganze Reihe von weitreichenden Invasionen betrachten, von denen die mongolische die verheerendste, aber nicht die erste war. In der Zeit von etwa 1050 bis 1300 richteten nomadisch oder halbnomadisch lebende Völkerschaften, die aus Weidegebieten und Wüsten im Norden, Süden und Osten der islamischen Welt eindrangen, enorme Verwüstungen an: Berber, Mongolen, Banu Hilal, die türkischen Seldschuken und dann noch die auf dem Kreuzzug befindlichen Europäer. Keine feinverzweigte Kultur kann eine derartige Abfolge von Invasionen und Plünderungen schadlos überstehen:

»Und daher war die islamische Welt des Jahres 1300 eine vollkommen andere als die des Jahres 1000. Die freie, tolerante, neugierige, ›offene‹ Gesellschaft der Zeit der Omajjaden, der Abbasiden und der Fatimiden war durch die Schockwirkung der vernichtenden, barbarischen Invasionen und des wirtschaftlichen Niedergangs einer beengten, starren, ›geschlossenen‹ Gesellschaft gewichen.«

Die islamische Kultur wendet sich nach innen und sucht ihr Heil in der Rückkehr zu alten Glaubenswahrheiten, die in einer unsicheren, in Unordnung geraten Welt festen Halt bieten.

Daran ist an sich nichts speziell Islamisches. 1241 rückten die Heerscharen von Hulagus Neffen Batu Khan aus Russland nach Westen vor. Als die Nachricht vom Tod des Großkhans, des Onkels von Batu Khan, die Truppen erreichte, machten diese auf der Stelle kehrt, um an der Wahl seines Nachfolgers teilzunehmen. Nehmen wir einmal an, die Geschichte wäre anders verlaufen. Angenommen, Batus unbesiegbare Reiter hätten weiter gen Westen galoppieren können, weil etwa die Leber des Onkels dem unmäßigen Weingenuss länger widerstanden hätte oder weil der Clan andere Nachfolgeregeln gehabt hätte. Dann hätte es der langsam erblühenden europäischen Kultur sehr leicht auch so ergehen können.

Das Schicksal, dem Europa zufällig entging, traf die islamische Kultur ins Herz. Eine Wendung nach innen fand statt, die sich auf das individuelle Heil und die gemeinschaftliche Besinnung auf spirituelle Werte im Licht des wortwörtlich verstandenen Textes des Heiligen Buches richtete. Hier und da wurden Medresen gegründet, Schulen für den höheren Unterricht in arabischem Wissen, die es in dieser Form immer noch gibt und die regelmäßig in die Schlagzeilen geraten; vor allem in Pakistan wimmelt es davon. »Ausländisches Wissen« kam im Lehrplan kaum vor. Das friedliche Nebeneinander der beiden wich der weitverbreiteten Überzeugung, dass »Fremdwissen« im Lichte des »arabischen« vollkommen überflüssig ist, ja dass die Beschäftigung mit der griechischen Philosophie sogar als Gotteslästerung eingestuft werden muss.

Derartige Verdächtigungen hatte es schon früher gegeben. Während der Blütezeit der Abbasiden hatte sich in Bagdad ein gewisser Ibn Qutaiba über das »ausländische Wissen« ereifert. Selbst niedere Beamte würden damit protzen, obwohl man im täglichen Leben nichts davon habe und es die Jugend zudem vom ernsthaften Koran-Studium abhalte. Damals hatte er mit seinen Einwänden nichts bewirkt. Jetzt aber, im 11. Jahrhundert, berühren die Kritiker einen empfindlichen Nerv. Jetzt wird al-Ghazalis skeptische Kritik als vollständige Ablehnung all diesen Wissens verstanden. Und wenn beim Bau einer neuen Moschee deren Ausrichtung festgelegt werden muss, dann bestimmen die Schriftgelehrten einfach, wo Mekka liegt – die Feinheiten der höheren sphärischen Trigonometrie kümmerten sie nicht.

Jahrhundertelang wird in der islamischen Welt praktisch keine Naturerkenntnis betrieben.

Aber so ist es nicht überall. Im griechischen Fall kann man nicht von einem Wiederaufleben sprechen, denn es gibt nur gelegentliche und individuelle Nachbrenneffekte, von denen wir bereits gesprochen haben. In der islamischen Kultur haben diese Effekte jedoch den Charakter eines regionalen Wiederauflebens. An drei weit voneinander entfernt liegenden Orten etablieren sich nach vollzogener Plünderung neue Dynastien, die aus unterschiedlichen Gründen Wert auf die Naturerkenntnis griechischer Herkunft legen.

Am Anfang einer dieser Dynastien steht Hulagu Khan selbst. Um genauere Vorhersagen aus dem Stand der Himmelskörper zu bekommen, gründete
er in seiner Hauptstadt Maragha die erste Sternwarte. Zu deren Leiter er-
nannte er einen politischen Opportunisten, der zu einem der größten Astronomen der islamischen Welt werden sollte, Nasir ad-Din at-Tusi. Mit ein
paar anderen, die mehr oder weniger eng mit der Sternwarte verbunden waren, macht er sich an eine erneut tiefergehende Korrektur der astronomischen Quantitäten und anderer Teile der gängigen Modelle in Ptolemäus'
Almagest, die nicht bereits während des Goldenen Zeitalters überarbeitet
wurden. In unserer Zeit hat vor allem das sogenannte »Tusi-Paar« Aufmerksamkeit erregt, eine kluge Methode, um aus der Kombination von zwei
Kreisbewegungen eine Linearbewegung zusammenzustellen. Bis zu ihrer
Wiederentdeckung in einer persischen Handschrift vor nun 50 Jahren kannte man dieses Paar nur aus dem berühmten Buch des Kopernikus, das rund
zweihundert Jahre später entstand. Es ist sehr wahrscheinlich, dass Kopernikus diesen Fund at-Tusi zu verdanken hat, doch einen stichhaltigen Beweis
dafür gibt es bisher nicht. Auch andere Verbesserungen der Ansichten und
Behauptungen des Ptolemäus werden gemacht. Angenommen, man steigt
von der feststehenden Erde auf in die Sphäre der Fixsterne. Nach seinem
Modell des Universums trifft man dabei der Reihe nach auf folgende Wandelsterne: Mond, Merkur, Venus, Sonne, Mars, Jupiter, Saturn. Dagegen
behauptet at-Tusis Assistent al-Urdi mit einer wohldurchdachten Argumentation, dass die Reihenfolge der beiden Binnenplaneten Merkur und Venus
umgedreht werden muss.

Kurzum, das alte Schema des Goldenen Zeitalters – Erweiterung unter
Beibehaltung der Erkenntnisstrukturen – bleibt intakt, wobei allerdings die
Verfeinerung und Erweiterung noch einen Grad ambitionierte Formen annehmen. Das gilt auch für die Mathematik, wo zum Beispiel Omar Chajjam
(der berühmte Dichter von Vierzeilern) einige Gleichungen dritten Grades
mit Hilfe von Schnittpunkten bestimmter Kegelschnitte löst. Damit greift er
einer viel grundsätzlicheren Entwicklung voraus, die sich Ende des 16. Jahrhunderts in Europa vollziehen wird, nämlich der zunehmenden Gleichset-
zung von Algebra und Geometrie, woraus sich anschließend innerhalb von
gut 50 Jahren die Differential- und Integralrechnung entwickeln wird.

Noch ein regionales Wiederaufleben gab es in dem schnell größer wer-
denden Gebiet, dass die osmanischen Sultane ihrer Herrschaft unterwarfen.
In ihrem Reich nahm die Naturerkenntnis die alte vertraute Form von Kommentaren der Werke des Goldenen Zeitalters an. So hatte sich etwa al-Biru-

ni, alexandrinischer als Ptolemäus selbst, seinerzeit geweigert, dessen Beispiel zu folgen und dort, wo es ihm passte, eine mathematische Argumentation mit Überlegungen zu stützen, die der Naturphilosophie entlehnt sind. Im Osmanischen Reich kombinierte ein gewisser al-Qushji diesen Standpunkt al-Birunis mit einem Gedanken, der zu seiner Zeit von Astronomen heftig diskutiert wurde. Dabei ging es darum, dass es keine wahrnehmbaren Phänomene gibt, mit denen man zeigen könnte, dass sich die Erde unmöglich um die eigene Achse drehen kann. Wenn aber auf einer rotierenden Erde alles genauso ist wie auf einer stillstehenden, und wenn man *außerdem* kein naturphilosophisches Element zulässt, welches einen davon abhalten könnte, dieser Ansicht zu sein, dann steht einem nichts mehr im Weg, von der Erdrotation auszugehen und einmal zu schauen, wie weit sie einen beim Bau eines Planetenmodells – und darum ging es al-Qushji – bringen kann. Dennoch machte er diesen Schritt nicht. Vergleichbares gilt auch für al-Birjandi. Der bemerkte ganz nebenbei, dass bewegende Objekte hier auf der Erde die Neigung haben, in einer kreisförmigen Bahn zu verharren. Rund ein Jahrhundert später sollte Galilei diese Vorstellung zum Ausgangspunkt seiner radikalen Erneuerung der alexandrinischen Naturerkenntnis machen. Al-Birjandi beließ es bei einer beiläufigen Bemerkung ohne weitere Konsequenzen.

Ebenso wie bei Hulagu und den türkischen Sultanen bildete auch in der dritten Region, wo die Naturerkenntnis wiederauflebte, in Andalusien nämlich, fürstliches Mäzenatentum den Kristallisationspunkt dieser Entwicklung. Hier sind es zwei aufeinanderfolgende Dynastien von inzwischen zur Ruhe gekommenen Berberfürsten, die ein Interesse an der Förderung der Naturerkenntnis zu haben meinen. Sie tun dies recht selektiv. Die meisten mathematischen Texte sind zwar bis nach Andalusien gelangt, doch sie bleiben unbeachtet – die Berberfürsten suchen die Legitimation ihrer Herrschaft vor allem in der Philosophie, speziell in der des Aristoteles. Der Philosoph und Richter Ibn Ruschd (Averroës) schrieb einen Kommentar zu Aristoteles' Werk nach dem anderen mit der Absicht, es wieder von der platonischen Interpretation zu befreien, mit der es zuvor, im Osten der islamischen Welt, durch al-Farabi und Ibn Sina versehen worden war. Auch in anderer Hinsicht stoßen wir in Andalusien auf eine in Reinkultur vertretene aristotelische Lehre. Selten wurde die Trennung von »Athen« und »Alexandria« so drastisch in Worte gefasst wie von Averroës. Die ihm sehr wohl bekannten Modelle auf der Grundlage der ptolemäischen Lehre lehnte er rundweg ab:

»Die Astronomie der heutigen Zeit hat uns fürwahr nichts zu bieten, woraus wir eine existierende Wirklichkeit ableiten können. Das Modell, das zu unseren Lebzeiten entwickelt wurde, stimmt mit den Berechnungen überein, nicht mit der Realität.«

Außerdem verteidigt Averroës die unbezweifelbare Gewissheit der Lehre des Aristoteles gegen al-Ghazalis skeptische Einwände. Seltsamerweise wurde er deshalb später von einigen Anhängern der Aufklärung, die doch gerade die Offenheit aller Erkenntnis gegen ihre dogmatische Absperrung verteidigte, zu einer Art frühem Voltaire ausgerufen!

Das oben Gesagte läuft darauf hinaus, dass Aufstieg und Niedergang der Naturerkenntnis in der islamischen Kultur im Großen und Ganzen dasselbe vormoderne Muster aufweisen wie bei den Griechen. In beiden Fällen ist der Niedergang, der auf das Goldene Zeitalter folgt, plötzlich und steil und zudem gekennzeichnet durch die ein oder andere individuelle Spitzenleistung. Allerdings sind diese in der islamischen Kultur fest verankert in den drei Episoden regionalen Wiederauflebens: Persien unter den Mongolen, das östliche Mittelmeer unter den osmanischen Türken und Andalusien unter den Berbern. Und es ist die allmähliche Zurückeroberung des christlichen Spaniens von den Berberfürsten, die die Voraussetzungen schafft, unter denen die zweite Transplantation vonstatten gehen kann.

Das mittelalterliche Europa: Besondere Entwicklungen

Der Umstand, dass Gerhard von Cremona und seine Kollegen ihre Arbeiten an den Texten in Andalusien verrichteten, hat weitreichende Folgen für die Entwicklung in Europa gehabt. Denn schließlich war dort die Auseinandersetzung mit der griechischen Naturerkenntnis erheblich anders verlaufen als in den östlichen Gebieten der islamischen Welt. Anders als in Bagdad unter den Abbasiden und auch anders als später in der Renaissance orientierte sich die mittelalterliche Naturerkenntnis fast ausschließlich an der Lehre des Aristoteles. Das bisschen Wissen, das Europa vor der Übersetzungsoffensive in Toledo von den anderen athenischen Schulen besaß, geriet in Vergessenheit, und Aristoteles erhielt fast so etwas wie eine Monopolstellung. Bezeichnenderweise nennt Dante ihn in der *Göttlichen Komödie* »den Meister aller, die da wissen«.

Diese Übermacht erstreckte sich nicht nur auf die Philosophie, sondern auch auf die mathematische Naturerkenntnis. Gerhard von Cremona hat durchaus alexandrinische Kerndokumente wie den *Almagest* des Ptolemäus und die *Elemente* von Euklid aus dem Arabischen ins Lateinische übersetzt. Anschließend aber wurde ihr Inhalt durch Vereinfachung zugänglich gemacht. Außerdem wurde die typisch mathematische Beweisführung in Argumentationsformen umgewandelt, die der aristotelischen Lehre eigen sind. Weiter oben habe ich bereits auf den Unterschied und den Mangel an Kommunikation zwischen »Alexandria« und »Athen« hingewiesen. In Andalusien, und stärker noch im mittelalterlichen Europa, degenerieren sie zu einer weitgehenden Unterordnung der mathematischen Form der Naturerkenntnis unter eine einzige Form der philosophischen.

Nicht nur die Einseitigkeit des Textkorpus, der in Andalusien eine Rolle spielen durfte, beförderte das Entstehen des aristotelischen Monopols. Ein weiterer Faktor, der zu dieser Vormachtstellung beitrug, war die Tatsache, dass die Übersetzung der gesammelten Schriften des Aristoteles zeitlich mit der Gründung der ersten Universitäten zusammenfiel. Jeder Student musste, ganz gleich ob er Arzt, Rechtsgelehrter oder Priester werden wollte, zur Abrundung seiner Studien das Curriculum der »Fakultät der Künste« (der sieben *artes liberales*) absolvieren (»Künste« im Sinne von Disziplinen, in welche die Fakultät unterteilt war). Die Lehre des Aristoteles war durch ausführliche Kommentare leicht verständlich gemacht worden, und in dieser Form erwies sie sich als sehr geeignet, um als gemeinsames »Grundstudium« zu dienen. Zwischen etwa 1250 und etwa 1650 gab es in Europa nur wenige akademisch gebildete Menschen, die nicht zumindest ein wenig von dieser Lehre mitbekommen hatten.

Vor allem während der ersten Jahrhunderte wurden diese Einführungen in die Lehre des Aristoteles fast ausschließlich von Mönchen und Priestern gegeben. Man könnte demnach den Eindruck haben, dass diese Lehre ohne Probleme und Widerstand akzeptiert wurde. Doch dem war überhaupt nicht so. Vieles in den Werken des Aristoteles passte nicht so recht in die christliche Lehre. Ein Christ glaubt, dass nach unserem Tod unsere Seele den Körper verlässt, während Aristoteles die Seele als eine Form betrachtet, die untrennbar mit der Materie verbunden ist, welche durch diese Form beseelt wird. Für Aristoteles existiert die Welt ewig, aber ein Christ betrachtet die Zeit als endlich, wobei die Schöpfung den Beginn und das Jüngste Gericht das Ende markieren. In der ersten Hälfte des 13. Jahrhunderts waren ein Dominikanermönch namens Albertus und sein aus Aquino stammender Schüler namens Thomas überwältigt von dem neuen Blick, den die soeben übersetzten Werke des Aristoteles auf den Zusammenhang zwischen den unterschiedlichsten Phänomenen boten. Andererseits waren sie sich der theologischen Einwände dagegen nur allzu bewusst. Es erschien ihnen der Mühe wert, diese so weit wie möglich aus dem Weg zu räumen. Die Frage war nur, wie? Albertus Magnus (»der Große«) und Thomas von Aquin haben sehr dicke Folianten geschrieben, alle erdenklichen Aspekte beleuchtende Zusammenfassungen (*Summae*), in denen die Lehre des Aristoteles verständlich dargelegt und, wo nötig, angepasst wird. Auf diese Weise wurden die aristotelische und die christliche Lehre aufs engste miteinander verknüpft.

Dass dies möglich war, ist vor allem Thomas zu verdanken, der das Kernproblem genau erkannt und zudem eine kluge Lösung dafür gefunden hat. Das Kernproblem ist der souveräne Wille Gottes. Laut Bibel richtet Gott die Welt so ein, wie es ihm gefällt, und es steht ihm frei, mit seinen Geschöpfen nach seinem Gutdünken umzuspringen. So, wie Aristoteles die Welt erklärt, kann sie nicht anders sein, als sie ist – sie ist eine Welt der Notwendigkeit, nicht der Freiheit. Der Kunstgriff, den Thomas anwandte, war, Gottes Allmacht mit den Beschränkungen zu versöhnen, denen der Schöpfer nach Aristoteles unterliegt. Er tat dies, indem er einen Unterschied machte – mittelalterliche Gelehrte waren virtuose Unterscheider – zwischen Gottes absoluter Macht (*potentia absoluta*) und seiner »vorherbestimmten« Macht (*potentia ordinata*). Letztere läuft darauf hinaus, dass Gott zwar zu jedem von ihm gewählten Moment in die natürliche Ordnung der Dinge eingreifen könnte, dass er aber aus freiem Willen von dieser Möglichkeit abgesehen hat. Er *kann* es zwar wollen, aber er *will* es nicht wollen.

Das Vakuum ist ein geeignetes Beispiel, um zu illustrieren, wie es, in der Nachfolge von Albert und Thomas, in mittelalterlichen Aristoteles-Kommentaren oft zugeht. In der Natur finden wir kein Vakuum, und Aristoteles hat logisch bewiesen, dass dies auch unmöglich ist. Wenn wir nämlich einen Gegenstand durch Wasser oder Sirup fallen lassen, bewegt er sich langsamer, als wenn er durch die Luft fiele. Diese Beobachtung lässt sich leicht zu der Regel verallgemeinern, dass ein Körper umso schneller fällt, je weniger dicht das ihn umgebende Medium ist. Daraus folgt dann wiederum, dass in einem unendlich dünnen Medium – in einem Vakuum also – die Geschwindigkeit unendlich groß sein muss. Das aber ist ausgeschlossen, weil ein Gegenstand nicht an zwei Orten zugleich sein kann, und folglich kann es auch kein Vakuum geben. So Aristoteles. Dagegen lässt sich nichts einwenden. (Allerdings wissen wir seit Galilei, dass die Verallgemeinerung nicht statthaft ist.) Was bedeutet dies nun für Gott? Wenn er kein Vakuum erschaffen kann, dann schmälert das doch die Möglichkeiten seines freien Willens? Schaut

man etwa in die Vorlesungsmitschriften eines der fortschrittlichsten Aristoteles-Kommentatoren, des Johannes Buridan, dann sieht man, dass er seine
Darlegung zweiteilt, wenn er das Problem des Vakuums behandelt. Er führt
zunächst aus, dass Gott, wenn er wollte (aber man dürfe davon ausgehen,
dass er es in der Regel nicht will), sehr wohl einen leeren Raum schaffen
könnte. Buridan präsentiert sogar einige Möglichkeiten, wie Gott das zustande bringen könnte. Aber im nächsten, sehr viel ausführlicheren Abschnitt
rückt Buridan in aller Gemütsruhe und sehr gründlich den vielen Einwänden zu Leibe, die die vielen früheren Kommentatoren gleichsam als Denkübungen gegen die zwingende Kraft des aristotelischen Beweises der Unmöglichkeit eines Vakuums vorgebracht hatten.

Auf diese Weise wurde das aristotelische Monopol gefestigt. Die Folgen
waren tiefgreifend. Es gab durchaus mathematisches Talent, das sich einen
Weg suchte, aber in alexandrinischer Richtung war die nicht zu finden, und
daher nutzte es seine Chance in dem kleinen Bereich, auf dem die Lehre des
Aristoteles eine Erweiterung in quantitativer Hinsicht zuließ. In Oxford bildete sich eine Gruppe, die unter dem Namen Calculatores (Rechner) bekannt ist. Für Aristoteles stand fest, dass die Eigenschaften der Dinge niemals auf etwas Quantitatives reduziert werden können. (Dass wir Rot als
eine Welle mit der Länge von 0,0008 Millimeter definieren, ist eine Behauptung, der in der Lehre des Aristoteles nicht einmal eine Bedeutung gegeben
werden könnte.) Die Calculatores kamen nun auf den Gedanken, dass man
einer Eigenschaft sehr wohl eine mal stärkere, mal schwächere Intensität zuerkennen kann – die eine Blume ist zum Beispiel kräftiger rot als eine andere.
Und mit diesen Intensitäten und ihrer Unterschiedlichkeit lassen sich allerlei
mathematische Operationen durchführen. In Paris nahm Buridans Schüler
Nikolaus von Oresme diesen Gedanken auf und goss ihn in die neue Form
einer graphischen Darstellung.

Eben dieser Oresme hat auch mit dem Gedanken einer täglichen Drehung der Erde um die eigene Achse gespielt. In einer umständlichen Erörterung begründete er diese mit naturphilosophischen, aber auch empirischen
Argumenten, um sie schließlich doch als ein rein intellektuelles Gedankenspiel zu verwerfen, das ihn zudem in Konflikt mit gewissen Bibelstellen
brachte. Kurzum: Auch das fortschrittlichste Denken über die Natur in der
Zeit zwischen 1250 und 1450 spielte sich innerhalb eines vorgegebenen
(wenn auch findig erweiterten) Denkrahmens ab.

Mit einer Ausnahme. So wie die islamische Kultur ihrem heiligen Buch
ein schwieriges mathematisches Problem zu verdanken hatte, nämlich wie

man es anstellt, nach Mekka gewandt zu beten, so stellte sich im Christentum die Frage nach der Bestimmung des Datums von Ostern, das sich ja alljährlich ändert. Unter Berücksichtigung der Berichte in den Evangelien einerseits und des Aufbaus des Julianischen Kalenders andererseits, gelang es geschickten Mathematikern im Laufe der Zeit, eine befriedigende Lösung für dieses Problem zu finden. Anders als beim Bau neuer Moscheen setzte die Kirche diese Lösung auch in die Praxis um.

Natürlich lag nicht nur das Problem des korrekten Osterdatums außerhalb des Rahmens der griechischen Naturerkenntnis; dasselbe gilt auch für zwei andere mittelalterliche Abhandlungen über Themen von ganz anderer Art: die Falkenjagd und die Wirkung von Magneten. Der Autor der ersten war Kaiser Friedrich II. von Hohenstaufen, der schon zu Lebzeiten auch als »stupor mundi«, Erstaunen der Welt, bekannt war. Friedrich war ein Mann, der alles ganz genau wissen wollte. Seine Abhandlung *Von der Kunst, mit Vögeln zu jagen* atmet einen Geist der »intensiven Neugier nach den Besonderheiten der Natur, höchst ungewöhnlich in einer Zeit, die immer nur auf der Suche nach dem Universellen in den Phänomenen war«. Um herauszufinden, ob Geier Aas durch Riechen oder Sehen aufspüren, ließ er einem dieser Vögel die Augenlider zunähen – der Geier ignorierte das ihm präsentierte Aas vollkommen. Etwas anderes als Aas fressen sie nicht. Selbst absichtlich unterernährte Geier zeigten sich uninteressiert, als man ihnen frische Küken vorsetzte. Friedrichs Neugier hatte immer einen praktischen Zweck – seine genauen Beobachtungen und Beschreibungen des Verhaltens und der Gewohnheiten von allerlei Vögeln sollten dem Erfolg der Falkenjagd zugutekommen.

Im Mittelalter gibt es nur noch ein weiteres Beispiel für eine derartige, zugleich empirische und auf den praktischen Nutzen ausgerichtete Herangehensweise an Naturphänomene, nämlich eine Abhandlung von Pierre Pèlerin de Maricourt über Magnete. Er entdeckte zum Beispiel, dass man, ganz gleich wie oft man einen Magneten in zwei Teile teilt, jedes Mal wieder einen Magneten mit einem Süd- und einem Nordpol erhält. Er untersuchte sorgfältig und bis ins Einzelne, wie eine Magnetnadel sich ausrichtet, wenn man sie frei drehbar lagert. Letzteres tat er im Hinblick auf seine eigentliche Absicht: Er wollte nämlich den Magnetismus ergründen, um die Funktion des Kompasses zum Nutzen der Schifffahrt zu verbessern.

Auch die mittelalterliche Naturerkenntnis zeigt das eindeutige Schema von Aufblühen und Niedergang. Und erneut versetzt ein Vergleich uns in die

Lage, seine spezifischen Besonderheiten herauszuarbeiten. In der folgenden
Übersicht sind sie kursiv gedruckt.

	Griechenland	islamische Kultur	mittelalterliches Europa
Aufblühen	Grundlegung + (in der Mathematik) Transformation	Übersetzung → Erweiterung	Übersetzung → *aristotelische* Erweiterung
Goldenes Zeitalter	Platon bis Hipparchos	al-Kindi bis Ibn Sina + al-Biruni + Ibn al-Haitam	Albertus Magnus bis Oresme
Niedergang	ca. 150 v. Chr.	ca. 1050	ca. 1380
1. Wodurch?	normaler Gang der Dinge	normaler Gang der Dinge	normaler Gang der Dinge
2. Wieso zu der Zeit?	Skeptizistische Krise? Ende des Mäzenatentums?	Invasionen → Wendung nach innen	*Erweiterungs- möglichkeiten erschöpft*
3. Nachleben	Niedergang steil abwärts, anhaltend, auf dauerhaft niedrigem Niveau	steil abwärts, anhaltend; gefolgt von partieller, regional geprägter Umkehr zu höherem Niveau	
• gekennzeichnet durch	Kodifizierung, Kommentare, Synkretismus	Kommentare	Kommentare
• große Nachblüher	Ptolemäus, Diophantos; Proklos, Philoponos	at-Tusi, Ibn asch-Schatir, Ibn Ruschd	keine

Über die erste mittelalterliche Besonderheit, nämlich dass von den fünf athenischen Schulen lediglich die aristotelische übrigblieb und dass »Alexandria«
gleichsam in den Untergrund ging oder in die aristotelische Denkart über-

tragen wurde, haben wir weiter oben schon ausführlich genug gesprochen. Außerdem haben wir feststellen können, dass dieses Monopol das Aufblühen nicht verhindert hat – ein Aufblühen, welches das Verdienst von Albertus Magnus und Thomas von Aquin war und das erneut in einem Goldenen Zeitalter resultierte. Wieder begegnen wir innerhalb weniger Generationen einer Konstellation von hervorragenden Erneuerern wie Buridan, Oresme und den Oxforder Calculatores. Und wieder endet das Goldene Zeitalter schlagartig. Als Oresme 1382 stirbt, ist es vorbei, wobei jedoch der Niedergang steiler und endgültiger ist als zuvor – nicht einmal das Phänomen der späten Nachblüher können wir beobachten. Buridans Begriff »impetus«, die Schlussfolgerungen der Calculatores und Oresmes graphische Darstellungen werden in späteren Kommentaren ohne große Veränderung wiedergekäut, etwas Neues wird dem bereits Bekannten nicht hinzugefügt. Vor allem dieser Zeitspanne verdankt die unter dem Begriff »Scholastik« bekannte Denkweise ihren Ruf, nichts anderes als sinnlose Haarspalterei zu sein. So öde, wie in den spätmittelalterlichen Abhandlungen in aristotelischer Manier wird es in der Geschichte der Naturerkenntnis nie wieder zugehen. Auch dieser Unterschied ist eine Folge der Einseitigkeit, die der mittelalterlichen Naturerkenntnis seit der Übersetzungskampagne in Toledo anhaftete. Wenn das Denken innerhalb eines Systems gefangen bleibt, weil kein anderes zur Verfügung steht, dann kreist auch eine durchaus flexible Philosophie wie die des Aristoteles nur um sich selbst, und ihre Erneuerung kommt schon sehr bald an ihre Grenzen, so dass sie schließlich in dogmatischer Haarspalterei steckenbleibt. Erst wenn Konkurrenz auftaucht, wird unter Umständen das Bedürfnis nach Dialog spürbar, und möglicherweise lassen sich dann auch Grenzen verschieben. Die Eroberung Konstantinopels im Jahr 1453 bot einer solchen Konkurrenz die besten Möglichkeiten, sich zu etablieren.

Renaissance-Europa: Besondere Entwicklungen

Vor allem gefördert durch Kardinal Bessarion setzt in Italien nach dem Fall Konstantinopels eine rege Übersetzungstätigkeit ein, die sich sehr rasch in ganz Europa verbreitet. Deren wichtigste Folge ist, dass binnen 150 Jahren das klassische Spektrum der fünf athenischen Schulen und die alexandrinische Form der Naturerkenntnis in ganzer Breite wieder vorliegen. Diejenigen, die dies bewerkstelligt haben, bezeichnet man in der Regel als »Humanisten«.

»Humanismus« ist ein Begriff mit sehr unterschiedlichen Bedeutungen. Hier verstehen wir ihn als Bezeichnung für eine Bewegung, deren Absicht es war, das Wissen durch einen Rückgriff – über die inzwischen als finster und öde empfundene Periode des Mittelalters hinweg – auf die klassische Antike zu erneuern. Es gibt allerlei Abzweigungen zur Malerei, zur Literatur und zur Musik, wo die Erneuerung ebenfalls oft die Form einer Rückkehr zu den antiken Quellen annimmt. Neben dem Streben nach der Wiederherstellung alter Texte hat der Humanismus vor allem ein pädagogisches Ideal: Er ist nicht ausschließlich an eine bestimmte philosophische Strömung gekoppelt. Bei bekannten Vertretern des Humanismus wie Erasmus von Rotterdam und Thomas More prägt skeptischer Spott den Ton, wobei sie sich des Arsenals anti-philosophischer Argumente bedienen, das Pyrrhon und spätere Skeptiker entwickelt hatten. Der größte Teil der Humanisten orientiert sich aber an einer der anderen Athener Schulen oder stützt sich auf mathematische Werke. Nicht nur Aristoteles selbst wird nun aus dem Griechischen ins Lateinische übersetzt, sondern auch die Dialoge Platons, die erhalten gebliebenen Texte der Atomisten und der Stoa sowie fast alle Abhandlungen der alexandrinischen Schule, die wir heute besitzen. Die klassische philosophische Debatte lebt wieder auf. Erneut besteht sie aus dem Austausch von Behauptungen, die aus den grundlegenden Prinzipien abgeleitet sind, die ihre Vertreter für unbezweifelbar richtig halten. Die Diskussion erweist sich folglich als nicht sonderlich fruchtbar. Allerdings wird sie durch das Aufkommen des Buchdrucks lebendiger. Am Charakter der Diskussion ändert die neue Technik nichts, aber sie sorgt dafür, dass mehr Menschen von den Debatten erfahren und daran teilnehmen. Gleichzeitig empfinden diejenigen, die an den europäischen Universitäten berufsmäßig die Lehre des Aristoteles vermitteln, den Verlust ihres Monopols als eine Herausforderung. Sie tilgen in den Texten die Fehler, die sich infolge der Übersetzung aus dem Griechischen ins Syrische, aus dem Syrischen ins Arabische und anschließend noch aus dem Arabischen ins Lateinische eingeschlichen haben. Außerdem passen sie ihren Unterricht der viel eleganteren Didaktik an, die der aufkommende Humanismus inzwischen entwickelt hat.

Die tiefgreifendsten Änderungen bringt der Humanismus für die alexandrinische Tradition mit sich. Betrachten wir zum Beispiel einen Vortrag, den Regiomontanus, ein Schützling von Kardinal Bessarion, 1464, also elf Jahre nach dem Fall von Konstantinopel, in Padua gehalten hat. Regiomontanus stimmt darin ein Loblied auf die Mathematik und auf die mathematische Naturerkenntnis an:

»Die Lehrsätze Euklids sind heute noch ebenso wahr wie vor tausend Jahren. Die Entdeckungen des Archimedes werden dem Menschen in tausend Jahren keine geringere Bewunderung einflößen als die, welche wir selbst lesend empfinden.«

Die Sicherheit mathematischen Wissens stellte Regiomontanus, darin Ptolemäus folgend, den Scheinsicherheiten gegenüber, die sich die Philosophen unaufhörlich um die Ohren zu schlagen pflegten. Daher sei es, so führte er aus, besonders unangebracht, dass die Philosophie ein sehr viel größeres gesellschaftliches Prestige habe, und vollkommen unakzeptabel sei es, dass ihre Vertreter an den Universitäten in den Genuss einer weitaus höheren Bezahlung kämen. Kurzum, es sei höchste Zeit, die mathematische Naturerkenntnis wieder ehrenvoll zu rehabilitieren.

In seinem Vortrag entwarf Regiomontanus außerdem ein umfangreiches Programm zu veröffentlichender mathematischer Texte. Acht Jahre später erwarb er eine eigene Druckerpresse und machte sich an die Arbeit. Weitere vier Jahre danach starb er, 40 Jahre jung. Die Aufgabe, die er selbst nicht vollenden konnte, übernahmen andere. Etwa um 1600 war sein Veröffentlichungsprogramm fast vollständig verwirklicht; aus den gesellschaftlichen Zielen, die er damit verband, wurde jedoch nichts. Immer noch, oder erneut (denn während des Mittelalters hatte die alexandrinische Form der Naturerkenntnis kaum Unterstützung gefunden), ist der Mathematiker in der Regel ein Höfling, mit allen Unsicherheiten, die dem Mäzenatentum von Natur aus anhaften. Hin und wieder ist er Professor, wobei er dann nicht einmal ein Viertel dessen verdient, was sein philosophischer Kollege bekommt; zudem findet er kaum Beachtung.

Inhaltlich blieb es auf dem Gebiet der mathematischen Naturerkenntnis nicht bei Übersetzung und Studium der alten Texte, sondern es fand auch eine allmählich Erweiterung statt. Erneut bewegte sich diese Erweiterung innerhalb der überlieferten Grenzen: Die Zahl der Themen blieb auf fünf beschränkt, und weitgehende Abstraktion war die Regel. Nur scheinbar, mit unserem heutigen Wissen betrachtet, gibt es eine bedeutende Ausnahme von dieser Regel. Und zwar handelt es sich dabei um ein Buch, das 1543, im Todesjahr des Verfassers, erschien – man weiß nicht einmal genau, ob der Autor sein gedrucktes Werk noch gesehen hat. Das Buch trägt den Titel *De revolutionibus orbium coelestium* (Von den Umdrehungen der Himmelskörper). Der Autor, ein polnisch-deutscher Kanoniker namens Nikolaus Kopernikus, wollte im Geist von Regiomontanus das astronomische Wissen in seiner antiken Reinheit wiederherstellen. Dabei orientierte er sich genau am Aufbau und an der Methode des *Almagest* des Ptolemäus, mit Ausnahme von drei Punkten.

In seiner an Papst Paul III. gerichteten Vorrede äußert Kopernikus die Ansicht, dass die mathematischen Modelle der einzelnen Himmelskörper des Ptolemäus, wenn man sie nicht einzeln, sondern zusammenhängend betrachte, im Laufe der Zeit die Züge eines »Monstrums« angenommen hätten: Kopf, Körper, Arme und Beine seien im Verhältnis zueinander schief gewachsen, die Proportionen seien verschoben. Und dieses Manko lasse sich nicht mit kleineren Korrekturen im begrenzten Umfang beseitigen, ein umfassender Ansatz sei vonnöten.

Ein solcher Ansatz sei umso dringender, so behauptete Kopernikus, weil von den drei Hilfsmitteln, die Ptolemäus verwende, um die unregelmäßigen Bewegungen der Planeten als einträchtig (gleichmäßig) durchlaufene Kreise darstellen zu können, eines nicht tauge. Der sogenannte »Äquant« (Ausgleichspunkt) sei technisch zwar in Ordnung, doch eigentlich sei seine Einführung nur ein Trick, um die Bedingung der Einträchtigkeit zu erfüllen. (Bereits früher hatte at-Tusi dasselbe Problem erkannt und es mit Hilfe des Tusi-Paars gelöst, das Kopernikus auch verwendet.) Kopernikus hielt sehr wohl an der üblichen Überzeugung fest, dass die mathematische Astronomie die Aufgabe hat, die Phänomene »zu retten«. Allerdings verfügte er dabei nicht länger über drei, sondern nur noch über zwei mathematische Hilfsmittel; mehr blieben nach dem Wegfall des Ausgleichspunkts nicht übrig. Auch aus diesem Grund konnte die Rückkehr zur ursprünglichen Reinheit, die Kopernikus im Auge hatte, nur mit Hilfe einer umfassenden Revision bewerkstelligt werden.

Was könnte als Ausgangspunkt für eine solche Revision dienen? Wenn man sich in der klassischen Antike umschaut, stößt man auf einen Gedanken, der sich dafür möglicherweise eignet, nämlich die Idee des Aristarchos, nicht die Erde, sondern die Sonne als ruhenden Mittelpunkt des Universums zu betrachten. Und so macht sich Kopernikus an die Arbeit: Was bei Aristarchos nicht mehr als eine Idee war, rechnet er nun im Stile des Ptolemäus von A bis Z durch.

Kopernikus war also ganz und gar nicht die revolutionäre Person, die er zu sein scheint, wenn man von heute zurückblickt. Er wollte nicht etwas Neues schaffen. sondern das Alte wiederherstellen, und zwar mit Hilfe von Mitteln, die er ebenfalls in der Antike fand. Und so betrachteten seine Zeitgenossen auch ihn und sein Werk, und rund 50 Jahre lang, bis um 1600, sollte sich daran auch nichts ändern.

In Buch II bis VI fanden die damaligen Leser dieselbe, vertraute Art des Modellbaus wie im *Almagest*. Der Unterschied war nur, dass der Ausgleichspunkt fehlte und dass die Sonne in den Mittelpunkt der Planetenbahnen gerückt wurde, während die Erde selbst nur noch ein Planet war. Außerdem hatte Kopernikus eine Reihe genauerer Beobachtungen in sein System eingearbeitet. Wie im *Almagest* wurden seine Leser also erneut mit abstrakten Modellen konfrontiert, die geeignet waren, die zukünftigen Positionen der Himmelskörper vorherzusagen, die aber nicht ihre tatsächlichen Bahnen beschreiben. Und wer von Buch II bis Buch VI den Berechnungen folgte, stieß wieder auf Dutzende von Hilfszirkeln (sogar mehr als bei Ptolemäus), von denen man sich nicht einmal vorstellen kann, wie es sie in der Realität geben könnte.

Lediglich in Buch I beschrieb Kopernikus sein Modell in stark vereinfachter Form, so als durchliefe jeder Planet einträchtig eine Kreisbahn. Und dort behauptete er auch, dass die Erde nicht nur im abstrakten Modell, sondern tatsächlich ein Planet ist, der sich einmal pro Tag um die eigene Achse dreht und in einem Jahr einmal um die stillstehende Sonne kreist. Ihm war sehr wohl bewusst, dass man dies für eine sehr merkwürdige Behauptung halten würde. Er hat sein ins Reine geschriebene Buch sogar Jahrzehnte in der Schublade liegen lassen, weil er Angst hatte, im Falle der Veröffentlichung ausgelacht zu werden.

Aber er nannte einige Argumente für seine These. Der Wahrnehmung konnte er diese nicht entnehmen, denn es gab keine Wahrnehmungen, die auf eine um sich selbst drehende Erde hinwiesen. Er musste auf eine Reihe von Überlegungen zurückgreifen, für die er sich hier und da bei der Naturphilosophie bediente (genau wie Ptolemäus auch, wobei er natürlich andere Überlegungen verwandte). Diese Überlegungen waren für Kopernikus' Zeitgenossen ebenso wenig überzeugend, wie sie es im Nachhinein für uns sind. Die auf der Hand liegenden Einwände gegen die These von einer um sich selbst drehenden Erde konnten sie jedenfalls nicht widerlegen: Wir *sehen* doch, dass die Sonne auf- und wieder untergeht, wir *spüren* doch nicht, dass die Erde sich um ihre eigene Achse dreht, Wolken und Vögel würden doch zurückbleiben? Ansonsten berief Kopernikus sich auf die Vereinfachung des ptolemäischen Systems, die er bewerkstelligt hatte, indem er die Sonne in den Mittelpunkt stellte. Diese Vereinfachung hat einen recht technischen Charakter. Sie läuft darauf hinaus, dass ein paar Dinge, die bei Ptolemäus als willkürliche Tatsachen erscheinen, im System von Kopernikus unweigerlich so und nicht anders sein können. Vor allem die Reihenfolge der Planeten kann bei Kopernikus zweifelsfrei festgelegt werden, die Beobachtungen ergeben in seinem System zwingend, dass von der Sonne aus Merkur der erste und Venus der zweite Planet ist.

Es gibt also einen auffälligen Bruch in Kopernikus' Werk. Buch I mit der vereinfachenden Darstellung, dem naturphilosophisch ausgerichteten Plädoyer und dem mühsam nachvollziehbaren Anspruch auf stärkeren inneren Zusammenhang passt kaum zu der in Buch II bis VI präsentierten Konstruktion von Modellen im Stile des Ptolemäus. Heutzutage werden die Bücher II bis VI meist ignoriert, und man konzentriert sich auf das anscheinend moderne Buch I. In der zweiten Hälfte des 16. Jahrhunderts war es genau umgekehrt. Die mathematisch arbeitenden Astronomen machten großzügig von den Möglichkeiten Gebrauch, welche die ausführlichen Modelle für die Erstellung von Tabellen und Almanachen boten, während sie sich kaum oder gar nicht um das absurde Plädoyer im ersten Buch kümmerten. Bis 1600 haben sich nicht mehr als elf Personen positiv über Kopernikus' neue Theorie geäußert. Mit einer Ablehnung dieser Theorie durch religiöse Autoritäten hatte diese geringe Anzahl übrigens nichts zu tun; aus dieser Ecke war nur hier und da Gemurre zu hören. Die geringe Akzeptanz, die es gab, war zudem recht selektiv. So gingen einige zwar davon aus, dass sich die Erde um ihre eigene Achse dreht, aber an die jährliche Wanderung um die Sonne glaubten sie nicht. Und nicht weniger als neun von den elf ging es nicht um etwas von großer, ganz zu schweigen von entscheidender Bedeutung. Sie akzeptierten Kopernikus' »Meinung«, ohne daraus Konsequenzen für ihre übrigen Vorstellungen und Betrachtungsweisen zu ziehen. Vom damaligen Standpunkt aus gesehen passt das Buch des Kopernikus perfekt in das Schema, das wir in diesem Kapitel entworfen haben: Erweiterung der abstraktmathematischen Form der Naturerkenntnis unter Beibehaltung der überlieferten Erkenntnisstruktur. Allerdings können wir festhalten, dass gleichsam im Keller dieser so technisch-astronomischen Abhandlung eine Zeitbombe tickte. Aber es war alles andere als sicher, dass diese auch tatsächlich explodieren würde.

Soweit das Schicksal unserer beiden alten Bekannten »Athen« und »Alexandria« im Europa der Renaissance. Doch bei ihrem Wiederaufleben und ihrer Erweiterung blieb es nicht. Was wir früher, namentlich bei Friedrich II. und Pierre de Maricourt, ausnahmsweise beobachten konnten, nimmt nach dem Fall Konstantinopels sehr viel größere Proportionen an. Am Rande des wiederauflebenden griechischen Wissens entstand Mitte des 15. Jahrhunderts eine eigene, *dritte* Form der Naturerkenntnis. Sie unterschied sich methodisch stark von den beiden griechischen. Ihre Vertreter leiteten ihre Erkenntnisse nicht aus dem Intellekt ab, sondern suchten sie in genauer Wahrnehmung, und zwar in der Absicht, bestimmte praktische Ziele damit zu erreichen.

Einigen dieser Forscher ging es in erster Linie um eine Beschreibung, die so genau wie möglich sein sollte. Ein bekanntes Beispiel ist Andreas Vesalius, dessen grandioser anatomischer Atlas mit seinen Beschreibungen und vor allem Abbildungen den menschlichen Körper in einer bis dahin nie dagewesenen Exaktheit darstellen.

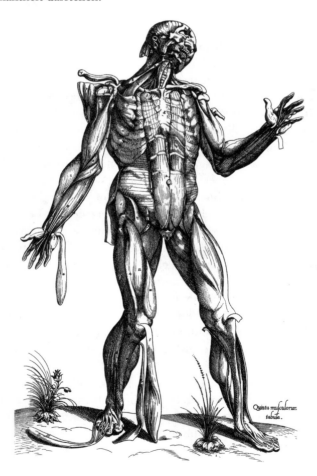

Doch auch auf allerlei anderen Gebieten war man geneigt, nicht sogleich zu generalisieren und weitgehende Theorien auf minimalem Datenmaterial zu errichten. Die Phänomene mussten erst einmal geduldig und hingebungsvoll geordnet werden. Und so erschienen Atlanten, in denen die Erde kartographiert wurde, und Sammler stellten Kataloge der ersten Museen zusammen. Dabei handelte es sich um Sammlungen der unterschiedlichsten Dinge, deren Besitzer permanent bestrebt waren, gleichsam die ganze Welt in ihren Vitrinen zu präsentieren.

Auch der Himmel wurde mit bisher unerreichter Genauigkeit kartographiert. Einem dänischen Adligen, Tycho Brahe, war als jungem Studenten aufgefallen, dass eine bestimmte Himmelserscheinung (eine Konjunktion von Jupiter und Saturn) nicht weniger als einen Monat früher zu sehen war als im Almanach verzeichnet, und dass niemand daran Anstoß zu nehmen schien. Das durfte nicht sein, fand er. Er arbeitete sich in die Astronomie ein und brachte den dänischen König schließlich dazu, ihm eine kleine Insel im Öresund für den Bau einer Sternwarte zur Verfügung zu stellen. Die bereits bekannten Beobachtungsinstrumente, mit denen Tycho Brahe seine Sternwarte ausstattete, verbesserte er mit der Zeit erheblich, und einige erfand er selbst. Den ganzen Komplex nannte er »Uraniborg« (Himmelsburg). Ein Vierteljahrhundert später, als er die Insel notgedrungen verlassen musste, hatte er den Genauigkeitsgrad seiner Beobachtungen an die äußerste Grenze dessen gesteigert, was man mit bloßem Auge noch wahrnehmen kann. Mit Kopernikus' Auffassung vom Aufbau des Weltalls war er nicht einverstanden. Überhaupt war er der Meinung, dass eine definitive Theorie darüber und über die Unregelmäßigkeiten in den Bewegungen der Planeten erst auf der Grundlage der zahllosen Daten möglich war, die er selbst in mühsamer, nächtlicher Arbeit durch Observation gewonnen hatte.

Auch auf anderen Gebieten stand die exakte Beschreibung in hohem Kurs. In Deutschland veröffentlichten nacheinander drei Gelehrte – Otto Brunfels, Hieronymus Bock, Leonhart Fuchs – Kräuterbücher mit so genau wie möglich nach dem Leben gezeichneten Abbildungen von Pflanzen und ausführlichen Beschreibungen ihres Aussehens und ihrer Eigenschaften. In Goa, einer portugiesischen Niederlassung in Indien, verfasste der Arzt und Apotheker Garcia da Orta ebenfalls ein Kräuterbuch (1563). Der praktische Zweck dieser Unternehmungen lag auf der Hand: Beschrieben wurden in erster Linie die Kräuter, denen man – ob zu Recht oder zu Unrecht – eine medizinische Wirkung zuschrieb.

In anderen Fällen stand die praktische Anwendung sogar an erster Stelle. Zum ersten Mal in der Geschichte zeigte sich die Nützlichkeit der Mathematik. Ein klassisches Beispiel ist die lineare Perspektive. Die Maler der italienischen Renaissance strebten mehr und mehr danach, sich von der byzantinischen, statischen Art der Darstellung zu lösen und zu einer natürlicheren, lebensechten Form der Abbildung zu gelangen. Dabei entwickelten sie die Perspektive und wandten sich an die Geometriker, die ihnen helfen sollten, den Fluchtpunkt und die Verbindungslinien mit der nötigen Genauigkeit zu zeichnen.

Die dazu erforderliche Geometrie stand praktisch fix und fertig zur Verfügung. Neu war nur, dass sie nun nicht mehr um ihrer selbst willen betrieben wurde. Auch bei der Artillerie, dem Festungsbau und der genauen Bestimmung von Orten auf der Erde leisteten Mathematiker Hand- und Spanndienste. In den Niederlanden benutzte Simon Stevin sein mathematisches Wissen sogar dazu, die Produktivität von Windmühlen zu steigern. Doch so gut durchdacht dieser Versuch auch war, er misslang. Die Generalstaaten verliehen ihm für viele seiner Weiterentwicklungen das Patent, doch in der Praxis zeigte sich, dass ausgerechnet die, auf die er durch Rechnen gekommen war, keine wirkliche Verbesserung war. Und so war es in den meisten Fällen. Nur bei der Perspektive, im Festungsbau und bei der Navigation bewirkte die Anwendung mathematischer Techniken einen echten Fortschritt. In der Regel stützten Handwerker sich auch weiterhin auf Faustregeln, die ihre Richtigkeit in der Praxis bewiesen hatten, ohne dass dabei irgendeine Theorie angewandt worden wäre. Für einen Durchbruch zu unserer modernen, mathematisch fundierten Technik waren die erzielten Verbesserungen noch viel zu selten und zufällig.

Dürers Hilfsmittel für die Darstellung der linearen Perspektive
Er benutzte dazu »ein Tuch, das aus feinstem Faden lose gewoben ist, nach belieben gefärbt, mit etwas dickeren Fäden in eine beliebige Anzahl von parallelen Quadraten eingeteilt und über einen Rahmen gespannt. Dieses Tuch nun bringe ich zwischen dem Körper, der dargestellt werden soll, und dem Auge so an, dass die Sehpyramide das lose Gewebe des Tuchs durchdringt«.

Nicht nur einzelne Mathematiker wie Stevin suchten nach einer Form der Naturerkenntnis, die auch praktischen Nutzen versprach. Auch im handwerklichen Bereich gab es solche Menschen, vor allem bei den besonders kreativen Erfindern neuer und hoffentlich besserer Apparate. Leonardo da Vinci ist dafür das Beispiel par excellence. Er war einer der Maler, die nach realistischer Darstellung strebten. Aber er war auch ein Naturforscher und außerdem ein Handwerker, der sich im Maschinenbau auskannte. Das Einzigartige an ihm ist, dass sich all diese Fertigkeiten bei ihm gegenseitig ergänzten. So untersuchte und zeichnete er mit großer Genauigkeit, wie die Muskeln und Sehnen eines Vogels an den Knochen befestigt sind, um sie anschließend mit Hilfe eines Systems von Flaschenzügen zu imitieren, das es dem Menschen ermöglichen sollte zu fliegen.

Fest steht, dass er tatsächlich Flugversuche unternommen hat, mit vorhersehbarem Resultat. Außerdem beschäftigte sich Leonardo damit, wie maschinelle Geräte optimal funktionieren. Er kam zu der Erkenntnis, dass man die Reibung minimieren muss, und er machte Versuche, um herauszufinden, von welchen Faktoren Reibung abhängig ist. Er fand heraus, dass die Größe der Fläche, auf der Gegenstände miteinander in Kontakt kommen, keine Rolle spielt, dass aber die Reibung proportional zur Belastung zunimmt.

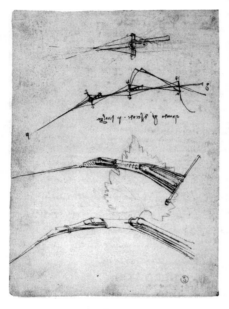

Leonardos Studie zum Flügelschlag. Unten zwei Zeichnungen einer Sehne, mit welcher der Vogel den Flügel öffnet und entfaltet. Oben zwei Skizzen, wie man dies mit Hilfe von Flaschenzügen nachahmen könnte. Den Text auf der Zeichnung hat Leonardo wie fast immer in Spiegelschrift geschrieben. Er lautet: »quando g discende p sinalza« (wenn g sinkt, geht p in die Höhe).

Ein nicht geringer Teil der Naturforschung, die auf den praktischen Nutzen zielte, war von Magie durchtränkt. Davon zeugt vor allem das Werk des Paracelsus. Eigentlich hieß er Theophrastus Bombastus von Hohenheim, und er war ein Alchemist, der mit ebenso feurigen wie wirren Worten für einen radikalen Bruch mit den Klassikern eintrat. Er setzte die Suche nach dem »Elixier« – dem Mittel, das Metalle schneller »reifen« ließ und zugleich das Leben des Menschen verlängern konnte – fort, die in der islamischen Kultur unternommen worden war. Er arbeitete mit denselben Techniken: Verbrennen, Destillation usw. Die Metaphern, mit denen das große alchemistische Werk, die Reinigung der Metalle *und* der Seele, dargestellt wurde, waren ebenso esoterisch, allerdings stammten sie natürlich nicht aus dem Koran, sondern aus der Bibel. Viel stärker als in der islamischen Kultur war bei Paracelsus und seinen Anhängern all dies jedoch eingebettet in ein bis ins Detail ausgearbeitetes magisches Weltbild.

Seinerzeit unterschied man zwischen schwarzer Magie, die buchstäblich eine teuflische war, und erlaubter, natürlicher Magie. Nach Ansicht Letzterer ist der Kosmos erfüllt von »okkulten« (verborgenen) Kräften, die sich der Wahrnehmung entziehen, die aber mit der richtigen Beschwörungsformel angezapft und zum eigenen Nutzen angewandt werden können. Von diesem Standpunkt aus betrachtet ist die Welt ein Netzwerk von Objekten, die auf geheimnisvolle Weise miteinander übereinstimmen. Wenn Gegenstände eine solche innere Übereinstimmung besitzen, dann äußert sich diese in gegenseitiger Anziehung, gibt es sie nicht, stoßen die Gegenstände einander ab. Und der Kosmos ist nicht nur ein Netzwerk, er ist auch beseelt, und laut Paracelsus ist er außerdem noch eine Art Chemielabor. Analog zur heiligen Dreieinigkeit ist alle Materie aus drei elementaren Prinzipien aufgebaut: aus Sulphur (Schwefel; das Brennbare), Merkur (Quecksilber; das Flüchtige) und Sal (Salz; das Feste). Der Kosmos spiegelt sich in jedem einzelnen Menschen, und in verkleinertem Maßstab spielen sich also in unserem Innern dieselben Prozesse ab. Wir sind gesund, wenn die drei Prinzipien im Gleichgewicht sind, bei Krankheit stehen Paracelsus und seine Nachfolger bereit, uns mineralische Medikamente zu verabreichen, um so das Gleichgewicht wiederherzustellen. Chemie und Alchemie überlagern sich fast nahtlos, und ihre Betreiber sind von Beruf Apotheker oder Ärzte. Aufgrund der medizinischen Ausrichtung wird das ganze Fachgebiet »Iatrochemie« genannt, heilende Chemie.

Diese »dritte« Form der Naturerkenntnis, die sich im Europa der Renaissance quasi aus dem Nichts entwickelt hat, stand in einem vollkommen anderen Verhältnis zur klassischen Antike als die Humanisten, die sich der Wiederentdeckung und eventuellen Erweiterung der athenischen Naturphilosophie oder der alexandrinisch-mathematischen Naturerkenntnis widmeten. Viele wüteten gegen all diese klassische Gelehrsamkeit (auch wenn sie selbst meist mehr damit zu tun hatten als ihnen selbst bewusst war). So lehnte der Humanist Petrus Ramus höhnisch die euklidische Mathematik ab; die wahre Mathematik finde man auf den Straßen und Märkten, wo praktisch gerechnet werde. Der Töpfer Bernard Palissy, der Fossilien sammelte und erkannte, dass dies versteinerte Tiere sind, empfahl seine Sammlung von Naturobjekten mit dem Argument, dass die Erfahrung stets die Meisterin der Künste sei. Bei einem zweistündigen Besuch seiner Sammlung würde man mehr lernen als in 40 Jahren Studium antiker Texte. Paracelsus wiederum beließ es nicht einfach bei seiner Ablehnung und provozierte einen Skandal, indem er in seinem Wohnort Basel öffentlich ein Exemplar eines medizinischen Standardwerks verbrannte.

Es liegt auf der Hand, dass diejenigen, die auf dem hier skizzierten Weg nach Naturerkenntnis strebten, in der Regel andere Personen waren als die Naturphilosophen und Mathematiker. So wie »Athen« und »Alexandria« isoliert blieben und es kaum zum Austausch kam – es gab zwar wechselseitige Polemik, doch keinen konstruktiven Dialog –, so existierte auch eine wasserdichte Trennwand zur »dritten« Form der Naturerkenntnis.

Von dieser allgemeinen Regel der wasserdichten Trennung gab es zwei scheinbare Ausnahmen. Bei der einen handelt es sich um einen Gelehrten, der nicht nur »athenisch« arbeitete, sondern auch empirisch und praktisch. Der portugiesische Humanist und Entdeckungsreisende João de Castro schrieb um 1538 eine Abhandlung, die sich in nichts von den zahllosen mittelalterlich-aristotelischen Vorbildern unterschied, wenn man von einigen wenigen Korrekturen absieht, die er aufgrund der Entdeckungsreisen seiner Landsmänner anbringen konnte. So kritisierte er ganz beiläufig Aristoteles' Behauptung, es gebe auf der Erde mehr Land als Wasser. Aber die Logbücher, die er auf seinen eigenen Seereisen nach Indien und zurück führte, atmen einen vollkommen anderen Geist. Hier finden wir keine dogmatische Darstellung überlieferter Wahrheiten, sondern unbefangene Wahrnehmung. Castro präsentiert sich hier nicht als Philosoph, sondern als Empiriker, der versucht, einen eigenen Zugang zu den Dingen in all ihrer launenhaften Unvorhersagbarkeit zu finden. Wie verhält es sich mit den entscheidenden Faktoren Wind und Wasser, von denen die Seefahrt abhängt? Und mit den Hilfsmitteln, die es ermöglichen, ohne Sichtkontakt zur Küste den Kurs des Schiffs zu bestimmen? Er befragte äthiopische Stammesführer nach den Quellen des Nils. Er bemerkte seltsame Abweichungen der Kompassnadel und führte diese auf allerlei Ursachen zurück, bis er herausfand, dass in der Nähe befindliche Eisengegenstände die Funktion der Nadel ernsthaft stören können. Bei seinen systematischen Messungen war er nicht mit dem ersten besten Resultat zufrieden, sondern ließ im Zweifelsfall andere dieselbe Messung wiederholen. Dabei war sich der zukünftige Statthalter in Portugiesisch-Indien nicht zu schade, auch einen Bootsmann oder sogar einen einfachen Kalfaterer den Jakobsstab zur Hand nehmen zu lassen, wobei er die Ergebnisse ihrer Messungen ebenso ernst nahm wie seine eigenen.

Und es gibt noch eine weitere scheinbare Ausnahme von der Regel, nach der die drei besonderen Formen der Naturerkenntnis, die in der Renaissance florierten, nichts miteinander zu tun hatten. Unter den Humanisten der aristotelischen Schule gab es einige, die nicht nur einsahen, dass nach dem Wegfall des mittelalterlichen Monopols die Texte nicht nur gesäubert und der Unterricht darüber an die neue Zeit angepasst werden musste. Sie bemühten sich außerdem, die Lehre des Aristoteles in Richtung der beiden Konkurrenten zu erweitern, mit denen sie nun konfrontiert wurde, der alexandrinischen Schule und der empirisch-praktischen.

Beim letztgenannten Erweiterungsversuch stand der magische Aspekt an erster Stelle. Einige Gelehrte versuchten den Kerngedanken von den okkulten Kräften, die zwischen Himmel und Erde wirken, und von den verborgenen Übereinstimmungen, durch die sie wirksam sind, in die aristotelische Lehre von Substanz und Form zu integrieren. So äußerte der Philosoph und Arzt Jean Fernel die Ansicht, dass unter Einfluss okkulter Kräfte die Form und damit das Wesen unseres Körpers durch bestimmte Krankheitserreger beschädigt werden kann. Epilepsie oder die epidemische Verbreitung der Pest, so meinte er, ließen sich nun einmal nicht auf die übliche Weise mit einer Störung des Gleichgewichts der Säfte und Mineralien in unserem Körper erklären. Was seiner Meinung nach tatsächlich geschieht, ist, dass die essentielle Form des Körpers angegriffen wird. Und so machte sich dieser überzeugt aristotelische Philosoph mit viel Geduld daran, auf empirischem Weg die Wirksamkeit diverser Medikamente zu erforschen.

Auf vergleichbare Weise versuchte ein frühes Mitglied des Jesuitenordens, Christoph Clavius, der Konkurrenz ein Stück Weg entgegenzukommen, ohne der eigenen, »athenischen« Erkenntnisstruktur Abbruch zu tun. Er öffnete die Lehre des Aristoteles in die andere, die alexandrinische Richtung. Clavius veröffentlichte eine lateinische Ausgabe der *Elemente* von Euklid, in der er die streng mathematische Beweisform mit der aristotelischen Art des Argumentierens gleichstellte. Mehr oder weniger eigenhändig rief er unter dem Namen »gemischte Mathematik« einen Zwischenbereich ins Leben, in dem Berechnung und aristotelische Erklärung Hand in Hand gingen. Bei all dem ging er viel weiter als die mittelalterlichen Calculatores. Alles, was der Erfahrung zugänglich war und einen quantitativen Aspekt hatte, nahm Clavius auf, um es mathematisch oder geometrisch und zugleich philosophisch akzeptabel zu behandeln, von der Sonnenuhr und dem Kalender bis hin zu den Planetenbahnen und der Theorie des Lichts und des Sehens. Vor allem die von Papst Gregor XIII. 1582 verfügte Einführung des Gregorianischen

Kalenders, in deren Folge zehn Tage übersprungen wurden, hat dafür gesorgt, dass sein Name nicht dem Vergessen anheim fiel. Clavius hat diese Kalenderreform maßgeblich mit vorbereitet.

Als Clavius sich Mitte des 16. Jahrhunderts an die quantitative Erweiterung der Lehre des Aristoteles macht, steht er innerhalb des Jesuitenordens ziemlich allein. Sein Vorschlag, die gemischte Mathematik in den obligatorischen Unterrichtsstoff aufzunehmen, findet wenig Widerhall. Bei seinem Tod im Jahre 1612 war das anders. Nicht nur war die gemischte Mathematik zu diesem Zeitpunkt Teil des Curriculums, sondern er hatte auch an der bedeutendsten Jesuiten-Universität, dem »Collegio Romano«, eine Gruppe von Patres um sich geschart, die sich vor allem mit Astronomie beschäftigten. Er und einige seiner jüngeren Kollegen begrüßten mit einiger Sympathie und einem unangebrachten Gefühl intellektueller Verwandtschaft die Neuerungen zweier offensichtlich »alexandrinisch« orientierter Autoren, welche diese in den ersten Jahrzehnten des 17. Jahrhunderts der gelehrten Welt präsentierten. Den Namen dieses Duos werden wir in diesem Buch des öfteren begegnen: Johannes Kepler und Galileo Galilei.

Ein Trendwatcher im Jahr 1600:
Die drei Transplantationen im Vergleich

Nun haben wir den Punkt erreicht, an dem – wie wir heute wissen, damals aber niemand vermutete oder vermuten konnte – eine Revolution vor dem Ausbruch stand.

»Revolution«? Wieso? Sind Wissenschaftshistoriker heute nicht fast einstimmig der Meinung, dass das, was unsere Vorgänger früher einmal »die wissenschaftliche Revolution« getauft haben, genau betrachtet überhaupt keine Revolution war, sondern ein allmählich verlaufender Prozess ohne deutliche Pausen und Bruchlinien? Ein führender Wissenschaftshistoriker, Steven Shapin, bekam sogar große Zustimmung für einen höhnischen Hinweis auf diese Vorgänger, die »die reale Existenz eines kohärenten, sich zuspitzenden, umsturzartigen Ereignisses, das einen grundlegenden, unwiderruflichen Wandel im Wissen der Menschen herbeigeführt habe« verkünden. Seiner Ansicht nach verflüchtigt sich bei genauerer Betrachtung die Naturerkenntnis des 17. Jahrhunderts zu einem »Nebeneinander unterschiedlicher Traditionen«. Das Entweder-oder und die Wahl der Adjektive sind bezeichnend: Entweder sind die modernen Naturwissenschaften als ein zusammenhängendes Ganzes in einer plötzlichen, dramatischen Eruption entstanden, oder die Naturerkenntnis des 17. Jahrhunderts ist – wie die vorher und nachher – eine willkürliche Ansammlung von einzelnen Ereignissen, die man zum besseren Verständnis lieber nicht damit in Verbindung bringen sollte, wie es heute in den Naturwissenschaften zugeht.

Bei soviel verbaler Gewalt ist die Suche nach einem Mittelweg dringend geboten, möglichst auf empirischem Weg und ohne dabei in Gegenrhetorik zu verfallen. Ein Wesensmerkmal von Revolutionen ist, dass sie nur im Nachhinein naheliegend zu sein scheinen. Dass 1989 die Berliner Mauer fallen würde – niemand hat es kommen sehen, bestenfalls gab es das vage Gefühl, dass selbst kommunistische Regime nicht unbedingt ewig währen müssen. Selbst im Jahr 1988 hat kein Publizist und kein Nachrichtensprecher die kommende Auflösung des Sowjetreichs angekündigt. Nun haben sich in unserem Fall die Ereignisse vor sehr viel längerer Zeit abgespielt, aber wir können einen Kunstgriff anwenden. Stellen wir uns einfach einmal vor, es habe Ende des 16. Jahrhunderts bereits einen europäischen Kommissar für Wissenschaft gegeben. Dieser Kommissar beauftragt nun anlässlich des Jahrhundertwechsels einen befreundeten Wissenschaftsjournalisten, einen Bericht zu schreiben, denn schließlich verteilt er seine Subventionen nicht einfach so. Der Berichterstatter soll die einzelnen Schulen miteinander vergleichen, die herrschenden Trends herausarbeiten und dann anhand dieser Analyse eine Zukunftsprognose erstellen. Denn so gehen Zukunftsforscher für gewöhnlich vor: Sie extrapolieren vorhandene Tendenzen. Unser Berichterstatter weiß nicht, wie die Entwicklung nach 1600 weiter verlaufen ist, er muss mit seinem Wissen über alles vorher Gewesene auskommen – ein Wissen übrigens, das damals in Wirklichkeit niemand hatte; das Mittelalter war bereits halb hinter dem Horizont verschwunden, und kaum jemand hatte auch nur eine Ahnung davon, was es in der islamischen Kultur alles gegeben hatte. So gibt sein fiktiver Bericht uns ein Maß an die Hand, mit dem wir zwar nicht bestimmen können, *ob* wir es in erster Linie mit einer kontinuierlichen Entwicklung zu tun haben; wohl aber können wir erkennen, inwieweit Kontinuität vorherrschte und inwieweit wir es mit einem mehr oder weniger radikalen Bruch zu tun haben. Je *genauer* die Vorhersagen, die wir ihn aus der Trendbeobachtung ableiten lassen, mit dem übereinstimmen, was tatsächlich nach 1600 eingetreten ist, um so weniger kann man von einem revolutionären Ereignis sprechen.

Im Anschluss findet sich sein Bericht, wobei wir allerdings bedenken müssen, das sein Stil nicht so blumig ist wie damals üblich, aber auch nicht so bürokratisch wie der heutiger Berichte.

Frühere Blütenzeiten der griechischen Naturerkenntnis gipfelten in einem Goldenen Zeitalter. Die erste Frage, die ich stellen möchte, ist, ob wir davon nun auch wieder sprechen können.

Ich verstehe unter dem Begriff »Goldenes Zeitalter« eine »auffallend dichte Konzentration kreativer Talente«. Die Antwort drängt sich augenblicklich auf. Welche Bezeichnung wäre geeigneter, eine seit anderthalb Jahrhunderten währende Periode zu charakterisieren, in der das »alexandrinische« Erbe von Gelehrten vom Schlag eines Regiomontanus, Kopernikus und Stevin wiederbelebt wurde und wird und das »athenische« von Gelehrten wie Clavius und Fernel? Hinzu kommt, dass zugleich praktisch orientierte Gelehrte und gelehrte Praktiker wie Leonardo, Vesalius, Tycho, Paracelsus und Castro eine neue Form der Naturerkenntnis ins Leben gerufen haben, die sich der exakten Wahrnehmung verschrieben hat. Und dann habe ich eine ganze Reihe von Personen nicht erwähnt, die in den vergangenen 150 Jahren die Naturerkenntnis auf demselben hohen Niveau betrieben haben wie die zehn Genannten, oder dies immer noch tun. Das Jahr 1600 steht vor der Tür, dort machen wir den Strich, und ich stelle fest, dass wir mit demselben Recht von einem Goldenen Zeitalter der Naturerkenntnis im Europa der Renaissance sprechen können wie bei den Griechen, in der islamischen Kultur und im mittelalterlichen Europa.

Inwieweit stimmt der Vergleich? Können wir anhand des identischen Aufblühens auch Prognosen darüber machen, was wir in Zukunft erwarten dürfen? Lässt sich darüber irgendetwas Stichhaltiges sagen? Vielleicht ist eine Tabelle hilfreich, in die ich das aktuelle Aufblühen einarbeite.

In diese Tabelle habe ich bereits einen wichtige Faktor aufgenommen, der etwas darüber aussagt, wie es in Zukunft weitergehen wird. In allen drei früheren Fällen folgte auf das Goldene Zeitalter ein ebenso plötzlicher wie steiler Niedergang. Das ist der normale Gang der Dinge, einer besonderen Erklärung bedarf es dafür nicht. Daher wage ich die Behauptung, dass auch unser Goldenes Zeitalter der Naturerkenntnis mit an Sicherheit grenzender Wahrscheinlichkeit so enden wird.

Eine sehr viel schwierigere Frage bleibt: Kann man Näheres über den Zeitpunkt des Niedergangs sagen und darüber, wie er vonstatten gehen wird?

	Griechenland	islamische Kultur	mittelalterliches Europa	Europa der Renaissance
Aufblühen	Grundlegung + (in der Mathematik) Transformation	Übersetzung → Erweiterung	Übersetzung → *aristotelische* Erweiterung	Übersetzung → Erweiterung; zugleich Aufkommen einer empirisch-praktischen Form der Naturerkenntnis
Goldenes Zeitalter	Platon bis Hipparchos	al-Kindi bis Ibn Sina + al-Biruni + Ibn al-Haitam	Albertus Magnus bis Oresme	Regiomontanus bis Clavius + Stevin
Niedergang	ca. 150 v. Chr.	ca. 1050	ca. 1380	???
1. Wodurch?	normaler Gang der Dinge	normaler Gang der Dinge	normaler Gang der Dinge	normaler Gang der Dinge
2. Wieso zu der Zeit?	Skeptizistische Krise? Ende des Mäzenatentums?	Invasionen → Wendung nach innen	Erweiterungsmöglichkeiten erschöpft	——
3. Nachleben	Niedergang steil abwärts, anhaltend, auf dauerhaft niedrigem Niveau	steil abwärts, anhaltend; gefolgt von partieller, regional geprägter Umkehr zu höherem Niveau	steil abwärts, anhaltend; *keine Umkehr*	——
• gekennzeichnet durch	Kodifizierung, Kommentare, Synkretismus	Kommentare	Kommentare	——
• große Nachblüher	Ptolemäus, Diophantos; Proklos, Philoponos	at-Tusi, Ibn asch-Schatir, Ibn Ruschd (Averroës)	keine	——

Wir wollen uns die Tabelle mit den drei Transplantationen einmal näher ansehen. Alle historischen Tatsachen, die wir bisher haben Revue passieren lassen, müssen wir dabei mit einbeziehen. Es fällt sogleich auf, dass das mittelalterliche Schema signifikant abweicht. Anders als in den beiden anderen Fällen beschränkte sich die Transplantation während des europäischen Mittelalters auf »Athen« und zudem auch nur auf eine der athenischen Schulen: die aristotelische. Diese Einseitigkeit hatte weitreichende Folgen. Die Entwicklungsmöglichkeiten, die kulturelle Transplantation bietet, wurden dadurch stark minimiert. Die Folge war, dass die Entwicklung stagnierte und es bei fruchtlosem Nachplappern blieb, das nicht einmal mehr Raum für den ein oder anderen Spätblüher ließ.

Aber die Übereinstimmung, die wir in diesem Bericht vor allem brauchen, gibt es zwischen den beiden anderen Transplantationen. Ebenso wie in der islamischen Kultur findet die Wiederbelebung im heutigen Renaissance-Europa auf breiter Front statt. Die Formen, die die Erweiterung annimmt, ähneln einander wie ein Ei dem anderen: Nach Art der Griechen wird auf einfallsreiche Weise weitergearbeitet, und bei einer ganzen Reihe von Entdeckungen müsste man (wenn man es nicht besser wüsste) raten, ob sie in der islamischen Welt gemacht wurden oder bei uns. Hinzu kommt noch, dass am Rande der griechischen Naturerkenntnis etliche Forschungen unternommen wurden, die enger mit der jeweiligen Kultur verknüpft sind.

Und der Tabelle kann man noch eine weitere Übereinstimmung entnehmen. In der islamischen Kultur ist es nicht bei dem steilen Niedergang geblieben, mit dem das Goldene Zeitalter zu Ende ging. Später hat eine gewisse Umkehr stattgefunden. In drei Gegenden lebte die Naturerkenntnis wieder auf: in Persien unter den Mongolen, unter den Berbern in Andalusien und unter den osmanischen Türken in Istanbul und Umgebung. An allen drei Orten orientierte man sich am Goldenen Zeitalter, das inzwischen seit Jahrhunderten vergangen war. Die Beschäftigung mit der Naturerkenntnis bedeutete weiterhin: Die Großen von damals kommentieren. Spitzenleute wie al-Tusi gab es gelegentlich durchaus, und zwar auf einem Niveau, das es mit dem Goldenen Zeitalter absolut aufnehmen konnte. Dennoch hatte die Ausrichtung auf die Vergangenheit zur Folge, dass man sich im Kreis drehte. Als im Jahr 1453 die in den byzantinischen Klöstern und Palästen aufbewahrten Originaltexte zugänglich wurden, hat dieses Ereignis in Italien eine Welle von Übersetzungen nach sich gezogen, nicht aber in Istanbul/Konstantinopel selbst. Bis auf den heutigen Tag orientiert sich die Naturerkenntnis im Osmanischen Reich an dem, was ihre Betreiber als ihr Goldenes Zeitalter betrachten, nämlich die Blüte zur Zeit der Abbasiden.

Eben dieses Sich-im-Kreis-Drehen, so groß dieser Kreis auch immer sein mochte, ähnelt sehr stark einer anderen Epoche, dem Aufblühen der Naturerkenntnis im mittelalterlichen Europa. Eine vollkommen andere Ursache – die einseitige Transplantation – zieht exakt dieselbe Folge nach sich: das Steckenbleiben in eigenen Denktraditionen. Vielversprechende Ansätze gibt es in beiden Fällen, etwa hinsichtlich der täglichen Drehung, welche die Erde möglicherweise macht. Oresme hat mit diesem Gedanken gespielt, al-Qushji hat sich sogar von allen Überlegungen frei gemacht, die diesem Gedanken im Wege stehen könnten. Doch dabei ist es geblieben, den nächsten Schritt haben sie nicht gemacht. In beiden Fällen blieb die Transformation stecken. Wie in China (wenn auch dort durch das Ausbleiben jedweder Form von Transplantation) landete die Entwicklung in einer »glorreichen Sackgasse«.

Um das ursprüngliche Aufblühen in der islamischen Kultur und das erneute Aufblühen in unserer Kultur während der letzten anderthalb Jahrhunderte ist es anders bestellt. Genau wie damals und dort konnten wir hier eine begeisterte Erforschung der Möglichkeiten beobachten, welche die gesamte überlieferte griechische Naturerkenntnis in sich birgt. Und damit komme ich, sehr geehrter Herr Kommissar, auf den Kern Ihrer Frage zurück. Was kann uns die Blütezeit der Naturerkenntnis in der islamischen Kultur, die man so gut mit unserer anno 1600 vergleichen kann, hinsichtlich der Zukunft der Naturerkenntnis in den kommenden Jahren lehren?

Ganz allgemein lautet meine Antwort wie folgt: Früher oder später wird die Entwicklung an Dynamik verlieren, und ein steiler Niedergang wird einsetzen. Wann wird das sein? Dazu lässt sich nichts Sinnvolles sagen. Ist erneut eine Welle desaströser Invasionen zu erwarten? Sicher, wie Sie wissen, beherrscht das Osmanische Reich schon seit längerem den Balkan, und Wien ist weiterhin bedroht. Aber dass die großen Kulturzentren in Italien, Südfrankreich und Süddeutschland überrannt werden könnten, darauf deutet nichts hin. Mir erscheint es sinnvoller, einmal einen Blick auf die inhaltliche Entwicklung zu werfen. Dabei müssen wir genauer unterscheiden.

Zuerst betrachte ich »Alexandria«. So begeistert die Erweiterung auf diesem Gebiet auch betrieben wird, sehr lange kann das nicht mehr so weitergehen. In welche Richtung könnte sich diese Schule entwicklen? Noch immer sind Gleichgewichtszustände, Lichtstrahlen, musikalische Intervalle und Planetenbahnen die einzigen Naturerscheinungen, mit denen sich die Gelehrten in der Tradition des Aristoteles und des Ptolemäus beschäftigen, und das immer auf dieselbe konventionelle, abstrakte Weise. Eine neue These hier, ein ergänzender Beweis dort, das immerhin, aber sehr viel mehr wird man hier wohl nicht erwarten können. Ich habe mich diskret daran orientiert, was es an jungen, hoffnungsvollen Talenten gibt, und in diesem Zusammenhang will ich Ihre Aufmerksamkeit vor allem auf einen noch jungen Lehrer in Graz und auf einen vielversprechenden Mathematikprofessor in Padua lenken. Der eine, ein gewisser Johannes Kepler, hat gerade (1596) ein Buch mit einer bizarren Kombination aus gediegener Mathematik und wild gewordener Phantasie veröffentlicht, mit dem er den Bau und die Organisation des Weltalls endgültig entschlüsselt zu haben glaubt. Der andere, Galileo Galilei, hat bei seinem Weggang von der Universität in Pisa dort einen unvollendeten Text zurückgelassen. Darin hat er vergeblich versucht, die Beschleunigung, die ein fallendes Objekt zu Beginn seines Falls erfährt, ebenso zu behandeln, wie Archimedes den Hebel. Bei beiden Texten handelt es sich um ambitionierte Unternehmungen von zwei sehr begabten jungen Männern, und gerade ihr Scheitern unterstreicht noch einmal, dass im alexandrinischen Gedankengut kein Potential mehr steckt. An dem bevorstehenden Niedergang dieser Schule habe ich keinerlei Zweifel.

Um »Athen« scheint es ein wenig, aber nicht sehr viel anders zu stehen. Vor allem das Wiederaufleben all der dogmatisch-spekulativen Denksysteme! Dieses ewige Wiederholen von Winkelzügen! Das prägte bereits im antiken Griechenland die philosophische Debatte. Es ist nicht unwahrscheinlich, dass das Publikum und sogar die Teilnehmer in nicht allzu langer Zeit die Nase davon voll haben werden. Es stimmt, dass auch im »athenischen« Lager Erneuerungsversuche unternommen werden, die darauf abzielen, die Lehre des Aristoteles in Richtung der empirisch-praktischen Magie (Fernel) und der Mathematik (Clavius) zu erweitern. Dies geschieht mit einigem Erfolg. Auch inhaltlich gibt es hier noch gute Entwicklungsmöglichkeiten. Wenn Sie Geld zu verteilen haben, verehrter Auftraggeber, dann empfehle ich, beide Unternehmungen mit einem bescheidenen Startkapital zu fördern.

Gleichzeitig gibt es noch eine vollkommen andere Entwicklung, von der wir durchaus noch das ein oder andere zu erwarten haben. Ich denke dabei an all jene, die die »dritte« Form der Naturerkenntnis betreiben, die nicht griechisch-intellektualistisch ist, sondern auf genaue Beobachtungen setzt und sich am praktischen Nutzen orientiert. Sie haben nicht die Rekonstruktion einer angeblich idealen Vergangenheit im Sinn wie ihre »alexandrinischen« und auch die meisten »athenischen« Kollegen. Sie sind sehr zukunftsorientiert und schreiben ihre Bücher in den Volkssprachen und nicht auf Latein. Sie verwenden stolz das Wort »neu« in den Titeln ihrer Schriften – ich erwähne ganz beiläufig die englische Übersetzung eines spanischen Buchs über amerikanische Heilkräuter mit dem Titel Joyfull Newes Out of the Newe World. Hier spüre ich Dynamik, ein

Streben nach Fortschritt, in engem Kontakt mit den dynamischsten Schichten der Gesellschaft in der Schifffahrt und im Überseehandel. Alles deutet darauf hin, dass dies noch eine Weile so weitergehen wird. Wenn man überhaupt in nächster Zeit ein weiteres Aufblühen der Naturerkenntnis erwarten darf, dann hier.

Ich fasse zusammen: Die herrschenden Tendenzen betrachtend, sehr geehrter Herr Kommissar, wäre es am klügsten, wenn sie ihre Mittel in diese »dritte« Form der Naturerkenntnis investieren würden. Deren Betreiber brauchen übrigens am dringendsten Geld, sie müssen hinaus, in die weite Welt, sie brauchen Instrumente, um ihre Beobachtungen so genau wie möglich machen zu können. Sie sind nicht wie ihre Kollegen damit zufrieden, alte Texte zu lesen und sie in ihren Hörsälen zu kommentieren oder, mit Zirkel und Lineal bewaffnet, in ihren Studierzimmern esoterische Mathematik zu betreiben.

Der Ratschlag ist eindeutig, der Berichterstatter kann zufrieden sein, er hat sich nicht mit wohlklingenden Allgemeinplätzen aus der Affäre gezogen.

Selten hat ein Trendwatcher eine so begründete Prognose abgegeben, die sich innerhalb dermaßen kurzer Zeit als total falsch erweisen sollte.

III. Drei revolutionäre Transformationen

Um 1600 bricht die Wissenschaftliche Revolution aus. Um es etwas präziser auszudrücken: In allen drei Formen der Naturerkenntnis, die in den anderthalb Jahrhunderten davor aufgeblüht sind, kommt es zu einer umwälzenden Veränderung. Es ist aber das große Paradox der Wissenschaftlichen Revolution, dass ausgerechnet jene Form der Naturerkenntnis eine besonders radikale und einschneidende Umwälzung erfährt, die vor 1600 am stärksten an der Vergangenheit orientiert war. Ganz entgegen der Erwartung unseres Trendbeobachters steht »Alexandria« nicht etwa kurz vor dem Ende seiner Möglichkeiten, sondern entwickelt sich zum Kern einer größtenteils neuen Form der Naturerkenntnis, die man kurz als »Alexandria plus« bezeichnen könnte. Und in Gang gebracht wird diese revolutionäre Transformation von eben jenen Forschern, die einige Jahre zuvor mutige, aber vergebliche Versuche unternommen hatten, »Alexandria« weiterzuentwickeln: Johannes Kepler und Galileo Galilei. Diese beiden sind dafür verantwortlich, dass der Sprengsatz, der ein halbes Jahrhundert lang in Kopernikus' Buch verborgen gewesen war, nun plötzlich explodiert.

Kepler und Galilei: Von »Alexandria« zu »Alexandria plus«

Kepler und Galilei sind einander nie begegnet. Der eine lebte im Kaiserreich der Habsburger in Graz, Prag und Linz, der andere in Italien, in Pisa, Padua und Florenz. Es gab einen Briefwechsel zwischen ihnen, wobei Kepler immer sehr an einer Fortsetzung interessiert war, während Galilei sich zurückhielt, außer einmal, als er Kepler plötzlich unbedingt brauchte. Nicht nur ihre Charaktere waren verschieden, auch ihre Arbeitsweise und ihre Hauptinteressen. Gemeinsam waren ihnen die intellektuelle Brillanz und der dringende Wunsch, eine engere Verbindung zwischen Mathematik und Realität herzustellen. Kepler sah sich dabei in der Tradition von Ptolemäus, der dies auf seine Weise versucht hatte. Was die Sache für ihn so dringlich machte, war seine Überzeugung, dass die Erde wirklich ein Planet ist, der sich wirklich an einem Tag um seine Achse dreht und wirklich in einem Jahr die Sonne umkreist – wie es ein halbes Jahrhundert vor ihm Nikolaus Kopernikus im ersten Buch seines Hauptwerkes dargelegt hatte. Nur war diese Ansicht bei Kopernikus, obwohl er sie argumentativ stützt, eigentlich nicht mit den detaillierten Modellen zu vereinbaren, die er nach dem Vorbild des *Almagest* von Ptolemäus im zweiten bis sechsten Buch ausarbeitete. Kepler und Galilei sahen aber jeder auf seine Weise einen Weg, den Kern von Wahrheit aus den vielen Ungereimtheiten herauszuschälen, in die Kopernikus ihn verpackt hatte. Und sie erkannten, dass diese Ungereimtheiten eng mit der Lehre des Aristoteles zusammenhingen, mehr noch: mit der Naturphilosophie als solcher – was sie nicht abschreckte, sondern reizte, vor allem Galilei.

Kepler konzentrierte sich auf die technisch-astronomischen Aspekte. Ihm schwebte ein Modell des Universums vor, das so einfach wie exakt sein sollte. Statt Dutzende von Hilfskreisen (Epizyklen) einzuführen, wie noch Kopernikus sie in seinen Modellen brauchte, um die vorhergesagten mit den beobachteten Planetenpositionen in Übereinstimmung zu bringen, konnte man sich auf einfache Bahnen beschränken, ohne dass die Genauigkeit der Vorhersagen darunter litt, im Gegenteil. Anders als Kepler interessierte sich Galilei nicht für die zahllosen Details astronomischer Modellbildung. Den Kern seines Werks bildet eine neue Vorstellung vom Wesen der Bewegung. Damit konnte er das Problem der Schwerebeschleunigung lösen, zunächst um seiner selbst willen, später aber auch, um die vielen Einwände zu entkräften, die seit einem halben Jahrhundert gegen Kopernikus' System vorgebracht wurden, besonders von Seiten der Naturphilosophie.

Ich möchte mit dem nun folgenden Abriss nicht den Eindruck erwecken, die beiden Forscher hätten ihre selbstgesteckten Ziele ohne Fehlschläge und Umwege erreicht. Ihre ersten Versuche führten sie in eine Sackgasse, was ich unseren Trendbeobachter als Indiz dafür deuten ließ, dass »Alexandria« die Grenze seines Entwicklungspotentials nun fast erreicht habe. Es war auch unmöglich vorauszusehen, dass beide durch ihr anfängliches Scheitern dazu inspiriert werden sollten, einen neuen Weg einzuschlagen, auf dem sie das unverändert gebliebene Ziel doch noch erreichten. Selbstverständlich gerieten sie dabei immer wieder auf Irrwege, die erst im Rückblick, nach dem Erreichen des Ziels, als solche erkennbar waren. Kepler hat seine Irrwege sorgfältig aufgezeichnet und seinem wichtigsten Buch die Form eines Berichts über sie gegeben. Im Fall Galileis können sie allenfalls aus erhaltenen Aufzeichnungen rekonstruiert werden. Beider Irrwege muss ich den Lesern hier aber vorenthalten. Mir kommt es darauf an, in gedrängter Form darzustellen, was das eigentlich Neue war, das diese beiden Forscher erreichten, um anschließend nach Erklärungen für diese Leistung zu suchen. Ihr Ausgangspunkt ist bekannt: das dritte Goldene Zeitalter der »alexandrinischen«, der mathematischen Naturerkenntnis. Wir wollen herausfinden, wie weit sie sich am Ende ihrer Laufbahn von diesem Ausgangspunkt entfernt hatten: Wie verhielt sich das, was sie 1630 beziehungsweise 1642 vorzuweisen hatten, zu den Methoden und Resultaten ihrer Vorgänger? Zur Beantwortung dieser Frage können wir uns auf die Ergebnisse ihrer Anstrengungen beschränken, wie sie in ihrer eigenen Zeit aussahen, also nicht verzerrt durch die Korrekturen und Verdeutlichungen der Nachfolger. Trotzdem tun wir so, als wäre der Weg zu diesen Ergebnissen ein gerader gewesen, nicht der verschlungene Pfad, den Wissenschaftshistoriker im letzten Dreivierteljahrhundert freigelegt haben.

Für das, was bei Kepler im Vergleich zur gängigen Form mathematischer Naturerkenntnis das revolutionär Neue war, findet sich im Untertitel seines aus späterer Sicht wichtigsten Werkes *Astronomia Nova* (1609) ein ebenso kurzer wie prägnanter Ausdruck. Der Titel lautet übersetzt:

»Neue Astronomie ursächlich begründet oder Physik des Himmels, dargestellt in Untersuchungen über die Bewegungen des Sternes Mars auf Grund der Beobachtungen des Edelmannes Tycho Brahe. Auf Geheiß und Kosten Rudolphs II., Römischem Kaiser etc., in mehrjährigem, beharrlichem Studium ausgearbeitet zu Prag von Seiner Heiligen Kaiserlichen Majestät Mathematiker Johannes Kepler.«

Keplers neue Astronomie war also eine »Physik des Himmels«. Der Begriff wirkt harmlos, ist es jedoch keineswegs. »Physik« war damals praktisch gleichbedeutend mit Naturphilosophie, der Ausdruck stand für die »athenische« Herangehensweise. Was aber hatte die auf dem Fachgebiet der mathematischen Astronomie zu suchen? »Bei seinen angestrengten Versuchen, die Annahmen des Kopernikus mit physikalischen Gründen zu beweisen, führt Kepler seltsame Spekulationen ein, die sich weniger auf die Astronomie als auf die Physik beziehen«, schrieb 13 Jahre nach dem Erscheinen des Buches ein tüchtiger Fachkollege, Peter Crüger. Er ließ nur den Ansatz des *Almagest* gelten, wobei es für ihn keine Rolle spielte, ob die verwendeten Hilfskreise in der Realität vorstellbar waren. Doch unter Keplers Händen beginnt sich die Bedeutung des Begriffs »Physik« zu verändern, sie verschiebt sich in Richtung dessen, was wir heute darunter verstehen. Auf zwei Wegen erreichte

Kepler in seiner *Astronomia Nova* die angestrebte Vereinfachung der kopernikanischen Modelle. Er stützte sich auf die Beobachtungen Tycho Brahes,
mit dem er kurz vor dessen Tod als letzter einer ganzen Reihe von Assistenten
zusammengearbeitet hatte. Und er verband, wie Crüger voller Befremden
feststellte, seine mathematischen Berechnungen mit »ursächlichen Begründungen« physikalischer Art. In diesem Fall ging es dabei vor allem um in die
Ferne wirkende Kräfte, die unsere Erde und die anderen Planeten in ihren
Bahnen um die Sonne halten.

Das Sonnensystem, wie Kepler es schließlich berechnete *und* »ursächlich
begründete«, sah folgendermaßen aus:

1. Alle sechs Planeten bewegen sich auf Ellipsenbahnen, in deren Brenn-
   punkt die Sonne steht.
2. Die leichte Abflachung der Kreisbahn zur Ellipse ist dadurch zu erklären,
   dass von der Sonne eine magnetische Wirkung ausgeht, die den Planeten
   in einem Bahnsegment anzieht und in einem anderen abstößt.
3. Die Sonne übt durch ihre Rotation eine Kraft aus, die jeden Planeten
   mitzieht wie eine Radnabe die Speichen.
4. Eine von der Sonne zu einem Planeten gezogene Linie überstreicht in
   gleichen Zeiträumen gleiche Flächen.
5. Die Quadrate der Umlaufzeiten jeweils zweier Planeten sind proportional zu den dritten Potenzen ihrer mittleren Entfernungen zur Sonne.

Die Aussagen 1., 4. und 5. kennen wir heute als die drei Keplerschen Gesetze. Die ersten beiden sind in *Astronomia Nova* (1609) formuliert, das letzte
hat er 1618 gefunden. Ihre volle Bedeutung offenbaren sie erst ein halbes
Jahrhundert später, als Newton die universale Gravitation entdeckt. Aus dieser Entdeckung ergeben sich für das Sonnensystem ganz andere Kraftwirkungen als die von Kepler in 2. und 3. postulierten. Doch ob bestätigt oder
widerlegt, die Aussagen 1. bis 5. in ihrer Gesamtheit bedeuten einen radikalen Bruch mit der Tradition der Astronomie und im Grunde der gesamten
mathematischen Naturerkenntnis. Sie unterscheiden sich auch grundsätzlich
von Ptolemäus' Versuchen, eine engere Verbindung der mathematischen Naturerkenntnis mit der Wirklichkeit herzustellen. Alle Hilfskreise sind aus
dem Modell eliminiert, die Komplikationen im Zusammenhang mit der
nicht gleichförmigen Bewegung durch die einfache Regel des Flächensatzes
4. beseitigt. Keplers Sonnensystem bildet ein übersichtliches Ganzes, zum
ersten Mal werden in mathematischen Sätzen eindeutige Aussagen über Eigenschaften der natürlichen Wirklichkeit gemacht.

Dennoch darf man Kepler nicht zu modern darstellen. Die Wirklichkeit, für die seine mathematischen Gesetze gelten sollen, war für ihn nicht nur eine physikalische im Sinne der Kraftwirkungen. Sie war vor allem harmonischer Natur. Kepler glaubte, dass der göttlichen Schöpfung bestimmte »weltbildende Verhältnisse« zu Grunde liegen – es sind dieselben wie bei den konsonanten Intervallen. In dem Buch, das er bis zuletzt als die Krönung seines Werkes ansah, *Harmonice Mundi* (1619), unternahm er zunächst eine geometrische Herleitung dieser Verhältnisse. Anschließend zeigte er, wie Gott sie in der Musik angewandt hat, in den Stellungen der Planeten zur Erde (Keplers Variante der Astrologie) und in den Umlaufgeschwindigkeiten der Planeten – so fand er sein drittes Gesetz 5. Letztlich wollte er beweisen, dass unser Sonnensystem, wenn man Gottes Schöpfungsentwurf konsequent durchrechnet, gar nicht anders hätte geordnet sein *können* als es ist. Eine engere Verbindung von Wirklichkeit und Mathematik ist nicht denkbar: Diese setzt den nur scheinbar unbegrenzten Möglichkeiten, die jene hat, enge Grenzen.

Abstrakt hergeleitete Annahmen müssen aber kontrolliert werden. In Tycho Brahes Todesjahr 1601, als Kepler Hofmathematiker Rudolfs II. wurde, erhielt er vollen Zugang zu dem Schatz außergewöhnlich genauer Beobachtungsdaten, den sein Vorgänger hinterlassen hatte. Es wird manchmal angenommen, Kepler habe die Ellipsengestalt der Planetenbahnen entdeckt, indem er verschiedene Planetenpositionen aufgezeichnet und sie anschließend verbunden habe. Doch so wenig kreativ ist er nicht vorgegangen, so hätte er auch gar nicht vorgehen können. Es dauerte Jahre, bis Kepler mit den neuesten mathematischen Mitteln seiner Zeit – zum Teil musste er sie selbst erst entwickeln – einer Eigenschaft der Planetenbahnen auf die Spur kam, die er als Eigenschaft von Ellipsen erkannte. Die begrifflichen Probleme, die er zu lösen hatte, waren noch größer. Er musste sich erst einmal von der zwei Jahrtausende alten Vorstellung lösen, dass Planetenbahnen nur als Kombination von Kreisbahnen gedacht werden könnten, und er musste eine Erklärung für die Nichtgleichmäßigkeit der Winkelgeschwindigkeiten finden (dabei kam er auf den Flächensatz). Dennoch waren Brahes Beobachtungsdaten eine große Hilfe und spielten vor allem als letzte Kontrollinstanz eine bedeutende Rolle. Einmal hat Kepler eine auf umfangreiche Beobachtungsreihen gestützte Annahme, in deren Berechnung er noch dazu ein Jahr Arbeit investiert hatte, wieder verworfen, als er zur Kontrolle eine bis dahin nicht berücksichtigte Beobachtung heranzog. Das Besondere an dem berühmten Fall ist der Umstand, dass diese Beobachtung die Annahme eigentlich aufs

Schönste zu bestätigen schien, zumindest, wenn man an der alten Fehlergrenze festhielt, die für Ptolemäus und auch noch für Kopernikus gegolten hatte, nämlich ungefähr zehn Bogenminuten. (Eine Bogenminute ist der 60. Teil eines Bogengrads und damit der 21.600. Teil eines Kreises.) Nun hatten aber Brahes Beobachtungen eine solche Genauigkeit erreicht, dass der akzeptable Höchstwert für Abweichungen bei nur zwei Bogenminuten lag, und so musste Kepler durch die von ihm selbst festgestellte Abweichung von acht Bogenminuten seine Annahme widerlegt sehen. Das heißt, er »musste« das natürlich nicht, niemand erwartete es von ihm, und allein dadurch, dass er es tat, führte er etwas ganz Neues in die Naturforschung ein: eine abschließende empirische Kontrolle, die darüber entschied, ob eine bestimmte Gedankenkonstruktion mit der Wirklichkeit übereinstimmte oder nicht.

Auch hier gilt wieder, dass wir Keplers Denken nicht moderner darstellen sollten als es ist. Für ihn waren die Ellipsenbahnen – bei allem Stolz auf diese Entdeckung – letztlich nebensächlich; worauf es ihm ankam, war die »Weltharmonie«. Und hier stand für Kepler so viel auf dem Spiel, dass er es mit Abweichungen der hergeleiteten Gesetzmäßigkeiten von den empirischen Daten doch etwas weniger genau nahm. Durch allerlei komplizierte Ad-hoc-Konstruktionen konnte er in *Harmonice Mundi* Gottes harmonische Schöpfung knapp vor dem Einsturz bewahren.

Andererseits hat Kepler seine wissenschaftliche Laufbahn mit den *Rudolfinischen Tafeln* beendet. Darin hat er Brahes Beobachtungsdaten für den praktischen Gebrauch systematisch geordnet, als Grundlage für astronomische Berechnungen, Tabellen und Kalender. Und in seine Erläuterungen hat er so viel von seinen eigenen neuen Erkenntnissen einfließen lassen, dass die nächste Forschergeneration die drei Keplerschen Gesetze von der fragwürdigen »Physik« und der allzu phantastischen »Weltharmonie« trennen konnte.

Zu den Gründen für Galileis Zurückhaltung in der Korrespondenz mit dem enthusiastischen Kepler könnte gerade das Fragwürdige von dessen Physik und das Phantastische der Weltharmonie gehören. Anders als Kepler in *Harmonice Mundi*, aber in Übereinstimmung mit der Tradition der »Alexandriner«, interessierte sich Galilei mehr für die einzelnen Phänomene als für ihren tieferen Zusammenhang. Keplers Aussage über die Kraft, die von der Sonne aus die Planeten in ihren Bahnen halten sollte (2.), beruhte auf der allgemein akzeptierten Vorstellung, dass Bewegung nur durch die Wirkung einer Kraft aufrecht erhalten werde. Von dieser Vorstellung hatte sich Galilei aber gelöst. Seine größte Leistung ist die Entwicklung einer ganz neuen Idee der Bewegung, die der Alltagswahrnehmung zu widersprechen scheint.

Als er im Jahr 1592 seinen Lehrstuhl in Pisa aufgab, um einen besser bezahlten in Padua zu übernehmen, war er noch nicht so weit. Die 18 Paduaner Jahre, bevor er es zum Hofmathematiker des Großherzogs der Toskana brachte, waren die kreativsten seiner Laufbahn. Die damals gewonnenen Erkenntnisse hat er erst gegen Ende seines Lebens in zwei Büchern formuliert, einem italienischen und einem teilweise auf Italienisch, teilweise auf Lateinisch geschriebenen. Das erste, 1632 erschienen, heißt übersetzt *Dialog über die zwei hauptsächlichen Weltsysteme, das ptolemäische und das kopernikanische.* Dieses Buch bildete den Anlass zu dem berüchtigten Prozess, auf den wir im nächsten Kapitel zu sprechen kommen. Da er nach diesem Verfahren im eigenen Land nicht mehr publizieren konnte, erschien sein letztes Buch erst 1638 bei Elsevier in Leiden in der ursprünglichen zweisprachigen Fassung. Der Titel der deutschen Ausgabe lautet *Unterredungen und mathematische Demonstrationen über zwei neue Wissenszweige, die Mechanik und die Fallgesetze betreffend* – nicht ganz korrekt übersetzt. Nach ihren italienischen Titeln werden die beiden Bücher meist kurz *Dialogo* und *Discorsi* genannt. Beide haben die Form eines Gesprächs und sind in vier »Tage« gegliedert, an denen die gelehrten Gesprächspartner in einer Gondel auf den Kanälen Venedigs über verschiedene wissenschaftliche Themen diskutieren.

Am zweiten Tag des *Dialogo* entwickelt Galilei den Gedanken, dass Gegenstände, einmal in Bewegung versetzt, dazu neigen, in Bewegung zu bleiben. Was man wahrnimmt, ist ja eher das Gegenteil: Ein geworfener oder mit dem Fuß gestoßener Stein kommt schnell wieder zur Ruhe. Doch Galilei führt aus, dass sich der Stein unter Idealbedingungen immer weiter bewegen würde. Wären alle störenden Faktoren beseitigt, würde man feststellen, dass er nicht mehr zum Stillstand kommt. Störend sind der Widerstand der Luft und die Oberflächenreibung. (Bei Fahrrädern oder Autos zum Beispiel sprechen wir von Luft- und Rollwiderstand.) Man denke die Störfaktoren weg: Die Bewegung würde nie mehr enden. Und angenommen, man ließe eine elfenbeinerne Billardkugel über einen Marmorboden rollen: Man würde feststellen, dass die Kugel zwar irgendwann zum Stillstand kommt, da auch diese Versuchsanordnung nur eine Annäherung an die Idealbedingungen darstellt, aber immerhin würde es erst nach geraumer Zeit so weit sein.

Das Entscheidende ist hier, dass Galilei zwischen drei Realitätsebenen unterscheidet: der Alltagserfahrung, der idealen Ebene und der experimentellen dazwischen.

Zunächst einmal haben wir es mit der Realität auf der Ebene der Alltagserfahrung zu tun. An dieser Alltagsrealität orientierten sich die Naturphilosophen, sie war es, die sie ausgehend von bestimmten Leitideen zu erklären versuchten. Von allen Naturphilosophen hatte sich Aristoteles am gründlichsten mit der Frage nach dem Wesen der Bewegung auseinandergesetzt. Was er über sie zu sagen wusste, war vor allem das, was wir aus unserer alltäglichen Erfahrung kennen, nur eingefügt in die Erklärungsschemata seiner Philosophie. Bewegung war für ihn eine der vier Erscheinungsformen der Veränderung, die Verwirklichung eines Zieles, das im sich bewegenden Gegenstand selbst liegt. Ob und wie ein Gegenstand sich bewegt, stellen wir unabhängig davon fest, was andere Gegenstände tun oder nicht tun. Jede Bewegung steht für sich, ein Gegenstand kann nicht zwei Bewegungen gleichzeitig ausführen. Ein Gegenstand bewegt sich, wenn eine Kraft auf ihn wirkt, die ihn in Bewegung versetzt, und wenn diese Kraft zu wirken aufhört, kommt der Gegenstand zum Stillstand (wie ein Fuhrwerk, wenn das Pferd es nicht mehr zieht).

Auch Galilei leugnet natürlich nicht, dass unsere Alltagswahrnehmung mit diesen Überzeugungen weitgehend übereinstimmt. Aber auf der »idealen« Realitätsebene geht es völlig anders zu. Es ist die Wirklichkeitsebene des Archimedes und der anderen Alexandriner, eine Ebene, auf der von allen störenden Bedingungen abstrahiert wird; sie werden sozusagen weggedacht. Keine Luft, keine Reibungsfläche hemmen die ideale Bewegung. So gesehen tritt das Phänomen nicht im materiellen Raum unserer Alltagserfahrung auf, sondern in einem idealen, geometrischen Raum, den wir denken, den wir sogar annäherungsweise verwirklichen können, aber eben nicht vollkommen. In diesem gedachten Raum ist die Bewegung eines Gegenstands nicht auf ein Ziel gerichtet. Er bewegt sich nur relativ zu anderen Gegenständen, die im Raum stillstehen oder sich ebenfalls bewegen. (Man denke an ein uns Späteren bekanntes Phänomen: Zwei Züge stehen nebeneinander im Bahnhof, einer fährt langsam an, und im ersten Moment weiß man nicht, ob der eigene oder der andere Zug fährt.) Es gibt auch keinen Grund anzunehmen, dass ein Gegenstand nicht mehrere Bewegungen gleichzeitig ausführen könne.

Kurz und gut, im *Dialogo* macht Galilei eine Reihe eng miteinander zusammenhängender Aussagen über Bewegung, die nicht mit der Alltagserfahrung übereinstimmen, sondern nur in einer idealen, mathematischen Wirklichkeit gelten. Dann ist zu fragen, welche Bedeutung sie für uns eigentlich haben.

Auf diese Frage kann man eine allgemeine und mindestens drei spezielle Antworten geben. Die allgemeine Antwort hängt mit der erwähnten Zwischenebene zusammen. Vielleicht wird deutlicher, worum es geht, wenn man statt von einer Zwischenebene von einer Rolltreppe spricht, auf der man zwischen der Ebene der Alltagserfahrung und der idealen Ebene hin und her pendeln kann. Diese Rolltreppe ist das Experiment. Ein solches haben wir im Grunde schon ausgeführt, als wir die elfenbeinerne Billardkugel über den Marmorboden rollen ließen – eine Annäherung an die ideale Ebene, bei der die Idealbedingungen so genau wie möglich verwirklicht sind. Ein Unterschied bleibt in der Praxis immer, denn nur denkend, in einem Gedankenexperiment, kann man sämtliche Störfaktoren völlig ausschalten. Die Kunst besteht darin, Versuchsanordnungen zu entwerfen, die Idealbedingungen möglichst exakt abbilden. Und zu welchem Zweck? Um zu überprüfen, ob ein abstrakt hergeleiteter Lehrsatz stimmt, oder anders gesagt, ob dieser Satz uns etwas über unsere Alltagsrealität lehrt.

In der kopernikanischen Vorstellung der sich um ihre Achse drehenden Erde sah Galilei das beste Beispiel dafür, dass gerade die ideale Realitätsebene lehrt, was in der Alltagswirklichkeit tatsächlich vorgeht. Hier haben wir schon eine der speziellen Antworten auf die eben gestellte Frage. Ein damals häufig gegen Kopernikus vorgebrachter Einwand lautete, dass ein senkrecht in die Luft geworfener Stein doch wieder zum Ausgangspunkt zurückfalle; wenn die Erde sich um ihre Achse drehe, würde sie sich, solange der Stein in der Luft ist, gewissermaßen unter ihm weiterdrehen, und deshalb müsse der Stein ein kleines Stück weiter westlich auf den Boden treffen; da dies nicht der Fall sei, könne sich die Erde nicht drehen. Diese Argumentation erscheint hieb- und stichfest, bis man entdeckt, dass ihr eine falsche Annahme zu Grunde liegt. Galilei hat dies als Erster erkannt. In der idealen Wirklichkeit verharrt ein Gegenstand in seiner Bewegung und kann sehr gut mehreren Bewegungen zugleich unterworfen sein. Eigentlich geschieht dies aber auch in der Wirklichkeit der Alltagserfahrung: Der Stein hat wie die Person, die ihn hochwirft, teil an der Bewegung der Erde, nur dass vorübergehend noch eine Aufwärts- und eine Abwärtsbewegung hinzukommen. Ob die Erde nun stillsteht oder sich dreht, immer wird ein senkrecht in die Luft geworfener Stein zum Ausgangspunkt zurückfallen, und so lässt sich Kopernikus' These zumindest mit dem genannten Einwand nicht widerlegen.

Auch in den *Discorsi* ist Galileis neue Vorstellung von Bewegung eng mit dem Phänomen des freien Falls verknüpft. Wird ein Gegenstand fallengelassen, erfährt er zunächst eine Beschleunigung, aber schon nach wenigen Metern verändert sich die erreichte Geschwindigkeit nicht mehr. Wie ist nun die anfängliche Fallbeschleunigung zu erklären? Aristoteles, der als einziger Naturphilosoph dieses Phänomen wenigstens wahrnahm, hatte keine Lösung gefunden. Seither waren Ströme von Tinte in dem Versuch vergossen worden, diese Lücke in der Lehre zu schließen. Galilei schlägt nun gleich zu Anfang vor, verbale Erklärungsversuche erst einmal zurückzustellen und die Erscheinung berechenbar zu machen. Damit hatte er selbst in Padua einen Anfang gemacht. Er versuchte nicht mehr, den freien Fall als ein Gleichgewichtsphänomen zu behandeln, auf das Archimedes' Hebelgesetz anwendbar sein sollte – eben dies war ihm in Pisa misslungen. In den *Discorsi* stellte er nun die These auf, dass die Fallgeschwindigkeit proportional zur Fallzeit ist. Im leeren Raum würde die Geschwindigkeitszunahme immer weitergehen, es ist der Luftwiderstand, der sie bald beendet. Aus der Annahme einer gleichförmigen Fallbeschleunigung ergeben sich Schlussfolgerungen über das Verhältnis von Fallzeit und Fallweg. Einige dieser Folgerungen ließen sich auch mit den damaligen, sehr begrenzten Mitteln experimentell überprüfen. Um die Fallbewegung zu verlangsamen und kontrollierbar zu machen, benutzte Galilei eine schiefe Ebene. Ausführlich beschrieb er, wie in hartes Holz eine Fallrinne zu schneiden und diese möglichst glatt zu polieren sei, um das ideale Phänomen im Versuch möglichst genau abzubilden. Und wie heutige Rekonstruktionen der nach unseren Maßstäben primitiven Versuchsanordnung bestätigten, stimmen das berechnete und das tatsächliche Ergebnis ziemlich genau überein.

Auf der Grundlage der so gewonnenen Ergebnisse versuchte Galilei die Bahnform geworfener Körper zu bestimmen. Was geschieht, wenn eine Kugel mit einer Kanone verschossen oder ein Stein waagerecht geworfen wird? Der neuen Bewegungsvorstellung entsprechend kann der Stein zwei Bewegungen unterworfen sein: einer horizontalen gleichmäßigen und einer vertikalen gleichmäßig beschleunigten. Durch ihre Kombination ergibt sich nach alexandrinischer Mathematik eine Parabel. Nicht genug damit, Galilei entwarf auch eine Tabelle, die zu jedem möglichen Winkel eines Kanonenrohrs eine Schussweite angibt. Die maximale Schussweite erhält man bei einer Rohrerhöhung von 45 Grad. Die zweite spezielle Antwort auf unsere Frage, welchen Sinn die Unterscheidung einer mathematisch-idealen Realitätsebene von der konkreten Realitätsebene hat, liegt in Nutzanwendungen dieser Art: Die abstrakt hergeleiteten und experimentell überprüften Ergebnisse können von großem praktischem Wert sein.

Noch eine dritte spezielle Antwort gibt es: Die Unterscheidung weist den Weg zu völlig neuen, künstlich zu schaffenden Wirklichkeiten. Auf der mathematisch-idealen Wirklichkeitsebene ist die Luft ein störender Faktor, den man zunächst wegdenken muss, um zu richtigen Aussagen zu gelangen. Es ist dann nur noch ein kleiner Schritt zum Nachdenken über Möglichkeiten, die Luft auch in Wirklichkeit als Störfaktor zu eliminieren, mit anderen Worten: ein Vakuum herzustellen. Wie wir noch sehen werden, wurden tatsächlich schon in der folgenden Generation Luftpumpen konstruiert, damit annähernd luftleere Räume erzeugt und dies experimentell nachgewiesen.

Wie bei Kepler ist es auch im Fall Galileis wichtig, neben dem umwälzend Neuen die Begrenzungen seines Denkens nicht zu übersehen. So hat er die Diskrepanz zwischen dem konkreten und dem mathematisch-idealen Realitätsniveau häufig unterschätzt – einem Artilleristen hätten Galileis Tabellen wenig genützt. Eine andere Unvollkommenheit liegt darin, dass seine Aussage über das Verharren in Bewegung grundsätzlich für die Horizontale gelten sollte, und zwar im Wortsinn: Wenn sich ein Gegenstand parallel zum Horizont bewegt, also faktisch kreisförmig, bleibt die Bewegung erhalten. Erst in Newtons *Principia* wird eindeutig festgestellt, dass dieses Prinzip des Verharrens in Bewegung, seitdem »Trägheitsprinzip« genannt, nur für gleichförmige und geradlinige Bewegungszustände gilt, die man sich als nicht durch von außen einwirkende Kräfte verändert vorstellt.

Uns geht es aber weniger um die Frage, wie die Leistungen Galileis – und die Keplers – im Vergleich zur heutigen Physik und Astronomie zu beurteilen sind; dabei springen ja trotz zahlreicher genialer Ansätze noch wesentliche Defizite ins Auge. Was uns interessiert, ist die Frage, wie sich ihre Leistungen zu denen ihrer unmittelbaren Vorgänger verhalten. Und hier ist festzuhalten, dass beide einen erstaunlich weiten Weg zurückgelegt haben. Sowohl in der Tiefe als auch in der Breite haben sie »Alexandria« um ein gewaltiges »Plus« bereichert.

Was die Tiefe angeht, kann man praktisch von einer neuen Erkenntnisstruktur sprechen. Diese haben wir schon zu umschreiben versucht, und zwar mit der Unterscheidung zwischen zwei Realitätsebenen und dem Bild der Rolltreppe, auf der man zwischen beiden hin und her pendeln kann. Ein heute gebräuchlicher Ausdruck für diese Form der Naturerkenntnis ist »Mathematisierung der Natur«. Das Wesentliche dabei ist, dass Mathematik und Wirklichkeit in unmittelbare Beziehung zueinander gesetzt werden. Galilei hat sich immer bemüht, seinen Lesern zu zeigen, wie sich die von ihm mathematisch hergeleiteten Gesetzmäßigkeiten in der Realität manifestieren, etwa bei einem Objekt im freien Fall oder einer abgeschossenen Kugel. Wenn irgend möglich, wählte er für die experimentelle Bestätigung Gebiete von allgemeinem Interesse. Bei Kepler führte die Mathematisierung zu den drei Gesetzen der Planetenbahnen, zu seiner Himmelsphysik, ja sogar zur Einsetzung der Mathematik als der Instanz, die festlegt, was in der Natur möglich ist und was nicht. Und das war noch nicht alles. Auch auf einem anderen alexandrinisch-abstrakten Forschungsgebiet, Licht und Sehen, hat Kepler durch Orientierung an der Realität der Erscheinungen eine Umwälzung in Gang gebracht. Sechs Jahrhunderte vor ihm hatte Ibn al-Haitam (Alhazen) seiner auf Ptolemäus aufbauenden Deutung des Lichts und des Sehens eine bestimmte Annahme zu Grunde gelegt, gegen die weder in der islamischen Welt noch in Europa jemals Einwände erhoben worden waren. Solange man Lichtstrahlen wie geometrische Geraden behandelt, wirkt diese Annahme auch sehr plausibel; erst wenn man sie wie Kepler auf das Gebiet des Physikalischen überträgt, erweist sie sich als unhaltbar. Und das machte ein grundsätzliches Umdenken möglich; zum ersten Mal wurde deutlich die Linsenfunktion des Auges erkannt.

Was nun die Breite der Forschung betrifft, so war es Galilei, der zum ersten Mal andere Naturphänomene als die klassischen fünf der »alexandrinischen« Denker mathematisch zu beschreiben versuchte. Mit Fall, Wurf und Bewegung als solcher war das nämlich bis dahin noch nicht geschehen. Das Gleiche gilt für die Pendelbewegung, für die Galilei eine Regel formulierte: Die Dauer der Schwingung hängt nicht von der Auslenkung, sondern nur von der Länge des Pendels ab. Und es gilt für die Stärke von Materialien, ein weiteres Thema der *Discorsi*. Noch eine ganze Reihe anderer Phänomene könnte man aufzählen, für die Galilei mehr oder weniger erfolgreich mathematische Regeln herzuleiten versuchte.

Zugegeben, die experimentelle Überprüfung der Lehrsätze führte längst nicht immer zu eindeutigen Ergebnissen, oft war sie gar nicht möglich, aber das ist hier nicht das Entscheidende. In den ersten Jahrzehnten des 17. Jahrhunderts gelang es zum ersten Mal – teils auf alten, teils auf neuen Forschungsgebieten –, die Grenzen zu überwinden, in denen der »alexandrinische« Ansatz gefangen war. Im alten Griechenland hatte Ptolemäus diese Grenzen geahnt und nach Lösungen gesucht, die später Ibn al-Haitam und den Musiktheoretiker Gioseffo Zarlino zu ähnlichen Versuchen inspirierten. Aber von Kepler und Galilei wurden Mathematik und Realität nun viel enger miteinander verbunden, und ihre Methode ließ sich auch auf zahlreiche Gegenstände anwenden, die nicht zum gängigen Spektrum der bis dahin mathematisch behandelten Themen gehörten. Wir können mit vollem Recht von einer *Transformation* sprechen, denn hier wurde etwas Bestehendes (»Alexandria«) zu etwas – wenn natürlich auch nicht vollständig – Neuem (»Alexandria plus«) umgewandelt. Und wir können diese Transformation mit vollem Recht »revolutionär« nennen, weil sie mindestens so umwälzend war wie jedes historische Ereignis, das man ganz selbstverständlich mit diesem Adjektiv charakterisiert.

Wie revolutionär die Transformation tatsächlich war, zeigen schon die damaligen Reaktionen. Begeisterte Anerkennung gab es vor allem in einer späteren Generation, die weniger Ballast an verfestigten Ansichten und Denkgewohnheiten mit sich herumschleppte. Viele der Zeitgenossen erkannten zwar das Besondere der neuen Denkweise, aber für die allermeisten war dieses Besondere doch eher ein Grund zur Ablehnung. Wie erwähnt, brachte der traditionelle »Alexandriner« Peter Crüger sein Unverständnis für so etwas wie Himmelsphysik zum Ausdruck. Und als es nach Galileis Tod zu einer lang anhaltenden Kontroverse über die Fallgesetze kommt, sind die fortschrittlichsten »Athener« zwar durchaus bereit, mit Quantitäten zu arbeiten, bringen aber wenig oder überhaupt kein Verständnis für die Erkenntnisstruktur von »Alexandria plus« auf. Als großer Stein des Anstoßes erweist sich immer wieder das so verwirrende Postulat, dass die Aussagen trotz ihrer abstrakt-idealisierenden Form für die Wirklichkeit gelten. Auch heute noch liegt hier eins der Haupthindernisse im naturwissenschaftlichen Unterricht.

Auch die Fragen, die Keplers und Galileis wichtigste Erkenntnisse aufwarfen, rechtfertigen die Charakterisierung »revolutionär«. Vor Kepler hatte man gefragt, aus welchen kreisförmigen, gleichmäßig durchlaufenen Bahnkomponenten das Bahnmodell für einen bestimmten Planeten am überzeugendsten aufgebaut werden könne. Nach Kepler fragte man vor allem nach dem Zusammenhang zwischen seinen Gesetzen. Warum Ellipsen, warum der Flächensatz, warum dieses komplizierte Verhältnis der Quadrate der Umlaufzeiten zu den dritten Potenzen der mittleren Entfernungen zur Sonne, und was haben diese zunächst ganz für sich stehenden Erkenntnisse eigentlich miteinander zu tun? Vor Galilei fragte man, warum sich der Fall eines Gegenstands am Anfang beschleunigt, nach Galilei, warum diese Beschleunigung gleichförmig verläuft. In beiden Fällen war eine eigentlich unbeantwortbare Frage so umformuliert und präzisiert worden, dass ihre Beantwortung möglich wurde, wenn auch Galilei und Kepler selbst nicht die erlösende Antwort fanden – ein halbes Jahrhundert später sollte es Newton gelingen, sie aus ihren Erkenntnissen herauszudestillieren. Immerhin hat

Galilei deutlich zum Ausdruck gebracht, was an seinem Vorgehen so neu war. Gleich zu Anfang des dritten »Tages« der *Discorsi*, an dem die Fallbeschleunigung behandelt wird, sagt er, was der Leser erwarten darf:

»Der Zugang zu einer sehr weiten und vortrefflichen Wissenschaft wird geöffnet werden. Die Anstrengungen, die wir hier unternehmen, werden ihre Elemente bilden, und in ihre verborgeneren Winkel werden Geister vordringen, die weiter sehen als meiner.«

Eine charakteristische Mischung von Bescheidenheit und Selbstbewusstsein spricht aus diesen Worten. Galilei sieht sich als Wegbereiter, gesteht aber freimütig, nicht in die tieferen Geheimnisse eingedrungen zu sein – diese liegen jenseits des Horizonts, in einer unbekannten Zukunft. So hat der selbstbewusste Neuerungsdrang auch »Alexandria« erfasst. Das stolze »neu« fand sich vorher nur in den Titeln von Werken, die man der beschreibend-praxisorientierten Form der Naturerkenntnis zurechnen kann (*Joyful Newes*). Nun spricht Galilei schon im Titel der *Discorsi* von »neuen Wissenszweigen«, und Kepler nennt sein Buch über die Physik des Himmels *Neue Astronomie*. Wie aber konnte es zu dieser revolutionären Transformation kommen? Was hat sie möglich gemacht, und warum hat sie sich, entgegen der gut begründeten Erwartung unseres Trendbeobachters, gerade in Europa ereignet?

Die Antwort auf die Frage, was sie ermöglicht hat, kennen wir eigentlich schon. Die Transformation war als Möglichkeit im griechischen und besonders im alexandrinischen Erbe angelegt. Nicht nur, dass der charakteristische Ansatz der abstrakt-mathematischen Idealisierung von den Alexandrinern eingeführt wurde; Ptolemäus hatte außerdem erkannt, dass eine so weit gehende Abstraktion problematisch war, und Versuche unternommen, die mathematische Form der Naturerkenntnis näher an die Wirklichkeit heranzuführen. Keplers und Galileis überragende Bedeutung liegt darin, dass ihnen dies gelang, und nicht etwa darin, dass sie die Ersten gewesen wären, die sich darum bemühten. Auch die Verwirklichung dieses Ziels ist vor allem dadurch zu erklären, dass sie als Möglichkeit in der kulturellen Transplantation angelegt war, die in den anderthalb Jahrhunderten davor stattgefunden hatte.

Bedeutet dies nun auch, dass jede der drei Transplantationen, die wir untersucht haben, zu einem vergleichbaren Ergebnis hätte führen können, zum Entstehen von »Alexandria plus«? Diese Frage kann man mit Einschränkungen bejahen.

Grundsätzlich erhöhte jede neue Transplantation des alexandrinischen Erbes die Wahrscheinlichkeit einer Entfaltung seines verborgenen Entwicklungspotentials. Das gilt besonders, wenn bei einer Transformation auf bestimmten Fortschritten aufgebaut werden konnte, die bei der vorangegangenen erreicht worden waren. Obwohl die Mathematik, deren sich Kepler und Galilei bei ihren großen Durchbrüchen bedienten, hauptsächlich griechische Geometrie war, blieben die Adaption der »arabischen« Zahlen und die Entwicklung der Algebra nicht ohne Auswirkungen vor allem auf Keplers Werk. Auch das Tusi-Paar kann, sofern Kopernikus es nicht selbständig neu entdeckt hat, indirekt etwas zu dem Durchbruch beigetragen haben.

Bedeutsamer ist allerdings die große Ähnlichkeit des Wiederauflebens griechischer Naturerkenntnis in der islamischen Kultur mit ihrem Wiederaufleben im Europa der Renaissance, auf die wir im vorigen Kapitel hingewiesen haben. Hier ist die Phase des Aufschwungs gemeint, nicht die viel spätere Rückkehr auf ein höheres Niveau in der Phase des Niedergangs, in Persien, Andalusien und dem Osmanischen Reich. Diese hatte ja wie erwähnt viel mit dem Wiederaufleben griechischer Naturerkenntnis im Mittelalter gemeinsam: Wie in der islamischen Kultur die Ausrichtung auf das eigene Goldene Zeitalter, so hatte im mittelalterlichen Europa die Konzentration auf die Lehre des Aristoteles zur Folge, dass sich die Naturforschung in einem – wenn auch weiten – Kreis drehte. Viel mehr Entwicklungsmöglichkeiten gab es in der Zeit des Aufblühens, als der Gesamtbestand griechischer Naturerkenntnis wiederentdeckt wurde. Charakteristisch für den Prozess der Neuentdeckung, Übersetzung, Aneignung und Bereicherung, der damals in Gang kam, sind der Schwung, die ansteckende Begeisterung, die echte Entdeckerfreude. Dieser Prozess entwickelte eine Eigendynamik; was an Entwicklungspotential vorhanden war, bekam zumindest die Chance, sich zu entfalten. Genauer gesagt, die Art von Durchbruch, die Kepler und Galilei als Krönung von anderthalb Jahrhunderten kreativer Weiterentwicklung der alexandrinischen Naturforschung erreichten, überstieg nicht grundsätzlich die Möglichkeiten der Generation, die auf »Alexandriner« vom Format eines al-Biruni oder eines Ibn al-Haitam folgte. Angenommen, die von diesen islamischen Alexandrinern angestoßene Entwicklung wäre *nicht* in einem entscheidenden Moment, um 1050, durch die Invasionen beendet worden, die am Ende ihres Lebens begannen – in diesem Fall hätte in der islamischen Welt ohne weiteres ein Forscher wie Galilei auf den Plan treten können.

Diese Behauptung mag recht gewagt klingen. Empirisch gestützt wird sie durch den hohen Grad an Übereinstimmung zwischen den Goldenen Zeitaltern alexandrinischer Naturerkenntnis in der islamischen Welt und im Europa der Renaissance. Warum hätte die Fortsetzung, zu der es in diesem Fall kam, in jenem Fall von vornherein ausgeschlossen sein sollen? Um die behauptete Parallele noch etwas deutlicher herauszuarbeiten, ist es sinnvoll, den von Galilei zurückgelegten Weg zu verfolgen. (Bei Kepler ist die Sache ein wenig komplizierter, wenn auch nicht grundsätzlich anders.) Galilei begann seine Laufbahn als typischer, ja sogar auffallend puristischer Alexandriner. In seiner ersten Studie versuchte er die Rekonstruktion eines Problems, mit dem sich Archimedes beschäftigt hatte. Für einen Alexandriner kannte er sich außerdem sehr gut mit der aristotelischen Lehre aus; auf sie geht sein wachsendes Interesse am Phänomen des Falls und besonders der Fallbeschleunigung zurück. Mit seinem ersten Versuch, es mathematisch in den Griff zu bekommen, kam er nicht weiter – das Hebelgesetz des Archimedes eignet sich nun einmal nicht dafür. Aber schon diese unvollendete Studie enthält in ein paar Sätzen den Keim zu einem Gedanken, den er später in Padua zur Idee des Verharrens in Bewegung ausarbeiten sollte. Der Schritt von einem rein archimedischen Ansatz zu dem, den wir hier »Alexandria plus« nennen, war alles andere als klein. Obwohl er sehr plötzlich zu kommen schien, lässt er sich in eine Reihe von Zwischenschritten aufgliedern, und Galileis handschriftliche Notizen zeigen, dass er tatsächlich diese Zwischenschritte nacheinander getan hat. In einer anderen Situation, unter anderen Bedingungen hätten sie durchaus auf etwas andere Weise unternommen werden können, auch von verschiedenen Gelehrten, die zusammenarbeiteten oder aufeinanderfolgenden Generationen angehörten. Wenn ich von einem »Forscher wie Galilei« spreche, meine ich also keineswegs, dass sich die Naturforschung in der islamischen Welt, wären die Invasionen ausgeblieben, genauso weiterentwickelt hätte wie fünfeinhalb Jahrhunderte später in Europa. Ich behaupte aber, dass der Endpunkt, zu dem Kepler und Galilei gelangten, die realistisch-mathematische Form der Naturerkenntnis, unter günstigeren Bedingungen auch damals in der islamischen Welt hätte erreicht werden können, wenn auch zweifellos auf etwas anderen Wegen.

Der entscheidende Punkt meiner Überlegungen ist dieser: Die revolutionäre Transformation von »Alexandria« in »Alexandria plus« hätte nicht zwangsläufig in Europa stattfinden müssen. Sie hätte auch ausbleiben können. Sie hätte sich auch in einem anderen Teil der Welt zu einer anderen Zeit ereignen können, und zwar um 1050 in der islamischen Kultur, als Krönung des islamischen Goldenen Zeitalters der Naturerkenntnis.

Man kann allerdings eine Reihe besonderer Umstände dafür verantwortlich machen, dass im Europa der späten Renaissance die Wahrscheinlichkeit eines solchen Durchbruchs relativ hoch war.

Kepler und Galilei waren außergewöhnliche, geniale Individuen, weshalb zumindest denkbar ist, dass ohne sie die revolutionäre Transformation trotz allem ausgeblieben wäre. Genialität allein ist aber nie eine ausreichende Erklärung. Begabung für Mathematik und Naturforschung ist zeitlos, die Frage ist nur, ob sie auch die Chance bekommt, sich zu entfalten. Ohne ein gewisses Maß an Verankerung in der Gesellschaft geht es nicht. In der islamischen Blütezeit der Naturerkenntnis gab es gewiss Entfaltungschancen, im Europa der Renaissance waren sie aber bedeutend größer. Das lag vor allem an den Universitäten als Bildungsinstitutionen der gesamten europäischen Elite: Naturforschung war ein fester Bestandteil des Lehrplans. Die aristotelische Lehre, die dort geboten wurde, wies zwar in eine ganz andere Richtung, aber vielen Studenten wurde immerhin so viel elementares mathematisches Wissen vermittelt, dass ihr Interesse geweckt und ihre Kenntnisse bei ausreichender Begabung vertieft werden konnten. Kepler war der letzte Assistent Tycho Brahes, mehr als 30 waren ihm vorangegangen, und wenn auch anzunehmen ist, dass sie vieles erst von Brahe lernten, so verfügten sie beim Antritt ihrer Stelle doch über das erforderliche Grundwissen. Eine so hohe Zahl von einschlägig Gebildeten gab es in der islamischen Kultur nicht; das Verhältnis war etwa 1 zu 4.

Etwas anderes, das die europäische der islamischen Kultur voraus hatte, der Buchdruck, hat dagegen die Wahrscheinlichkeit einer grundlegenden Transformation nicht oder zumindest kaum erhöht. Auch in der islamischen Welt zirkulierten Texte schnell und waren erschwinglich. Über Handschriften vermitteltes Wissen brauchte dem über gedruckte Bücher vermittelten quantitativ und qualitativ kaum nachzustehen. Es gibt zahlreiche Beispiele für die glänzende Bildung islamischer Gelehrter, durchaus vergleichbar mit der ihrer europäischen Kollegen in Mittelalter und Renaissance, und im Großen und Ganzen braucht ihr Wissen auch den Vergleich mit dem Keplers und Galileis nicht zu scheuen. Wie wir noch sehen werden, hat der Buchdruck zwar einige andere der revolutionären Transformationen, die wir zusammen als Wissenschaftliche Revolution bezeichnen, entscheidend begünstigt. Die von »Alexandria« in »Alexandria plus« dagegen hätte auch in einer Handschriftenkultur stattfinden können.

So bleibt immer noch die Frage, wie dieses »Plus« entstehen konnte. »Plus« bezeichnet hier immer den realistischen Gehalt, den die abstrakt-mathematische Form der Naturerkenntnis bei Kepler und Galilei bekommen hat. Drei weitere Gegebenheiten, die in der islamischen Kultur fehlten, nicht aber in der europäischen, können dabei eine Rolle gespielt haben.

Da ist zunächst Kopernikus' Realismus im ersten Teil seines Hauptwerkes zu nennen. Nun war dies ein Realismus, der im Zusammenhang des Gesamtwerks ungereimt wirkte und bei seinen Zeitgenossen und noch eine Generation nach ihm überwiegend auf Ablehnung stieß; nur in Ausnahmefällen wurde er teilweise akzeptiert, ohne dass man auf diesem Weg weiterging. Kepler und Galilei waren die Einzigen, die den Realismus des ersten Teils von *De Revolutionibus* voll und ganz akzeptierten, in der klaren Erkenntnis, dass der Kontext dringend einer Revision bedurfte. Dass Kopernikus sein Weltbild mit einer sich drehenden und die Sonne umkreisenden Erde seltsamerweise als real verstanden wissen wollte, bot also eine Chance, die leicht hätte verpasst werden können, dank dieser beiden Forscher aber nicht verpasst wurde.

Ein anderer Keim dieses Realismus lag in der auf genaue Beobachtung gegründeten und an praktischem Nutzen orientierten Forschung, die wir als dritte Form europäischer Naturerkenntnis bezeichnet haben. Anders als bei den »Alexandrinern« war dort der Realitätsgehalt der Forschung das Wesentliche. Ich habe darauf hingewiesen, dass es zwischen den drei Formen der Naturerkenntnis in der Regel kaum Austausch gab; gegenseitige Abschottung war der Normalfall. Doch immerhin war Europa vergleichsweise klein und gut bereisbar, und die Gelehrten wussten hier mehr von den Aktivitäten anderer, auch wenn sie nicht der gleichen Denkrichtung angehörten. In der Astronomie war die Nähe am größten, und für Kepler war der Zugang zu Brahes Beobachtungsdaten natürlich ein großer Vorteil. Auch bei Galilei gibt es eine Brücke von der beschreibend-praxisorientierten zur mathematisch-abstrakten Form der Naturerkenntnis. Den Typus experimenteller Bestätigung, dem seine mathematischen Fallgesetze ihren Realitätsgehalt verdanken, konnte er von niemandem übernehmen, weil niemand vor ihm etwas derartiges unternommen hatte. Aber Versuchsreihen eines anderen Typs hatte es schon einmal gegeben. Sie dienten nicht wie bei Galilei zur *Bestätigung* einer hergeleiteten Gesetzmäßigkeit, sondern zur *Entdeckung* noch unbekannter Gesetzmäßigkeiten in der Natur. Auf solche entdeckend-experimentelle Forschung sind wir bei Leonardo da Vinci (Reibung) und Admiral João de Castro (Messungen) gestoßen. In der Zeit vor 1600 ist das aber auch schon alles, von einer Ausnahme abgesehen. Und diese Ausnahme war für Galilei buchstäblich zum Greifen nah. Sein Vater Vincenzo Galilei war nämlich nicht nur ein origineller Komponist, der viel zur Entstehung des neuen monodischen Stils des 17. Jahrhunderts beigetragen hat; als Musiktheoretiker beschäftigte er sich auch mit der Rolle von Konsonanzen und Dissonanzen und mit Stimmungen und führte eine Reihe von akustischen Experimenten durch, unter anderem zum Einfluss der Dicke einer Saite auf die Obertonreihe. Sein Sohn hat ihm dabei bestimmt über die Schulter geschaut und Inspiration für seine späteren Versuche geschöpft, das Phänomen des freien Falls mathematisch in den Griff zu bekommen.

Als weitere Inspirationsquelle für den realistischen Ansatz könnte schließlich die angewandte Mathematik gelten, die von den Jesuiten gepflegt wurde. Das Charakteristische dieser Mathematik, das Rechnen mit realen Phänomenen, erinnert ja auf den ersten Blick stark an Keplers und Galileis Neuerungen, und es ist durchaus denkbar, dass sie die beiden dazu ermutigt hat, den eingeschlagenen Weg weiterzuverfolgen. Allerdings sind die Unterschiede in der Erkenntnisstruktur viel zu groß, als dass man hier von echter Verwandtschaft sprechen könnte. Kepler und Galilei stürzten sich mutig in ein Denkabenteuer mit unbekanntem und unvorhersehbarem Ausgang – das ist gerade das Großartige daran. In der angewandten Mathematik jener Zeit standen die Ergebnisse schon fest, sie waren durch die Leitgedanken des aristotelischen Denkschemas vorgegeben. Offen war nur, ob und wie man diese Leitgedanken im Einzelfall noch rechnerisch ausbauen konnte.

Ein Aristoteliker, ob an Quantifizierung interessiert oder nicht, wusste schon, wie die Welt beschaffen ist; nur auf untergeordneten Gebieten gab es noch etwas zu entdecken. Für Kepler und vor allem Galilei dagegen gilt, dass die Naturwelt noch beinahe unentdeckt vor ihnen lag – so war es bei den alten Griechen und Chinesen, und nun schien es wahrhaftig wieder so zu sein. Unsere Welt, behaupteten beide, ist ihrem Wesen nach mathematisch konstruiert. Galilei bezeichnete die Mathematik als die Sprache, in der das Buch der Natur geschrieben sei. Kepler sagte, die Geometrie sei vor den Dingen und ewig, sie habe Gott die Urbilder für die Erschaffung der Welt geliefert. Beide glaubten, dass die Naturforschung erst am Anfang stand, dank der Mathematik, in der sie das Instrument zur zweiten Erschaffung der Welt gefunden hatten.

Beeckman und Descartes: Von »Athen« zu »Athen plus«

Ein, zwei Jahrzehnte später wird in einem anderen Teil Europas ebenfalls ein Versuch unternommen, die Welt zum zweiten Mal zu erschaffen, allerdings nicht auf mathematischem, sondern auf philosophischem Weg. Diesmal ist es die antike Atomlehre, die eine tiefgreifende Veränderung erfährt. Auch hier ist es angebracht, von einer revolutionären Transformation zu sprechen, wenn auch mit Einschränkungen. Anders als bei der Umformung »Alexandrias« in »Alexandria plus« bleibt nämlich in »Athen plus« die überkommene Erkenntnisstruktur gänzlich unangetastet. Inhaltlich wandeln sich die philosophischen Leitgedanken zwar beträchtlich, aber auch in diesem Fall wird für die – neu formulierten – Grundlagen jeglicher Naturerkenntnis wieder vollkommene Gewissheit beansprucht, sollen alle Naturphänomene aus genau diesen und keinen anderen Leitgedanken heraus zu erklären sein.

Der größte Pionier dieser revolutionären Transformation heißt René Descartes, aber der Erste war er nicht. Das war sein älterer Freund Isaac Beeckman. Dass Beeckman bis heute kaum bekannt ist, hängt damit zusammen, dass dieser aus Zeeland stammende Theologe, Rohrverleger, Kerzenmacher und Gymnasialdirektor nie eine zusammenhängende Darstellung seiner Weltsicht vorgelegt hat. Dennoch ist es möglich, aus seinen bis in die Leidener Studienzeit zurückreichenden Tagebuchaufzeichnungen eine mehr oder weniger konsistente Naturphilosophie zu rekonstruieren, mit der er beträchtlichen Einfluss ausgeübt hat – vor allem auf Descartes. Die beiden sind sich 1618 in Breda begegnet, wo Descartes als junger Soldat im Heer des Prinzen Maurits in Garnison lag, als der acht Jahre ältere Beeckman aus Middelburg zu Besuch kam, »um Oheim Pieter bei der Arbeit zu helfen und auch um zu freien«. Tatsächlich hat er später die schöne Bredaerin geheiratet, um deren Hand er anhalten wollte. Descartes war ein mehr aufs Systematische bedachter, auch genauerer und philosophisch viel gründlicher geschulter Denker als Beeckman. Er war das Genie, der andere nur ein Mann von außergewöhnlichen Gaben, und es ist gut möglich, dass Descartes seine Naturlehre auch ohne die Inspiration durch Beeckman entworfen hätte. Descartes selbst war sich aber keineswegs sicher, dass die Geschichte ein solches Urteil fällen würde. Als er 1628 wieder in die Niederlande kam, um dort seine zur Reife gelangte Naturlehre dem Papier anzuvertrauen, stellte er zu seinem Schrecken fest, dass der ältere Freund nun auch eine systematische Darstellung seiner Naturlehre in Angriff nahm. Mit zwei ebenso gehässigen wie verlogenen Briefen konnte er den überbescheidenen Beeckman so einschüchtern, dass dieser den Versuch gleich wieder aufgab. Nach Beeckmans Tod verschwand sein Tagebuch, erst Anfang des 20. Jahrhunderts tauchte es wieder auf, dann verging noch einmal ein halbes Jahrhundert, bis es veröffentlicht wurde.

Deutlicher als Descartes' Werk lässt Beeckmans Tagebuch erkennen, worin die Transformation bestand. Descartes war nämlich immer darauf bedacht, sich als derjenige zu präsentieren, der die Welt von Grund auf neu gedacht hat, der bei Null anfangen musste und keinem Vorläufer auch nur das Geringste schuldete – keine zweite Erschaffung eigentlich, sondern der Schöpfungsakt selbst.

Beide waren davon überzeugt, dass die Welt aus nichts anderem als unsichtbar kleinen, undurchdringlich harten, vielgestaltigen Materieteilchen aufgebaut sei, die sich vorübergehend zusammenballen, ansonsten aber unaufhörlich in Bewegung sind. Das war noch nichts Neues – genau dies behauptete ja auch die antike Atomlehre, die bis dahin unter den vier athenischen Naturphilosophien keine sehr wichtige Position einnahm. In der Spätzeit der römischen Republik und der frühen Kaiserzeit war die Stoa die dominierende Philosophie gewesen, in der späten Kaiserzeit die Lehre Platons. Daneben hatte sich in der islamischen Kultur die aristotelische Lehre durchgesetzt, um in Andalusien und auch im mittelalterlichen Europa eine beherrschende Stellung zu erobern. Diese blieb ihr in der Renaissance erhalten, obwohl sie dann wieder die alten Rivalinnen neben sich dulden musste. Auch die Atomlehre also, die in der islamischen Kultur nur eine untergeordnete Rolle als Element einer spekulativen Theologie gespielt und in Europa während der Herrschaft Karls des Großen einen kurzen Aufstieg erlebt hatte. Schon 20 Jahre nach dem Fall Konstantinopels erschien der wichtigste Quellentext zur antiken Atomlehre, Lukrez' Lehrgedicht *De rerum natura* (*Über die Natur der Dinge*), im Druck. Aber erst an der Wende vom 16. zum 17. Jahrhundert wird sein Einfluss erkennbar: Bei einigen Naturphilosophen verschob sich die von Aristoteles geprägte Materievorstellung ein wenig in Richtung der Atomlehre. Einer von ihnen war Beeckman, der dieser neuen Vorstellung bald, um 1610, etwas Eigenes hinzufügte. Dieses Eigene waren Gedanken zur Bewegung der Atome. Die antike Atomlehre interessierte sich fast ausschließlich für die Teilchen selbst, für ihre Größe, ihre Härte und vor allem ihre Form. So erklärte Lukrez die Bitterkeit mancher Substanzen aus der spitzen Form der Teilchen, aus denen sie zusammengesetzt sind – unsere Zunge wird von ihnen buchstäblich zerstochen. Die Frage, wie sich die Atome bewegen, wurde dagegen kaum gestellt.

Beeckman stellte sie. Unabhängig von Galilei entwickelte er eine ganz ähnliche Vorstellung von Bewegung. »Was sich einmal bewegt, bewegt sich immer, so es nicht daran gehindert wird«, schrieb er seit 1613 mehrmals in sein Tagebuch. Bei Galilei galt dies für Bewegung parallel zum Horizont, also für kreisförmige. Beeckman glaubte, dass sowohl geradlinige als auch kreisförmige Bewegung erhalten bleibt, außer wenn der Gegenstand durch irgendetwas aufgehalten wird. Ausgehend von dieser Bewegungsvorstellung versuchte er zahlreiche sehr unterschiedliche Naturphänomene zu erklären, immer auf der Grundlage seiner Leitgedanken.

Die so gefundenen Erklärungen fielen in der Regel wesentlich spezifischer und detaillierter aus als in der antiken Atomlehre. Dort war Schall sehr vage als Teilchenstrom erklärt worden, der im Sprechorgan seinen Ausgang nimmt, dann auf unser Gehörorgan trifft und dort als Schall wahrnehmbar wird. Nach Beeckmans Ansicht entsteht Schall, wenn zum Beispiel eine Saite die Luft durch ihre Schwingung in kleine Teilchen spaltet und diese in alle Richtungen aussendet. Je schneller die Saite schwingt, desto feiner die Teilchen und desto höher ihre Geschwindigkeit, und sie treffen entsprechend härter und in kürzeren Abständen auf unser Trommelfell. Bis in Einzelheiten auf der Ebene der Nerven und des Gehirns erklärte Beeckman, wie die schnellere Bewegung feinerer Teilchen einen höheren Ton erzeugt. Ebenso, wie eine größere Anzahl von Teilchen pro Saitenschwingung die Empfindung größerer Lautstärke hervorruft. Immer gibt er eine Eins-zu-eins-Erklärung: Ein bestimmtes Phänomen, das wir in der Makrowelt wahrnehmen, entspricht einem besonderen Teilchenmechanismus in der Mikrowelt.

Eine Erklärung dieser Art fand Beeckman auch für ein Phänomen, das sympathetische Resonanz genannt wurde (und noch wird). Wenn eine Saite angerissen, angestrichen oder angeschlagen wird, kommt es vor, dass eine andere in einiger Entfernung spontan mitzuklingen scheint. Zusammen mit der mysteriösen Anziehung von Eisen durch Magnete diente dieses Phänomen als Standardbeispiel für die angebliche Wirkung geheimnisvoller Übereinstimmungen und okkulter Kräfte, die im magischen Weltbild eine so herausragende Rolle spielten. Beeckman betonte, dass an diesen Erscheinungen nichts Geheimnisvolles sei und dass »Sympathie« nichts mit ihnen zu tun habe. In Wirklichkeit, so behauptete er, rufe die Schwingung der Saite Verdünnungen und Verdichtungen der Luft in rascher Folge hervor, die dann ihrerseits eine andere Saite in Schwingung versetzen.

Für den heutigen Physiker kommt diese Erklärung dem wahren Sachverhalt schon verhältnismäßig nah, während die Erklärung von Schallerzeugung als Aufspaltung der Luft in Teilchen purer Unsinn ist. Für den Historiker ist etwas anderes wichtig. Dank der Konzentration auf die besonderen Bewegungen der Materieteilchen können naturphilosophische Erklärungen »physikalischen« in unserem heutigen Sinn um einiges ähnlicher sein als die der antiken Atomlehre. Die zur Erklärung herangezogenen Mechanismen sind nämlich wesentlich spezifischer. Ob bestimmte Erklärungen richtig sind oder nicht, spielt für uns zunächst eine geringere Rolle. Die »athenische« Erkenntnisstruktur verfügte außerdem kaum über Mittel zur Unterscheidung zwischen richtig und falsch. Die Teilchen und ihre Bewegungen waren bloße Annahmen, nichts von dem, was hier postuliert wurde, war für das bloße Auge sichtbar. Die Annahmen folgen zwar aus den Leitgedanken; welche Folgerungen aber aus diesen Leitgedanken auf der Ebene der einzelnen Phänomene zu ziehen sind, darüber können die Meinungen weit auseinander gehen.

So dachte Descartes über das Verhalten von Teilchen im Raum ganz anders als Beeckman. Dieser stimmte mit der Annahme der antiken Atomlehre überein, dass die Atome sich durch den leeren Raum bewegen, Descartes dagegen akzeptierte die Vorstellung eines Vakuums nicht. Materie und Raum waren für ihn identisch. Außerdem glaubte er, dass die Gesamtmenge der Bewegung im Universum konstant bleibe – was hier verschwindet, kommt anderswo hinzu. Teilchen können also nur durch Ortstausch an eine andere Stelle gelangen. Ein Teilchen drückt ein anderes fort, dieses wieder ein anderes, und so gruppieren sich die Teilchen zu kleineren und größeren Materiewirbeln. In dem Werk, in dem Descartes all diese Gedanken entwickelt, *Principia Philosophiae* (1644), spielen solche Wirbel eine bedeutende Rolle bei der Erklärung vieler unterschiedlicher Phänomene. Die Leitgedanken seiner Naturphilosophie, aus denen alle Erklärungen folgen, formulierte er viel strenger und systematischer als Beeckman. Die Konstanz der Gesamtmenge an Bewegung, die Regel, dass ein Gegenstand in seiner geradlinigen Bewegung verharrt, und die Relativität von Bewegung, dies sind Aussagen, die bei Descartes die Form von Naturgesetzen annehmen. Das war damals etwas Neues; Descartes postulierte hier natürliche Regelmäßigkeiten, die unveränderlich sind und überall im Universum auftreten. Die Idee des Naturgesetzes gehört zum Wichtigsten, das er zur Wissenschaftlichen Revolution beigetragen hat.

Es ist die neue Vorstellung von Bewegung, die jetzt die klassische Atomlehre wiederbelebt und ihr einen – zumindest annäherungsweise – »modernen«, »physikalischen« Charakter verleiht. Bei der revolutionären Transformation »Athens« in »Athen plus« besteht das »Plus« vor allem darin. Und so stellt sich die Frage, wie es zu dieser Transformation kommen konnte.

Wie bei »Alexandria plus« ist die Frage schon halb beantwortet, wenn man feststellt, das hier etwas im »athenischen« Erbe Angelegtes endlich zur Entfaltung kam. Was aber die *Möglichkeit* einer solchen Entfaltung angeht, so liegt der Fall hier etwas anders. Diese Möglichkeit ergab sich im Europa der Renaissance zum ersten Mal, was an den Zufälligkeiten der Textüberlieferung liegt: Das Wenige, das in der islamischen Welt über die antike Atomlehre bekannt war, stammte nämlich nicht aus den Quellen, sondern allein aus Aristoteles' Widerlegungsversuchen. Und die Spekulationen islamischer Theologen über einen letztlich atomaren Aufbau der Materie blieben abstrakt. Eine Verbindung zu Naturphänomenen, die sich mit atomistischen Vorstellungen hätten erklären lassen, wurde nicht hergestellt.

Drei Umständen ist es zu verdanken, dass die Wahrscheinlichkeit einer Weiterentwicklung der Atomlehre in Europa um einiges höher war. Europa verfügte wieder über die wichtigste Quelle, Lukrez' Lehrgedicht *Über die Natur der Dinge.* In Europa gab es außerdem die Universitäten, an denen die gesamte Elite Generation für Generation eine solide naturphilosophische Bildung erhielt. Zwar konzentrierte sich diese Bildung in der Regel auf die Lehre des Aristoteles, aber sie schulte zumindest in philosophischem Denken. Und je mehr Individuen in die Naturphilosophie eingeführt wurden, desto größer war die Wahrscheinlichkeit, dass kritische Geister sie weiterentwickelten – vor allem als die Lehre des Aristoteles ihr Monopol einbüßte und die alten naturphilosophischen Rivalinnen wieder den Schauplatz betraten. Sowohl bei Beeckman als auch bei Descartes ist eine solche Entwicklung deutlich erkennbar. Aber das Einnehmen einer kritischen Haltung zur vorherrschenden Naturphilosophie ist noch nicht das Gleiche wie die Hinwendung zu einer anderen, ganz zu schweigen von einer radikalen Umformung dieser anderen. Als Erklärung lässt sich hier bestenfalls anführen, dass die Atomlehre leichter zu transformieren war als ihre Rivalinnen; sie war nicht so vergeistigt wie die Lehre Platons und in ihren Leitgedanken ein wenig flexibler als die Stoa oder die Lehre des Aristoteles.

Damit ist allerdings immer noch nicht erklärt, woher die neue Vorstellung von Bewegung, das »Plus« dieser Transformation, nun eigentlich kam. Sie war insofern nicht neu, als sie schon zwei Jahrzehnte, bevor Beeckman und dann auch Descartes damit arbeiteten, von Galilei entwickelt worden war, wenn auch im Rahmen der »alexandrinischen« Form der Naturerkenntnis. Was brachte die beiden »Athener« dazu, den gleichen Schritt zu tun?

Für Descartes ist die Frage leichter zu beantworten als für Beeckman – 1618 in Breda stieß Descartes in Gesprächen mit seinem Freund auf diese neuen Gedanken. Woher der Freund selbst sie hatte, bleibt jedoch ein Rätsel. Der Satz »Was sich einmal bewegt, bewegt sich immer, so es nicht daran gehindert wird« taucht schon sehr früh in Beeckmans Tagebuch auf, ohne erkennbare Vorbereitung oder einen bestimmten Zusammenhang. Die Wahrscheinlichkeit, dass er den Gedanken der Erhaltung von Bewegung Galilei verdankt, ist gleich null. Im Jahr 1613 hatte Galilei ihn noch nirgendwo geäußert, erst recht nichts dazu veröffentlicht. Außerdem hat Beeckman immer gewissenhaft notiert, was er von wem übernahm. Wir müssen uns mit der Feststellung begnügen, dass innerhalb eines Zeitraums von etwa 20 Jahren zwei sehr unterschiedliche Denker, Repräsentanten zweier gegensätzlicher Formen der Naturerkenntnis, auf verschiedenen Wegen zur gleichen grundlegenden Idee gelangt sind. War möglicherweise das Europa der späten Renaissance ein besonders günstiger Nährboden für eine solche Idee? Diese Frage lässt sich besser beantworten, wenn wir noch eine dritte revolutionäre Transformation kennengelernt haben, die sich in der gleichen Zeit vollzog.

Bacon, Gilbert, Harvey, van Helmont: Von der Beobachtung zum entdeckenden Experiment

Um die Mitte des 15. Jahrhunderts hatte der Fall von Konstantinopel eine neuerliche Transplantation der beiden griechischen Formen der Naturerkenntnis ausgelöst. Sozusagen in deren Windschatten entfaltete sich im Europa der Renaissance noch eine dritte Form der Naturerkenntnis, deren Kennzeichen genaue Beobachtung und Ausrichtung auf den praktischen Nutzen waren. Auch in dieser dritten Form kam es um 1600 zu einer revolutionären Transformation. Verantwortlich dafür waren zwei Engländer und ein Flame. Ein visionäres Programm und eine detaillierte Methodologie steuerte ein weiterer Engländer bei, kein geringerer als Francis Bacon, Baron von Verulam, Lordkanzler König Jakobs I., bevor er in Ungnade fiel. Während einer Englandreise meinte der noch junge Dichter und Diplomat Constantijn Huygens, Christiaan Huygens' Vater – auch er nicht von Zweifeln an seinen Fähigkeiten geplagt –, dieser Bacon sei der eitelste Mensch, dem er je begegnet sei.

Von den beiden griechischen Formen der Naturerkenntnis hatte Bacon keine hohe Meinung. »Alexandria« ignorierte er weitgehend – die Umwälzung, die sich hier vollzog, entging ihm –, während er nicht aufhörte, gegen »Athen« zu wettern. Von einem intellektualistischen *Top-down-Approach* hielt er nichts. Wissen über die Natur sollte *bottom-up* erworben werden, nicht über vorgefasste Ansichten in Form von Leitideen, sondern über unbefangene Beobachtung. Wie in jener dritten Form der Naturerkenntnis also, nur dass dort Zusammenhang und Ziel fehlten; ameisengleich trügen die Beobachter kleine Wissensbröckchen zusammen, ohne sie zu etwas Solidem zu verarbeiten. Das Sammeln von Naturwissen müsse systematisch angegangen werden, nach dem Vorbild der Bienen. Bacon forderte gemeinschaftliche, organisierte Forschung, methodische Verarbeitung des Materials. Der auf diese Weise gewonnene Honig sei schließlich das, worum es eigentlich gehe. Wissen über die Natur, so wurde Bacon nicht müde zu wiederholen, sei sowohl Mittel als auch Voraussetzung für jede Verbesserung des menschlichen Daseins. Sofern es dem Menschen gegeben sei, Adams Sündenfall wiedergutzumachen, brauche er dafür Naturerkenntnis. Ihr Zweck sei letztlich »the effecting of all things possible«, wie es eines seiner unsterblichen Schlagwörter ausdrückt. Aber auch das Umgekehrte gelte, eine Beherrschung der Natur sei nur durch Erkenntnis ihrer inneren Gesetze möglich: »Die Natur nämlich läßt sich nur durch Gehorsam bändigen.«

Die Möglichkeiten der Gemeinschaftsarbeit sah Bacon vor allem im Handwerk und bei den Entdeckungsreisen verwirklicht. In seinem utopischen Werk *Nova Atlantis* entwarf er eine Gesellschaft, deren geistiges Zentrum das »Haus Salomons« bildet, eine Vereinigung, die systematisch Wissen sammelt und verarbeitet: Nicht weniger als 18 verschiedene Gruppen von Gelehrten arbeiten dort eng zusammen, die Organisation ist streng hierarchisch. So werden vom Haus Salomons beispielsweise »Händler des Lichts« ausgesandt, die sämtliches Wissen anderer Völker sammeln sollen, auch Instrumente und Muster jeder Art (im Grunde eine frühe Form von Wissenschaftsspionage).

Die Methodik, die Bacon entwarf, sah folgendermaßen aus: In einer Liste wird festgehalten, unter welchen Bedingungen ein bestimmtes Phänomen auftritt, zum Beispiel Wärme – bei Sonnenlicht, bei manchen chemischen Reaktionen –, wobei Vollständigkeit angestrebt wird. In einer zweiten Liste wird aufgeführt, unter welchen – verwandten – Bedingungen das Phänomen nicht auftritt, Wärme zum Beispiel nicht bei Mondlicht. Durch systematischen Vergleich beider Listen wird eine erste Generalisierung möglich; so ergibt sich etwa, dass Wärme immer mit Bewegung einhergeht. Ausgehend von diesen Generalisierungen kann man auf der nächsthöheren Ebene neue Listen aufstellen; das Vorgehen wird wiederholt, bis man bei den allgemeinsten Regelmäßigkeiten ankommt, die in der Natur zu entdecken sind.

Wer diese Methodik wörtlich auffasste, musste leider bald feststellen, dass sie unbrauchbar war. Das gilt allerdings nicht für ihr eigentlich revolutionäres Element. Zum Zweck des systematischen Aufspürens von Korrelationen wollte Bacon die Natur nämlich notfalls einer peinlichen Befragung unterziehen. Gibt sie dem Beobachter nicht freiwillig ihre Geheimnisse preis, muss er sich eine künstliche Versuchsanordnung ausdenken, die sie zwingt, die Eigenschaften bestimmter Phänomene zu offenbaren. Ihm schwebte also ein entdeckendes Experimentieren vor, etwas ganz anderes als das auf Bestätigung ausgerichtete, mit dem zur gleichen Zeit Galilei mathematische und natürliche Wirklichkeit zu vereinigen suchte. Und auch hier sind praktische Verbesserungen das Hauptziel. So regte Bacon Schallexperimente an, mit denen Möglichkeiten einer Verstärkung des Schalls bei der Erzeugung oder beim Empfang untersucht werden sollten, um Tauben das Leben zu erleichtern.

Bacon war das typische Beispiel eines Theoretikers, der predigt, was er selbst nicht umsetzen kann. Er hat zwar viele Bücher mit Beschreibungen von Versuchsanordnungen gefüllt, aber mit der praktischen Ausführung mochte er sich nicht die Finger schmutzig machen. Nicht zu Unrecht höhnte William Harvey, der Leibarzt von Jakobs Nachfolger Karl I., Bacon behandle die Natur wie ein wahrhafter Kanzler.

Harvey selbst war ein fähiger Experimentator. Um die Jahrhundertwende hatte er in Padua Medizin studiert und sich dort das neueste anatomische Wissen angeeignet, das auf den genauen Beobachtungen Andreas Vesalius' und seiner Nachfolger beruhte. Zurück in England, entwickelte er dieses Wissen weiter, soweit ihm seine ärztlichen Verpflichtungen dafür Zeit ließen. Deutlicher als jeder seiner Lehrmeister sah Harvey, dass sich die neu gewonnenen Erkenntnisse über das Herz und die Blutgefäße eigentlich nicht mit den gängigen Vorstellungen von der Funktion der Körperteile vereinbaren ließen. Der griechisch-römische Arzt Galen hatte Blut als Leben spendende Flüssigkeit aufgefasst, die in der Leber aus Nährstoffen gebildet wird und sich danach im Herzen und im Gehirn mit »Lebensgeistern«(!) beziehungsweise »animalischen Geistern« verbindet. Laut Galen fließt das Blut aus Leber und Herz durch die Adern in alle Teile des Körpers, die ihm Nahrung entnehmen und es verbrauchen, ohne dass ein Rückstrom stattfindet.

Dabei wurde vorausgesetzt, dass das Blut durch »Poren« aus der rechten in die linke Herzkammer sickert. Vesalius hatte herausgefunden, dass es eine solche Verbindung zwischen den Herzkammern nicht gibt. Kurz danach wurde Galens Lehre von den Körperfunktionen, die ansonsten alles, was man über den menschlichen Körper wusste, zu einem schönen, übersichtlichen Bild zusammenfügte, noch einmal gerettet, und zwar durch die Entdeckung des »kleinen Blutkreislaufs« von der rechten Herzkammer über die Lunge zur linken.

Das schöne Gesamtbild geriet aber noch durch etwas anderes in Gefahr. Harvey beschäftigte sich vor allem mit dem Herzen, und durch Vivisektion, hauptsächlich von Hunden, entdeckte er, dass die wichtigste Bewegung des Herzens nicht die Ausdehnung ist, wie Galens System es voraussetzt, sondern das Zusammenziehen. Außerdem schätzte er, wieviel Blut das Herz bei jedem Zusammenziehen in die Schlagadern presst. Wie sich herausstellte, ist das in einer halben Stunde schon mehr, als der Körper überhaupt an Blut enthält. Wo sollte all das Blut bleiben, wenn es nicht durch die Adern zum Herzen zurückkehrte? Der Blutkreislauf musste also geschlossen sein, das Herz arbeitet wie eine Pumpe. Für Harvey ist es aber viel mehr als eine Pumpe, es ist das Fundament des Lebens, es reinigt das Blut und nährt und erhält dadurch den gesamten Körper – in einem ununterbrochenen Kreislauf, der im Kleinen den Umlauf der Sonne um die Erde widerspiegelt. Hier und auch in seinen späteren Werken zur Fortpflanzung erweist sich Harveys Weltbild als »vitalistisch«. Es gibt darin keine Trennung zwischen belebter und unbelebter Natur, und alle Naturphänomene werden letztlich aus der Wirkung irgendeines formbildenden oder lebensspendenden Urprinzips erklärt.

1628 machte Harvey seine Entdeckung in dem Buch *Die Bewegung des Herzens und des Blutes* bekannt. Charakteristisch ist darin die Kombination von drei einander wechselseitig beeinflussenden Elementen: entdeckend-experimentelle Forschung, Annahmen über den Zusammenhang der beobachteten Phänomene und im Hintergrund die Vorstellung einer lebendigen und beseelten Welt. Diese Kombination findet sich auch im Werk zweier weiterer Pioniere des entdeckenden Experiments, William Gilbert und Jan Baptista van Helmont.

Gilbert war Leibarzt Königin Elisabeths, der Vorgängerin Jakobs I. Im Jahr 1600 veröffentlichte er ein Buch mit dem Titel *De Magnete* (Über den Magneten). Was Pierre de Maricourt fast vier Jahrhunderte zuvor begonnen hatte, führte er systematisch experimentierend fort. So entdeckte er, dass die

Entfernung, über die ein Magnet die Ausrichtung eines Stücks Eisen verändert, größer ist als die Entfernung, über die er es anziehen kann. Das veranlasste ihn dazu, von einer »Wirkungssphäre« des Magneten zu sprechen; damit ist der moderne Feldbegriff schon vorgebildet. In vielen seiner Experimente ging es um die Kompassnadel und ihre Abweichung vom geographischen Nordpol. Eines seiner Hauptanliegen war es, zwei Phänomene klar voneinander zu trennen, die für die Griechen gleich geheimnisvoll gewesen waren und auch oft gleichgesetzt wurden: die Anziehung von Eisen durch einen »Stein aus Magnesia« und die Anziehung von kleinen leichten Teilchen, zum Beispiel Papierschnipseln, durch geriebenen Bernstein (griechisch *elektron*). Er stellte fest, dass Magnetismus nur bei Eisen auftritt, dass aber »elektrische« Anziehung auch durch das Reiben von Glas oder Schwefel hervorgerufen werden kann.

Der vollständige Titel verrät mehr von dem, worum es Gilbert in seinem Buch ging. Er lautet übersetzt: »Neue Physiologie, demonstriert durch diverse Argumente und auch Experimente, betreffend den Magneten und magnetische Körper und den großen Magneten, die Erde«. Gilbert stellte als Erster die These auf, dass die Erde aus Eisen sei, nur in der Kruste gebe es Verunreinigungen. Die Natur ist für ihn beseelt und ganz von Leben erfüllt, der Erdmagnetismus die Form, in der sich die Weltseele ausdrückt.

Wie erwähnt stand eine etwas andere Vorstellung von einer beseelten Welt im Mittelpunkt der chemischen Lehre des Paracelsus. Auch diese erfuhr zur gleichen Zeit eine Transformation durch experimentelle Neuausrichtung. Der flämische Arzt, Naturforscher und Chemiker Jan Baptista van Helmont entwickelte Paracelsus' Lehre in Einzelbereichen weiter, ohne ihren Kern anzutasten, nämlich die Zusammensetzung von Mensch und Kosmos aus den drei Grundsubstanzen *Sulphur* (Schwefel), *Merkurius* (Quecksilber) und *Sal* (Salz). Revolutionär war vor allem van Helmonts Versuch, die Befunde des Paracelsus in quantitativer Hinsicht und auf experimentellem Weg zu präzisieren. So untersuchte er genau, auf welche Weise eine Säure und eine Base sich gegenseitig neutralisieren. Dabei beschränkte er sich nicht darauf, Chemikalien in Reagenzgläsern zusammenzubringen. Einmal träufelte er sich Magenflüssigkeit eines Sperlings auf die Zunge; dieser Selbstversuch verhalf ihm zu der Entdeckung, dass der erwähnte Neutralisierungsprozess auch bei der Verdauung eine Rolle spielt. Bei alldem war auch van Helmont eindeutig Vitalist, er nahm an, dass alle Vorgänge in der Natur auf »lebensspendende Samen« zurückzuführen seien.

So unterschiedlich die Fragestellungen bei diesen vier Pionieren der ent-deckend-experimentellen Forschung auch waren, es gab doch einige wesent-liche Gemeinsamkeiten: die Vorstellung einer beseelten Welt; die Orientie-rung an der Praxis und am Handwerk; die Bereitschaft, die Natur zum Hervorbringen nicht spontan auftretender Phänomene zu provozieren; schließlich (außer bei Bacon) eine Gabe, Zusammenhänge zwischen den Phänomenen aufzuspüren. Hin und wieder verwendeten sie dabei einfache Instrumente. Gilbert zum Beispiel entdeckte mit Hilfe einer speziellen, ver-tikal frei beweglichen Lagerung der Magnetnadel, dass sich die Neigung der Nadel mit der geographischen Breite verändert.

Für all dies gab es durchaus Vorbilder. Versuchsreihen des entdeckenden Typs hatte es schon gegeben, bei Leonardo da Vinci, Vincenzo Galilei und João de Castro. Jetzt, um 1600, wird diese Art von Forschung in größerem Umfang und vor allem systematischer betrieben, vor dem Hintergrund eines oft magisch, immer aber vitalistisch gefärbten Weltbildes, das als solches mehr oder weniger intakt bleibt. Von den drei revolutionären Transformati-onen, die wir hier untersuchen, ist diese die am wenigsten radikale, hier wird noch relativ viel Vorangegangenes weitergeführt. Die Frage nach den Ursa-chen dieser Revolution ist deshalb verhältnismäßig einfach zu beantworten. Mehr als die beiden anderen war sie als Möglichkeit im unmittelbar Voran-gehenden angelegt: in Europas »dritter« Form der Naturerkenntnis. Um 1600 verdichtet sich die praktisch ausgerichtete, genaue Beobachtung zum entdeckenden Experiment, wobei immer häufiger Kunstgriffe angewendet werden, um Naturphänomene hervorzurufen, die nicht von selbst auftreten. Hier lag unser Trendbeobachter weniger falsch als in den anderen Fällen – wir haben ihn im Jahr 1600 aus dem aktuellen Trend folgern lassen, dass die Blütezeit dieser dynamischen, der Zukunft zugewandten Form der Natur-erkenntnis noch eine Zeitlang andauern könnte. Nur die revolutionäre Wen-dung zu einem viel systematischeren experimentellen Ansatz hat er natürlich kaum vorhersehen können.

Viel gründlicher geirrt hat er sich, was die beiden anderen revolutionären Transformationen angeht, den neuen *Realismus* der mathematischen Form der Naturerkenntnis und die Erklärungsansätze, die in der Naturphilosophie durch die Konzentration auf die *Bewegungen* von Materieteilchen möglich wurden. Vor allem konnte unser Trendbeobachter nicht vorhersehen, *dass* sich in den ersten Jahrzehnten des 17. Jahrhunderts revolutionäre Transfor-mationen vollziehen würden, und dann auch noch drei nahezu gleichzeitig. Bisher haben wir diese drei jeweils für sich untersucht und dabei auch einige

Erklärungen gefunden, die zumindest teilweise für jede etwas anders ausfielen. Aber wie ist es zu erklären, dass die drei Revolutionen fast gleichzeitig ausbrachen? Diese Frage ist noch offen, und sie wollen wir nun zu beantworten versuchen.

Warum Europa?

Die moderne Naturwissenschaft, die im 17. Jahrhundert entstand, und die durch sie möglich gewordene moderne Technik, die sich im frühen 19. Jahrhundert entwickelte, haben Europa etwas welthistorisch völlig Neues beschert: Wohlstand und Luxus für mehr als eine kleine Elite und die Herrschaft über den gesamten Globus. Mittlerweile verteilen sich dieser Wohlstand und Luxus auf immer mehr Erdenbewohner, und von der globalen Herrschaft ist kaum etwas übrig. Aber von dem im 19. Jahrhundert entstandenen Selbstbild Europas ist sehr viel in unserem kollektiven Bewusstsein haften geblieben. Das Wesentliche an diesem Selbstbild war der Glaube an die Überlegenheit Europas über alle anderen Kulturen: Welchen Umständen sollte Europa seinen Wohlstand und seine Dominanz verdanken, wenn nicht seinen einzigartigen, überlegenen Eigenschaften? Was genau Europa so überlegen machte, dazu sind im Lauf der Zeit die unterschiedlichsten Meinungen vertreten worden. Man suchte das entscheidende Plus in einer Überlegenheit der »weißen Rasse«, im ausschließlich europäischen Kapitalismus, im westlichen Pluralismus (im Unterschied zum orientalischen Despotismus), im europäischen Individualismus (gegenüber außereuropäischem Gruppendenken), in der Dynamik einer jungen Kultur (im Vergleich zum statischen Charakter der ermüdeten älteren), oder man verband all diese Aspekte. Und die Ursprünge all dessen, was die europäische angeblich von anderen Kulturen unterschied, suchte man dann in der europäischen Vergangenheit, wobei man bis zur Renaissance oder gar ins frühe Mittelalter zurückging.

Seit einigen Jahren gewinnt in der Geschichtswissenschaft eine Strömung an Einfluss, die meist »Globalgeschichte« genannt wird und diese überkommenen Vorstellungen radikal in Frage stellt. Erklärungen mit angeblichen »Rassenunterschieden« waren ohnehin längst – und zu Recht – auf den Kehrichthaufen befördert worden. Nun werden immer mehr Argumente für die These angeführt, dass bis ins frühe 19. Jahrhundert hinein die strukturellen

Unterschiede zwischen China, Japan, Indien, dem Osmanischen Reich und Europa gar nicht so bedeutend gewesen seien und dass sich die spätere große Ungleichheit deshalb nicht zwangsläufig habe entwickeln müssen. Natürlich habe es auch in der »alten« Welt beträchtliche Unterschiede zwischen den Kulturen gegeben, aber zwischen *allen* Kulturen; man könne sie nicht auf einen polaren Gegensatz zwischen »the West« und »the rest« reduzieren. In Europa sei der Staat nicht so schwach und in anderen Teilen der Welt nicht so stark gewesen, dass sich damit die extrem unterschiedlichen späteren Entwicklungen erklären ließen. Auch von der Ansicht, in den östlichen Kulturen hätten größere Armut oder Indolenz die Entwicklung gehemmt, bleibe bei genauerer Untersuchung nicht viel übrig.

Vieles an diesen Thesen ist in meinen Augen erhellend und überzeugend. Vor allem begrüße ich das Wesentliche daran, die Befreiung von den Beschränktheiten des alten Bildes. Deshalb versuche ich in diesem Buch nicht nur herauszustellen, was andere Kulturen, besonders China und die islamische Welt, in der Naturerkenntnis an Gleichwertigem zu bieten hatten. Ich habe auch bei der Erklärung der drei revolutionären Transformationen – zusammen die erste Phase der Wissenschaftlichen Revolution – bewusst den Gedanken einer europäischen Überlegenheit samt möglicher Gründe ausgeklammert.

Solange es ging jedenfalls. Aber an dem Punkt, den wir jetzt erreicht haben, geht es nicht mehr – nicht alles an dem alten Bild ist unhaltbar oder irrelevant. Wir haben die drei Transformationen jeweils für sich bis zu ihren Ursprüngen zurückverfolgt und stehen nun vor der Frage, warum sie sich nicht nur in derselben Kultur, sondern außerdem noch zur selben Zeit ereignet haben. Und diese Frage zwingt uns zum Nachdenken über die Eigenart der europäischen Kultur. Weder explizit noch implizit fällen wir dabei ein Werturteil. Wir fragen nicht nach der »Überlegenheit«, wohl aber nach der »Eigenart« Europas, also besonderen Eigenschaften, um sie mit denen anderer Kulturen zu vergleichen. Nun soll das allerdings auch wieder nicht heißen, dass sich in Europa gar nichts »Überlegenes« entwickelt hätte. Die moderne Naturwissenschaft ist sowohl inhaltlich wie im Hinblick auf ihr produktives Potential allen anderen, früheren Formen der Naturerkenntnis weit überlegen. Die Ideale der Aufklärung, zu denen die Gleichwertigkeit aller Menschen, die menschliche Autonomie und die freie Entfaltung in einer offenen und humanen Gesellschaft gehören, halte ich für universal in dem Sinn, dass man ihnen unter allen Umständen nachstreben sollte, und insofern für überlegen. Aber darum geht es hier nicht: In der Zeit zwischen

1600 und 1640, über die wir jetzt sprechen, bildete sich die moderne Naturwissenschaft erst heraus; wir versuchen ja zu verstehen, wie es dazu kommen konnte. Und die eigentliche Aufklärung – ohne die moderne Naturwissenschaft nicht denkbar – hatte noch gar nicht begonnen. Wir fragen also einfach nach den Gründen für die Gleichzeitigkeit der drei Revolutionen; wir machen nicht von vornherein den Zufall für sie verantwortlich; wir überlegen, welche Besonderheiten der europäischen Kultur dieses erstaunliche Zusammentreffen begünstigt haben könnten. Dafür versetzen wir uns zuerst auf den Vorplatz eines dänischen Schlosses, auf dem sich am 11. November 1572 am Ende eines langen Arbeitstages eine vielsagende kleine Szene abspielte.

An jenem Abend sah Tycho Brahe, auf dem Heimweg von der alchemistischen Werkstatt seines Onkels, am Himmel einen Stern, an einer Stelle, an der er nie zuvor einen Stern gesehen hatte. Dieser Stern leuchtete heller als die Venus, trotzdem traute der erfahrene Beobachter seinen Augen nicht. Er holte zuerst seine Diener, dann noch ein paar Landarbeiter hinzu, und alle konnten bestätigen, dass er sich nicht täuschte: An dieser Stelle stand früher kein Stern, jetzt schon.

Was die Ungebildeten ohne Schwierigkeiten wahrnahmen, ohne ihm besondere Bedeutung beizumessen, widersprach so sehr dem Denkmuster des Akademikers, dass er es zunächst gar nicht bemerken oder für wirklich halten *konnte*. In der vorherrschenden Naturphilosophie aristotelischer Prägung blieb nämlich alle Veränderung auf die irdische Sphäre beschränkt, am Himmel also auf die Erdatmosphäre oder den sublunaren Bereich; jenseits des Mondes war die Welt vollkommen und unveränderlich. (Konsequenterweise hielt Aristoteles Meteore und Kometen für atmosphärische Erscheinungen.) Auch vor 1572 waren Novae und Supernovae am Himmel aufgetaucht: Chinesische Astronomen, die Aristoteles natürlich nicht kannten, haben sie genau registriert. Wenn jemand aber etwas ganz selbstverständlich für unmöglich hält, ist die Wahrscheinlichkeit groß, dass er es auch nicht wahrnimmt. (»Weil', so schließt er messerscharf, / ›nicht sein *kann*, was nicht sein *darf*«, – wie Christian Morgenstern es ausgedrückt hat.)

Dass die »stella nova« im Sternbild Kassiopeia jetzt, im Jahr 1572, überhaupt registriert wurde, und zwar bald nicht nur vom jungen Tycho Brahe, sondern von Beobachtern in ganz Europa, diese Tatsache sagt uns etwas über die geistige Situation im damaligen Europa: Eine neue Offenheit war entstanden. Brahe selbst veröffentlichte nach genauen, über längere Zeit systematisch durchgeführten Beobachtungen eine Schrift, in der er erklärte, dass dieses Phänomen tatsächlich weit von der irdischen Atmosphäre entfernt auftrete – also war am Fixsternhimmel doch Veränderung möglich.

Natürlich war diese neue Offenheit auch dem Umstand zu verdanken, dass die Lehre des Aristoteles inzwischen ihr Monopol und damit ihre unantastbare Autorität verloren hatte. Das war aber nicht alles. Brahes Schrift *De stella nova* war nur eine unter vielen. Eine Flut einschlägiger Druckwerke ergoss sich über Europa; meistens wurde der neue Stern als Vorbote alles nur erdenklichen Unheils gesehen. Naturphänomene beschäftigten sehr viel mehr Menschen als die – höchstens – wenigen Dutzend, die sich ihrer systematischen Beobachtung widmeten. Das Interesse an Naturerscheinungen war in einem größeren Kreis erwacht. Besonders die »dritte«, empirisch-praktische Form der Naturerkenntnis blühte auf; sie kam der unbefangenen Neugier entgegen, die Europa vor allem dank der Entdeckungsreisen ergriffen hatte, einer neuen Bereitschaft, die Dinge mit frischem Blick zu betrachten. Selbstverständlich gilt all dies nur auf die damaligen Verhältnisse bezogen; aus der Perspektive unserer heutigen Gesellschaft, in der ständige Innovation Routine ist, wirkt die Gesellschaft des 16. Jahrhunderts noch fast erstarrt. Maßstab kann aber nicht die gegenwärtige Kultur sein, sondern nur die Gesamtheit der damaligen Kulturen. Und unter ihnen, so zeigt der Vergleich, zeichnete sich Europa durch größere Offenheit und Neugier aus, durch mehr Dynamik, durch stärker ausgeprägten Individualismus und Extraversion – und dadurch, dass man das Heil hier mehr als anderswo in einer aktiven irdischen Existenz suchte.

Verallgemeinerungen, bei den uns beschäftigenden Fragen sehr verlockend, erweisen sich immer wieder als irreführend. Ein Beispiel ist die Behauptung, alle asiatischen Kulturen seien statisch gewesen, in sich gekehrt und ohne Interesse an der Außenwelt. So allgemein formuliert ist sie unhaltbar. Schon vor dem Eintreffen der Portugiesen, Spanier, Niederländer und Engländer gab es im Gebiet um den Indischen Ozean einen lebhaften interregionalen Handel, den die westlichen Mächte dann an sich zu reißen versuchten. Der indische Buddhismus hat starken Einfluss auf die Kulturen Chinas und Japans ausgeübt. Das kaiserliche Astronomie-Amt in Peking leistete sich eine von Moslems geleitete Unterabteilung. Von völliger Selbstgenügsamkeit der nichtwestlichen Kulturen kann also keine Rede sein. Und doch gab es einen entscheidenden Unterschied: Weniger als jede andere Kultur war Europa sich selbst genug, es war ruhelos in einem besonderen Grad. Das hing nicht zuletzt mit einem Mangel an Edelmetallen, aber auch an begehrten Luxusgütern wie Seide und Gewürzen zusammen; Europas Handelsbilanz war chronisch negativ. Und um die gewünschten Güter zu beschaffen, musste man selbst in die Ferne ziehen. Besonders eindrucksvoll zeigt sich die daraus resultierende Dynamik in den Entdeckungsreisen.

Auch sie waren an sich keine rein europäische Angelegenheit. Auch die islamische Kultur hat einige Weltreisende hervorgebracht, die bei der Rückkehr über ihre Erlebnisse berichteten. Ibn Battuta kam bis nach Aserbaidschan, Ostafrika, Indien und China, und der uns schon bekannte al-Biruni schrieb eine ausführliche, immer noch gut lesbare Abhandlung über die Naturforschung in Indien. In der ersten Hälfte des 15. Jahrhunderts führte der chinesische Hofeunuch und Admiral Zheng He auf kaiserlichen Befehl mehrere Flotten nach Westen. Ein steinalter Hafenarbeiter in Mombasa, der im Frühjahr 1498 beobachtete, wie die Schiffe des portugiesischen Admirals Vasco da Gama auf Reede gingen, hätte sich vielleicht noch erinnern können, dass er als kleiner Junge die viel größeren Dschunken Zheng Hes vor Anker liegen sah. Der Unterschied ist der, dass Zheng He nicht weiterfuhr, um Europa zu entdecken, während Vasco da Gama innerhalb weniger Monate Indien fand. Ein weiterer Unterschied liegt darin, dass Peking die Expeditionen schon bald definitiv beendete, die Europäer dagegen nicht mehr aufhörten, die Welt zu erkunden, bis die letzten weißen Flecken von den See- und Landkarten verschwunden waren. Verschieden war schließlich auch die Haltung gegenüber den besuchten Völkern. Bei den Chinesen herrschte wohlwollend-herablassende Geringschätzung vor, bei den Europäern eine eigenartige Mischung aus Gewinnsucht, Mordlust, Bekehrungseifer und Neugier auf fremde Sitten und Gebräuche. Der europäische Buchmarkt wurde mit Reiseberichten geradezu überschwemmt. Aus den besten spricht – trotz der Färbung durch die eigenen Vorstellungen und Vorurteile – ein echtes Interesse an der Lebensweise anderer Völker, und dies blieb nicht ohne Auswirkung auf Europa selbst.

Ganz besonders gilt das für die spezifisch europäische »dritte« Form der Naturerkenntnis, bei der die genaue Beobachtung im Mittelpunkt stand. Sie war auf vielerlei Weise mit der Entdeckung fremder Erdteile verbunden. Nicht nur individuell wie bei Admiral João de Castro; allgemein wurde die Entdeckung der Welt auch als Symbol dessen empfunden, wofür diese Art der Erforschung von Naturphänomenen stand. Sehr klar hat Francis Bacon den Zusammenhang hergestellt:

»Auch ist es nicht gering einzuschätzen, daß durch die weltweiten Fahrten zu Wasser und zu Lande, die in unserer Zeit so zugenommen haben, sehr vieles in der Natur entdeckt und aufgefunden worden ist, was über die Philosophie ein neues Licht ausbreiten kann. Es wäre ja auch eine Schande, wenn die Verhältnisse der materiellen Welt, nämlich die der Länder, Meere, Gestirne zu unserer Zeit bis ins Äußerste eröffnet und beschrieben worden sind, die Grenzen der geistigen Welt indes auf die Enge der alten Entdeckungen beschränkt bleiben sollten.«

Ähnlich ist es mit den technischen Neuerungen, die schon im Mittelalter Fortschritte in Landwirtschaft, Handwerk, Kriegführung und Alltag brachten. Einige, wie das mechanische Uhrwerk und die Brille, waren in Europa selbst entstanden, zahlreiche andere erreichten es von außen. Und viele von ihnen, etwa das Halfter, der Steigbügel oder die Windmühle, haben in Europa das Leben stärker verändert als anderswo und wurden nur hier ständig weiter verbessert. Der technische Fortschritt im Handwerk entfaltete eine Eigendynamik, die sich wiederum auf die »dritte« Form der Naturerkenntnis auswirkte. Nur in Europa bildete sich jene besondere Art von »Schnittstelle« zwischen Handwerk und Naturforschung heraus, deren Anfänge in der Schifffahrt und im Festungsbau, aber auch in Malerei und Architektur (man denke an die Perspektive) zu erkennen sind.

Die »dritte« Form der Naturerkenntnis hatte keine Entsprechung in der islamischen Kultur. Wie wir im Zusammenhang mit der Wiederbelebung von »Alexandria« und »Athen« in der islamischen Welt gesehen haben, gab es auch dort einige Problemgebiete, die nicht griechischen Ursprungs, sondern Spezifika der eigenen Kultur waren. Ob es um die Berechnung der Gebetsrichtung, um die Aufteilung von Erbschaften oder um die medizinische Versorgung der Gemeinschaft der Gläubigen ging, in all diesen Fällen kam die Anregung vom Koran. In Europa gab es nur einen direkt vergleichbaren Fall, die Berechnung des Osterdatums. Indirekt spiegelt aber die »dritte« Form der Naturerkenntnis mit ihrer empirischen und praktischen Ausrichtung doch bestimmte religiöse Besonderheiten wider. Das hängt mit einer eigenartigen Wendung in der Geschichte des europäischen Christentums zusammen. Wie vor gut einem Jahrhundert der Kulturhistoriker und Soziologe Max Weber schrieb, hat jede Weltreligion eher innerliche und eher äußerliche Aspekte. Mystische Verinnerlichung und Askese gibt es in jeder Religion. Das Besondere an Europa ist, dass sich die Askese im Mittelalter und in der Renaissance mehr und mehr veräußerlicht: Seelenheil kann durch ein von Sparsamkeit und praktischer Tätigkeit bestimmtes Leben erlangt werden. Im Islam und der byzantinischen Variante des Christentums gibt es keine vergleichbare Wendung; in Europa haben vor allem die Mönchsorden dazu beigetragen. Zu der – im Vergleich mit anderen Religionen – ausgesprochen extrovertierten Haltung gehört außerdem eine gewisse Distanzierung von der Natur. Der Mensch empfindet sich nicht in erster Linie als Naturwesen, sondern (um einen biblischen Ausdruck zu gebrauchen) als »Haushalter« mit dem von Gott erteilten Auftrag, die Natur klug zu verwalten, sie aber auch zum eigenen Nutzen zu gebrauchen.

Die Reformation hat diese spezielle Entwicklung im monotheistischen Denken weiter vorangetrieben. Es ist kein Zufall, dass die große Mehrheit der vor allem empirisch-praktisch ausgerichteten Naturgelehrten entweder an Entdeckungsreisen teilnahm beziehungsweise in engem Kontakt mit Entdeckern stand – oder protestantisch war; manchmal traf beides zu. Unter den Vertretern der »alexandrinischen« oder »athenischen« Richtung war dagegen das Verhältnis von Katholiken und Protestanten nicht signifikant anders als in Europa insgesamt.

Zwei Schlussfolgerungen sind für uns besonders interessant. Erstens: Europas vergleichsweise extravertierte Haltung und seine stärkere Dynamik und Neugier begünstigen die Entstehung und spätere revolutionäre Transformation der empirisch-praktischen Form der Naturerkenntnis. Die zweite, allgemeinere Folgerung lautet, dass dieselben Eigenarten ein Klima schaffen, in dem Neuerungen gewissermaßen in der Luft liegen, mehr als anderswo. Innovation wird belohnt, allerdings weniger materiell als ideell: *Sie ist in der gesamten Kultur zu einem Wert an sich geworden.*

Das gleiche gilt für eine weitere europäische Eigenart, die mit der Extraversion einhergeht: individualistisches Selbstbewusstsein in einem außergewöhnlichen Grad. Wer die Gelegenheit dazu hat, sollte einmal durch die ruhigen Abteilungen großer Museen streifen, die der Kunst Chinas, Japans, Indiens, Südostasiens, der islamischen Welt oder des europäischen Mittelalters gewidmet sind, und danach Kunst und Renaissance betrachten. Dann fällt einem auf, dass die Kunststile in den stillen Abteilungen zwar wie zu erwarten von Kultur zu Kultur verschieden sind, aber dennoch ein übereinstimmendes Grundmuster erkennen lassen. In allen Fällen handelt es sich um sakrale Kunst mit stereotypen Formen, die zwar im Lauf der Jahrhunderte einige Veränderungen erfahren, dabei aber immer eines ausdrücken: selbstverständliche Hingabe des anonymen Künstlers an etwas, das größer ist als er selbst – an seine Gottheit oder Gottheiten. Auch wo menschliche oder tierische Gestalten annähernd realistisch abgebildet werden, bleibt der sakrale Charakter des Kunstwerks erkennbar. In Italien beginnt die Renaissance mit einem ähnlichen Realismus, der aber bald seine Fesseln sprengt; der stereotype Ausdruck weicht einem individuellen, der Künstler als Individuum tritt aus der Anonymität heraus. Innerhalb weniger Jahrhunderte wird das

Sakrale zu einem Genre unter anderen, statt das zu sein, was allem Abgebildeten Sinn und Richtung verleiht. In jeder Kultur reicht das Spektrum der Selbstwahrnehmung vom Bewusstsein, Teil eines größeren Ganzen zu sein, bis zu einer eher individualistischen Denkweise. Im extrovertierten Europa ist der individualistische Pol stärker als anderswo.

Auch in der Wissenschaftlichen Revolution macht sich dieses individualistische Selbstbewusstsein bemerkbar. Hierzu drei Zitate:

»Es ist sehr wahr, dass unsere Reputation bei uns selbst beginnt, und dass derjenige, der hochgeschätzt werden möchte, zuerst sich selbst hochschätzen muss.« (Galileo Galilei)

»[…] wenn man mich seit meiner Jugend alle Wahrheiten gelehrt hätte, deren Beweise ich seitdem gesucht habe, und ich keine Mühe gehabt hätte, sie zu lernen, ich vielleicht niemals weitere erkannt und zumindest niemals die Gewohnheit und Leichtigkeit erworben hätte, die ich zu besitzen meine, um stets neue in dem Maße zu finden, wie ich es mir angelegen sein lasse, sie zu suchen […] wenn es auf der Welt ein Werk gibt, das von keinem anderen so gut beendet werden kann, wie von dem, der es begonnen hat, so ist es dieses, an dem ich arbeite.« (René Descartes)

»Mich selbst fand ich wie niemand anderen geeignet zum Anschauen der Wahrheit.« (Francis Bacon)

Diese Pioniere der drei Formen der Naturerkenntnis, die zwischen 1600 und 1640 jeweils eine revolutionäre Transformation erlebten, waren – bei aller Verschiedenheit – megalomane Charaktere, überzeugt von sich selbst und ihrer Mission. Bei ihnen steckt das Revolutionäre nicht nur in den inhaltlichen Neuerungen, die wir in diesem Kapitel Revue passieren ließen und die an sich schon bedeutend genug sind. Sie streben nach viel mehr, jeder von ihnen verfolgt ein Programm, das der Menschheit den Weg in eine ganz andere Zukunft weisen soll. Von einer zweiten Erschaffung der Welt kann man in ihrem Fall nicht nur deshalb sprechen, weil sie eine neue, realistische Form mathematischer Naturerkenntnis entwickelten, Gesetzmäßigkeiten für sich bewegende Materieteilchen formulierten oder Experimente durchführten, um verborgene Eigenschaften der Natur ans Licht zu bringen und dadurch zum Beispiel der Schifffahrt oder der Medizin zu nützen. Gerade das Wirken dieser drei Forscher hatte außerdem erhebliche weltanschauliche Folgen. Diese Folgen werden wir nun betrachten.

Selbstbewusstsein ist ein Ausdruck, vielleicht könnte man das auch ARROGANT nennen!

IV. Eine Krise überwunden

1608 platzierte ein Optiker in Middelburg eine hohle und eine gewölbte Linse in einer gewissen Entfernung voneinander und machte eine Röhre darum. Wenn man dann die hohle Linse ans Auge hielt, sah man entfernte Gegenstände vergrößert und scheinbar nahe, und man konnte sogar Dinge sehen, die zu weit entfernt waren, um für das bloße Auge sichtbar zu sein. Die Nachricht von dieser Erfindung verbreitete sich rasch und erreichte im Sommer des Jahres 1609 Padua. Der dortige Mathematikprofessor war einer der Ersten, die auf die Idee kamen, die mit Linsen versehene Röhre gen Himmel zu richten.

Galileis Einfall war alles andere als selbstverständlich. Für uns heute ist es vollkommen normal, dass die Welt der Naturphänomene unendlich viel reicher ist, als wir es mit bloßem Auge wahrnehmen, von den Zellen unseres Körpers bis hin zu den aus unzählbar vielen Sternen bestehenden Galaxien im unendlichen Weltraum. Es gab durchaus Instrumente, die die Beobachtung oder die Berechnungen unterstützen konnten – Tycho Brahe hatte sie verbessert und das Optimum aus ihnen herausgeholt –, doch damit konnte man nur mit größerer Genauigkeit die Eigenschaften von Objekten bestimmen, die als solche bereits bekannt waren. Niemand konnte auch nur ahnen, dass sich die Milchstraße, die sich wie ein vager Schleier über den nächtlichen Himmel erstreckt, bei genauerer Betrachtung als Ansammlung von Millionen von Sternen entpuppen würde. Niemand konnte ahnen, dass der Planet Jupiter von Monden umkreist wird, dass Saturn an den gegenüberliegenden Seiten seltsame Ausstülpungen hat oder dass die Mondoberfläche mit Kratern und Tälern übersät ist. Dies alles entdeckte Galilei, und diese Entdeckungen wurden in ganz Europa nicht nur als Sensation empfunden, sondern sie bewirkten mehr, als Galilei sie Anfang 1610 veröffentlichte. Er tat dies in einem kurzen, sachlich geschriebenen und spektakulär illustrierten Bericht mit dem Titel *Siderius Nuncius* (Sternenbote). Aus seinen teleskopischen Beobachtungen zog Galilei einige wichtige Konsequenzen.

Vor allem boten seine Entdeckungen ihm die Möglichkeit, Padua zu verlassen. Während der 18 Jahre davor hatte er experimentierend, argumentierend und messend die Grundlagen für eine vollkommen neue Form der realistisch-mathematischen Naturerkenntnis geschaffen. Von der Überlegenheit seiner Methode über die übliche Naturphilosophie war er absolut überzeugt. Er betrachtete sich selbst nun als mathematischen Philosophen. Doch als gesellschaftliches Rollenschema gab es das nicht, es gab Mathematiker und es gab Philosophen, und dazwischen klaffte eine Lücke. Galileis Philosophen-Kollegen konnten sich folglich unter einem mathematischen Philosophen nichts vorstellen – Mathematik und Wirklichkeit hatten doch schließlich seit alters her nichts miteinander zu tun? Gerade weil sie, als Philosophen, sich mit der natürlichen Wirklichkeit beschäftigten, verdienten sie erheblich mehr als die Mathematiker mit ihrer nichts erklärenden Herumrechnerei an fiktiven Modellen. Galilei liebte es sehr, Recht zu behalten, doch seine Kollegen wollten aus Mangel an einem gemeinsamen Thema nicht einmal in eine Debatte einsteigen, in der er sich für die Richtigkeit seiner neuen Form der mathematischen Naturerkenntnis einsetzen konnte. Außerdem passte Galilei seine in seinen Augen verhältnismäßig niedrige Bezahlung nicht. Und so nahm der in Florenz Geborene seine teleskopischen Beobachtungen zum Anlass, dem Großherzog der Toskana zu eröffnen, dass er vorhabe, in der bald erscheinenden Publikation die Monde des Jupiters nach dessen Familie zu benennen. Nach langen Verhandlungen ging Cosimo II. de Medici auf das Angebot ein, und daher findet sich im *Siderius Nuncius* nicht nur eine Widmung an den Großherzog voller barocker Bauchpinselei, sondern die Monde werden auch regelmäßig als »Mediceische Gestirne« bezeichnet.

Dafür bekam Galilei auch etwas. Er kehrte als Hofmathematiker im Dienst des Großherzogs in seine Vaterstadt zurück. Doch nicht nur als Hofmathematiker; er legte Wert darauf, dass seine Funktion offiziell als die eines »Philosophen und Mathematikers« bezeichnet wurde. Nun stand er auf einer Ebene mit den Philosophen, die ihm jetzt Rede und Antwort stehen mussten. Er selbst war nun ebenfalls ein Philosoph, und sei es auch ein Philosoph unbekannter Art. Und außerdem verfügte er über Rückhalt bei Hofe und hatte zudem noch ein sehr viel höheres Einkommen.

Naturerkenntnis und Weltanschauung

In Rom fand Galilei tatsächlich größtmögliche Aufmerksamkeit; seine Reise im Jahr 1611 geriet zum Triumphzug. Er wurde von den Jesuitenpatres des Collegio Romano empfangen, lauter sachkundigen Astronomen, die unter Leitung des alten Clavius seine Beobachtungen mit dem Fernrohr überprüften und bestätigten. Das war für Galilei wichtig, denn schließlich war auch ihm selbst noch nicht klar, wie das Instrument eigentlich funktionierte, und nicht vollkommen grundlos hatte sich der ein oder andere sogar geweigert, durch diesen Apparat zu schauen, dessen Wirkung möglicherweise auf einer optischen Täuschung oder gar Magie beruhte. Doch Clavius' öffentliche Unterstützung zählte, und auch die Keplers, des kaiserlichen Hofmathematikers.

Währenddessen verlief der Disput mit den Philosophen an seiner alten Universität in Pisa weniger gut. Bezeichnenderweise ging es dabei um ein Problem, über das Archimedes und Aristoteles sich sehr unterschiedlich geäußert hatten, ohne dass diese Diskrepanz bis dahin zu Diskussionen geführt hätte. Archimedes hatte abstrakt-mathematisch die Bedingungen abgeleitet, unter denen ein Gegenstand in einer Flüssigkeit treibt oder untergeht. Seine Behauptungen passten eigentlich überhaupt nicht zu Aristoteles' Ansichten über schwer und leicht und über das Treiben im Zusammenhang mit der Form des Gegenstands. Doch jetzt, 1611, stießen diese beiden Auffassungen anlässlich einer unschuldigen Frage aufeinander. Während eines festlichen Mittagessens wollte jemand wissen, warum Eis auf dem Wasser treibt. Dafür hatte der mathematische Hofphilosoph eine vollkommen andere Erklärung als die Universitätsphilosophen. Galilei wandte Archimedes' Thesen auf die Realität an und machte für das Phänomen das unterschiedliche spezifische Gewicht verantwortlich – Frost macht Wasser dünner und daher leichter. Sein aristotelischer Widersacher meinte, seine Form lasse das Eis treiben. Und er glaubte, Galilei mit seinen eigenen Mitteln in die Enge treiben zu können. Galilei befürworte doch den experimentellen Nachweis? Nun denn, Ebenholz sei doch deutlich schwerer als Wasser; wenn er, Galilei, Recht habe, dann müsse eine Ebenholzscheibe untergehen. Wie würde das Experiment ausgehen?

Für beide Parteien stand viel auf dem Spiel. Wenn Galilei Recht hatte und die Scheibe entschlossen zu Boden sank, dann stürzte damit das ganze imposante Theoriengebäude des Aristoteles zusammen. War das spezifische Gewicht der entscheidende Faktor, dann wären Schwere und Leichtigkeit nicht länger, wie nach Ansicht des Aristoteles, absolute Gegensätze. Entscheidend wäre, ob ein Gegenstand mehr oder weniger schwer ist. Und damit zerfiele die ganze Theorie, nach der sich die Bewegung am natürlichen Platz orientiert, und damit wäre auch Aristoteles' Auffassung, Veränderung sei die Verwirklichung einer Absicht, hinfällig, und folglich der Kern seiner ganzen Naturphilosophie. Gerade das, was der Lehre des Aristoteles ihre große Kraft gegeben hatte, der innere Zusammenhang und die Übereinstimmung mit der alltäglichen Erfahrung, drohte sich nun gegen sie zu kehren: Zieht man einen Balken aus einem festgefügten Bauwerk, dann stürzt es in sich zusammen. Aristoteliker waren gut geschulte Logiker, und sie erkannten die Gefahr nur allzu gut. Die Verbissenheit ihrer Polemiken, die sie in dieser Sache gegen Galilei richteten, lässt sich nur zum Teil mit dem erklären, was sie an seiner Art, Mathematik und Wirklichkeit miteinander zu verbinden, so abwegig fanden: eigentlich alles, was auch heute noch die Erkenntnisstruktur der mathematischen Naturwissenschaft mit ihren drei unterschiedlichen Wirklichkeitsebenen so schwer verständlich macht. Den Hochgelehrten war darüber hinaus klar, dass sie nicht nur ihre intellektuelle Seele und Seligkeit, sondern auch ihre Einnahmequelle an einer Reihe von Lehrsätzen festgemacht hatten, deren Haltbarkeit nun davon abhing, wie sich eine Ebenholzscheibe im Wasser verhielt. Welch eine Erleichterung, als sich herausstellte, dass sie auf dem Wasser trieb!

Mit dem Verlauf des Experiments hatte Galilei Pech. Dass die Scheibe ungeachtet ihres höheren spezifischen Gewichts nicht untergeht, hat eine Ursache, die er nicht kannte und die er auch nicht kennen konnte, nämlich die Oberflächenspannung des Wassers. Darum musste er sich einigermaßen anstrengen und sich eine recht gewundene Begründung ausdenken, um sich aus der Affäre zu ziehen. Wie aber sollte er nun jemals seine feste Überzeugung, dass die Mathematik der Schlüssel zur Erklärung der Natur ist, an den Mann bringen, wenn er bereits beim allerersten Versuch derart in die Defensive gedrängt wurde? Und dabei hatte er noch Glück, dass er es sich auf Grund seiner neuen Position erlauben konnte, die Herren Professoren weiter in ihrem eigenen Saft schmoren zu lassen – dank der Jupitermonde hatte sich das Blatt entscheidend gewendet.

Diese etwas seltsame Spiegelfechterei der Jahre 1611 und 1612 muss Galilei zu dem Entschluss gebracht haben, seine realistisch-mathematische Form der Naturerkenntnis fortan anders zu verpacken. Dafür griff er auf Kopernikus zurück. Wann genau er ein Anhänger der kopernikanischen Lehre geworden ist, und was ihn davon überzeugt hat, dass die Erde sich um sich selbst und um die Sonne dreht, wissen wir nicht. 1597 antwortete er auf Keplers ersten Brief, dass sie ihren Kopernikanismus gemeinsam hätten, dass er seinen aber verschweige. Daran hat er sich bis 1612 auch gehalten. Dass er sich danach zum großen Verteidiger der kopernikanischen Lehre aufgeschwungen hat, ja dass er sogar eine Kampagne startete, um so viele Menschen wie möglich und vor allem auch die katholische Kirche von der doppelten Erdrotation zu überzeugen, dafür gibt es mindestens drei Gründe.

Ein Grund waren seine teleskopischen Beobachtungen. Bevor Galilei sie machte, gab es keine einzige Erfahrungstatsache, die für die Erddrehung sprach. Ein Anhänger der Theorie von der Erdrotation konnte auf den stärkeren Zusammenhang der Planetenstruktur und die anderen Vereinfachungen in Bezug auf das ptolemäische Weltbild hinweisen. Er konnte naturphilosophische Argumente ins Feld führen. Er konnte versuchen, die naheliegenden Einwände, die sich auf den gesunden Menschenverstand beriefen, zu entkräften. Doch all dies wären nur Argumente. Tatsächliche Beweise gab es nicht. Galileis durch das Fernrohr gemachte Beobachtungen beendeten diese Situation endgültig, und dies ist die zweite Konsequenz, die er aus seinen Wahrnehmungen zog, abgesehen davon, dass er die Chance ergriff, an den florentinischen Hof zu wechseln. Auf dem Mond gibt es Krater und Täler, und er sieht folglich aus wie die Erde und nicht wie eine vollkommene Kristallkugel, die unveränderlich ist. Jupiter hat Monde, genau wie die Erde, und folglich deutet der Besitz von Satelliten nicht per se auf einen nicht-planetaren Status hin. Die Sonne hat Flecken, wie Galilei bald entdeckte, so dass sie ebenso wenig vollkommen ist. Und zu allem Überfluss beobachtete er Ende 1610, dass der Planet Venus wie unser Mond Phasen hat – was im ptolemäischen System vollkommen unmöglich war. Kurzum, Galilei hatte etliche neue, deutliche Hinweise gefunden. Er selbst glaubte, dass sie die Richtigkeit der kopernikanischen Theorie vollständig bestätigten, doch da irrte er sich, mit katastrophalen Folgen.

Ein weiterer Grund, eine Kampagne für Kopernikus zu starten, hatte mit der Pleite bei dem Ebenholz-Experiment zu tun. Nachdem sich der aufgewirbelte Staub gelegt hatte, wählte Galilei die Erddrehung aus, die ein sehr viel geeigneteres Vehikel für seine realistisch-mathematische Form der Naturerkenntnis war, um die es ihm eigentlich ging. Ihre komplizierte Erkenntnisstruktur stellte offenbar ein Hindernis dar, das nur Eingeweihte überwinden konnten. Doch das kopernikanische Planetensystem, vor allem in der vereinfachten Form von Buch I und um Galileis neue Vorstellung von Bewegung erweitert, verkörperte die neue Auffassung von Mathematik als dem

Schlüssel zur natürlichen Wirklichkeit auf eine Weise, die jeder astronomische Laie mit einer akademischen Ausbildung begreifen konnte.

Und so traten, 70 Jahre nach Kopernikus' Tod und dem Erscheinen seines Buchs, erstmals die weltanschaulichen Fragen in den Vordergrund, denen der Autor so sorgfältig aus dem Weg gegangen war. Ohne dass es Kopernikus bewusst gewesen wäre, bedeutete die doppelte Erdrotation nicht nur einen radikalen Bruch mit der aristotelischen Naturphilosophie, sondern mit jeder Art von Naturphilosophie. Wenn die Erde nicht länger der ruhende Mittelpunkt des Weltalls ist, sondern einer von sechs Planeten, die um die Sonne kreisen, was bleibt dann noch übrig von der Zweiteilung zwischen allem, was sich auf der Erde, im Meer und in der Atmosphäre permanent verändert, und der vollkommenen, unveränderlichen Welt der himmlischen Sphären? Mehr noch, das gesamte Weltall läuft Gefahr, aus den Fugen zu geraten. Schon Kopernikus hatte bemerkt, dass, wenn sich die Erde innerhalb eines Jahres einmal um die Sonne dreht, ein Beobachter mit einem Winkelmesser feststellen müsste, dass ein Stern im Frühling in einem anderen Winkel über dem Horizont steht als ein halbes Jahr später, im Herbst. Denn dann befindet sich die Erde ja schließlich auf der anderen Seite der Sonne. Dieser Unterschied ließ sich jedoch nicht beobachten. Kopernikus hatte sich mit einer Erklärung aus der Affäre gezogen, die sich im nachhinein als richtig erwies, die aber zunächst nicht sehr überzeugend war. Er meinte, die Entfernung der Erde zu einem Stern sei viel zu groß, als dass sich ein anderer Winkel ergäbe. Er ging davon aus, dass zwischen dem äußeren Planeten Saturn und den Fixsternen eine so große Distanz liegt, dass von einem Stern aus betrachtet die ganze Erdbahn nicht größer ist als ein Punkt. Der Raum hatte ansonsten keine Funktion, er diente Kopernikus ausschließlich dazu, sich aus argumentativen Schwierigkeiten zu retten. Unter anderem aus diesem Grund hatte Tycho Brahe die Erdrotation verworfen. Aber man kann auch andersherum argumentieren. Wenn die Erde tatsächlich ein Planet ist, dann eröffnet dies die Perspektive auf ein nicht nur enorm vergrößertes, sondern möglicherweise sogar auf ein unendliches Weltall. Ende des 16. Jahrhunderts hatte ein Mönch mit einem stark magisch gefärbten Weltbild, Giordano Bruno, diese Schlussfolgerung tatsächlich kaltblütig gezogen. Er hatte sogar behauptet, im Weltall gebe es unendliche viele Sonnensysteme wie das unsere. Nicht dass Galilei diese Auffassung geteilt hätte; er selbst hat das Universum immer für endlich gehalten. Entscheidend aber war, dass derjenige, der mit zwingenden Gründen und/oder mit tatsächlichen Beobachtungen die Erddrehung propagierte, eine wahre Büchse der Pandora öffnete.

Dies dämmerte auch der großherzoglichen Familie im Jahr 1613 so allmählich. Schließlich hatte sie ihren Namen mit den Jupitermonden verbunden, die nun eine Rolle bei der Frage spielten, ob unsere Erde denn nun der ruhende Mittelpunkt des Universums sei. Wie verhielt es sich dann mit der biblischen Geschichte von Josua, wollten die Medici gern von Galilei wissen? Dieser Nachfolger Mose war gerade eifrig dabei, eine belagerte Stadt zu entsetzen, als die Sonne bereits unterging. Gott tat ein Wunder, hielt die Sonne an und gab Josua damit die Gelegenheit, die Niederschlagung des Feindes wunschgemäß zu vollenden. Aber ein Wunder war dies natürlich nur, wenn sich die Sonne normalerweise um die Erde dreht und nicht umgekehrt. Es gibt übrigens in der Bibel durchaus andere Stellen, die dieses Stillstehen der Erde direkt behaupten oder zumindest implizieren. War Kopernikus' Theorie also doch mit der Heiligen Schrift vereinbar?

Eine vergleichbare Frage hatte sich bereits im 4. Jahrhundert gestellt, im Zusammenhang mit der Kugelgestalt der Erde. Der einflussreichste aller Kirchenväter, Augustinus, hatte sie dahingehend beantwortet, dass die Heilige Schrift nicht als astronomisches Lehrbuch gedacht sei. Diejenigen, die seinerzeit die Bücher der Bibel verfasst hatten, passten ihren Sprachgebrauch den damals üblichen Auffassungen an, und das sei auch kein Problem, denn schließlich hänge unser Seelenheil nicht von der Form der Erde ab. Passagen, in denen die Erde als Scheibe beschrieben wurde, müsste man nicht wortwörtlich verstehen.

Auf diese Art der Bibelinterpretation berief Galilei sich in seiner Antwort an seinen Brotgeber, die er innerhalb weniger Tage in Form eines halboffenen Briefs verfasste. Darin erkannte er an, dass es Sache der entsprechenden kirchlichen Autoritäten sei, eine solche, nicht wortwörtliche Interpretation einer oder mehrerer Bibelstellen zuzulassen. Ihm war sehr wohl bewusst, dass man nicht einfach so Gottes Wort in Zweifel ziehen darf. Trotzdem war er der Ansicht, dass die Hüter der kirchlichen Lehrmeinung gut daran täten, sich mit Fachleuten zu beraten, weil nur diese sagen könnten, wie es um den Ort und um die physische Beschaffenheit von Himmel und Erde bestellt ist. Und wer waren diese Fachleute? *Das waren die mathematischen Philosophen* (die heutigen Naturwissenschaftler also). Wenn sie gezeigt hatten, dass sich die Erde um die Sonne dreht, und nicht umgekehrt, dann sollte die Kirche nicht auf einem veralteten Standpunkt verharren. Tat sie es dennoch, lief sie

Gefahr, ihre ganze Heilslehre samt deren Herkunft aus Gottes offenbartem Wort mit in die Waagschale zu werfen.

Galilei war ein treuer Sohn der katholischen Kirche, und es gibt keinen Grund, an der Aufrichtigkeit seines Glaubens zu zweifeln. Außerdem haben die vier Jahrhunderte, die seit dieser Auseinandersetzung vergangen sind, hinlänglich gezeigt, dass er diese große Gefahr für seine Kirche sehr genau erkannt hat. Gleichwohl aber erhob er in seinen Darlegungen Anspruch darauf, letztendlich entscheiden zu dürfen. Der Theologe wurde dadurch dazu degradiert, auszuführen, was nur der »mathematische Philosoph« beurteilen konnte, nämlich an welchen Stellen Gottes Wort wortwörtlich gelesen werden muss und an welchen nicht. Und die letztere Berufsgruppe hatte zu der Zeit nur ein einziges Mitglied.

Es ist nicht verwunderlich, dass der florentinische Klerus sofort Beschwerde in Rom einlegte, als er von Galileis »Brief an die Großherzogin« hörte. Es ist auch nicht verwunderlich, dass Kardinal Bellarmin, der vom Papst mit der Aufrechterhaltung der kirchlichen Lehrmeinung betraut war, Galilei aufforderte, Beweise vorzulegen. Dass die Erddrehung den Astronomen als fiktives Modell gute Dienste leistete, dagegen war nichts zu sagen, doch eine Neuinterpretation der Bibel heraufzubeschwören, ohne zwingenden Beweis, dass es sich in der Wirklichkeit tatsächlich wie behauptet verhielt, das war ganz ausgeschlossen.

Wir befinden uns inzwischen im Jahr 1615. Zu diesem Zeitpunkt hätte Galilei einen Rückzieher machen können. Der Jesuit Roberto Bellarmin war eines der ranghöchsten Mitglieder der Inquisition. In dieser Eigenschaft hatte er an der Verurteilung Giordano Brunos zum Tod auf dem Scheiterhaufen mitgewirkt (auch wenn diese nicht im Zusammenhang mit Giordanos Idee stand, es gebe unendlich viele Sonnensysteme). Bellarmin war aufgrund seiner Kontakte zu den Jesuiten des Collegio Romano sehr gut darüber informiert, welche Vorzüge die Erddrehung hatte und was sich dagegen einwenden ließ. Konnte Galilei nicht besser bei der unproblematischen Auffassung bleiben, dass die Erddrehung ein fiktives Rechenmodell ist? Doch in seiner ganzen Kampagne ging es um die Realität der Erddrehung, nur so konnte er sein Kernanliegen verbreiten, nämlich den mathematischen Charakter der Wirklichkeit. Die Kampagne jetzt stoppen, das ging nicht. Gleichzeitig waren die beiden Opponenten sich im Prinzip darüber einig, dass man bei der Interpretation der Bibel eine gewisse Vorsicht walten lasse müsse. Blieb nur noch die Frage des »Beweises« der doppelten Erddrehung, und in einer Art Zwischenschritt hätte Galilei versuchen können herauszufinden, was Bellarmin eigentlich mit »Beweisen« meinte. Die Argumente für die Rotation der Erde waren nicht per se schlechter als jene, die seinerzeit für die Kugelgestalt der Erde gesprochen hatten. Warum also den Kardinal nicht einfach einladen, sie auch gleich zu behandeln? Zudem wusste Galilei ganz genau, dass es in der Kirche unterschiedliche Auffassungen hinsichtlich der Bibelauslegung gab. Von den weiter oben in der Hierarchie stehenden Klerikern teilten längst nicht alle die Vorliebe des niederen Klerus, jedes Bibelwort wortwörtlich zu verstehen. Kurzum, die Situation war prekär, und je näher Galilei dem Präzedenzfall »Diskussion über die Kugelgestalt der Erde« kam, umso besser.

Die Tragödie, die sich in den Jahren 1615/16 abspielte, besteht darin, dass keine der beiden Seiten die Vorsicht walten ließ, welche die Situation eigentlich erforderte. Galilei war davon überzeugt, dass er einen unwiderlegbaren Beweis hatte. Er meinte – zu Unrecht –, dass es die Regelmäßigkeit von Ebbe und Flut nur dank der Kombination von täglicher und jährlicher Drehung der Erde geben könne. Entgegen dem Rat des toskanischen Botschafters in Rom und des Kardinals Bellarmin, die ihren Papst kannten, ging er nach Rom, um die Kirche davon zu überzeugen, dass er Recht hatte. Monatelang klapperte er einen Kardinal nach dem anderen ab. Er legte dar, disputierte und schuf sich mit seiner sprachlichen Brillanz und seiner Überheblichkeit ebenso viele Bewunderer wie entschiedene Gegner. Es gelang ihm, ohne Rücksprache mit Bellarmin, eine Audienz beim Papst zu bekommen. Leider war der ein Berufsdiplomat voller Misstrauen gegenüber der modernen Gelehrsamkeit. Erschrocken über Galileis Wunsch, die Kirche möge seiner These von der Erdrotation zustimmen, rief er eine Kommission ins Leben. Und innerhalb einer Woche hatte Galilei, wie in einer echten Tragödie, das genaue Gegenteil dessen erreicht, was er eigentlich wollte. Nichts anderes als Galileis Kampagne bewog die Kirche, nach 70 Jahren einen dezidierten Standpunkt einzunehmen, und der entsprach ganz und gar nicht den Vorstellungen des Florentiners. Zum ersten Mal gab es nun ein Dekret, in aller Eile verfasst und ungeschickt formuliert, in dem die doppelte Rotation der Erde in deutlichen Worten als unsinnig und im Widerspruch zur Heiligen Schrift stehend verurteilt wurde.

Außerdem zog das Dekret noch allerlei Einschränkungen nach sich. So wurde von Galilei verlangt, dass er die Lehre des Kopernikus nicht länger propagierte; dies geschah jedoch intern, die Öffentlichkeit erfuhr davon nichts. Zudem kam Kopernikus' Buch auf den Index. Aber dabei blieb es im Großen und Ganzen. Der größte Rückschlag jedoch war, dass die Jesuiten sich nun an die offizielle Lehre halten mussten: Ob die Venus nun Phasen hatte oder nicht, sie mussten fortan den Standpunkt vertreten, dass die Erde stillsteht. Noch in China bekamen sie die negativen Folgen davon zu spüren.

Sieben Jahre später starb der Papst, und ein Freund und Bewunderer Galileis wurde zu seinem Nachfolger gewählt. Aus sechs Audienzen bei Urban VIII. gewann Galilei den Eindruck, dass er weiterforschen konnte, wenn er nur deutlich machte, dass er die Erdrotation nicht als eine Tatsache darstellte, sondern als eine sinnvolle Hypothese. Denn schließlich, so betonte der neue Papst, hätte Gott in seiner Allmacht die Dinge auch auf ganz andere Arten ordnen können, von denen wir Menschen nichts wissen können.

Und so nahm Galilei seine Kampagne wieder auf. In seinem *Dialog* lässt er ein Alter ego das vereinfachte System des Kopernikus verteidigen, die einfältige Karikatur eines Naturphilosophen vertritt das aristotelische Weltbild, während ein gewitzter Laie die treffenden Fragen stellt. Entstanden ist so ein wissenschaftliches und literarisches Meisterwerk, dessen Lektüre auch heute noch Vergnügen bereitet: Vorkenntnis braucht man kaum, und der durch Esprit getarnte Tiefgang sprüht nur so aus den Seiten. Am ersten der vier »Tage« attackiert Galilei das aristotelische Weltbild mit Hilfe seiner teleskopischen Beobachtungen. Am zweiten widerlegt er die Einwände gegen die tägliche Rotation der Erde und entwickelt seine neue Theorie von der Bewegung und ihrem Beharren. Am dritten Tag widerlegt er die Einwände gegen die jährliche Drehung der Erde. Am vierten beendet er das Ganze mit seinen Ausführungen über Ebbe und Flut. Kurz vor Schluss findet er noch Gelegenheit, ausgerechnet dem einfältigen Aristoteliker das Lieblingsargument des Papstes in den Mund zu legen, und lässt dessen Gesprächspartner, die durch diese »bewundernswerte und wahrhaft himmlische Lehre« mit Stummheit geschlagen sind, angeblich darin einstimmen.

Der Papst tobte vor Wut. Er rief eine Untersuchungskommission ins Leben, die wahrheitsgemäß berichtete, Galilei habe nur zum Schein so getan, als sprächen sowohl für die Rotation als auch für das Stillstehen der Erde gute Gründe. Tatsächlich aber sei der Dialog ein einziges Plädoyer für die Richtigkeit der kopernikanischen Thesen. Ganz zweifellos habe Galilei das Versprechen gebrochen, das man ihm 1616 abverlangt hatte. Und so kam es im Jahre 1633 zu dem schmählichen Prozess. Von der Inquisition psychisch unter Druck gesetzt (gefoltert wurde er nie), schwor der inzwischen 69-jährige Galilei seiner kopernikanischen Überzeugung ab. Das Dekret aus dem Jahr 1616 wurde nun veröffentlicht, und schon der spektakuläre Charakter des Prozesses machte es absolut bindend für alle, die der Autorität der Kirche unterstanden.

Die Folgen waren gravierend. Für Galilei persönlich lief der Prozess noch glimpflich ab: Hausarrest in einem kleinen Dorf bei Florenz und tägliches Beten des Rosenkranzes (was er schon sehr bald an seine Tochter, eine Nonne, delegierte). Weitere persönliche Beschränkungen wurden ihm nicht auferlegt. Allerdings durfte er in Italien nicht mehr publizieren. Es gelang ihm, die *Discorsi* außer Landes zu schmuggeln, so dass das Buch in den protestantischen nördlichen Niederlanden mit ihrer relativ großen Pressefreiheit erscheinen konnte. Und selbst der Anstoß erregende *Dialog* wurde bereits zwei Jahre nach dem Prozess in lateinischer Übersetzung von einem protestantischen Verleger veröffentlicht. In Italien wurde die Naturerforschung jedoch zum großen Teil eingestellt, nur Forschung ohne deutliche weltanschauliche Implikationen hatte noch eine Chance. Und auch außerhalb von Italien waren die Folgen spürbar. So war René Descartes' Manuskript mit dem bescheidenen Titel *Le monde* (»Die Welt«), in dem er seine »Athen-Plus«-Philosophie formulierte, im Jahr 1633 bereits weit gediehen, als er von dem Prozess erfuhr. Sofort hörte er auf zu schreiben und ließ das Manuskript in der Schublade verschwinden, wo es erst nach seinem Tod wieder entdeckt wurde. Descartes war wie Galilei katholisch, aber er lebte und arbeitete in den nördlichen Niederlanden und lief folglich nicht unmittelbar Gefahr, von der Inquisition behelligt zu werden. Was war also der Grund für diese Selbstzensur?

Descartes war nur allzu bewusst, dass sein Werk starke weltanschauliche Konsequenzen nach sich zog. Die Welt, die er in dem gleichnamigen Buch skizzierte, war eine unendliche, mit lauter Sonnensystemen wie dem unseren. Seinen Ausgangspunkt kennen wir bereits: Gott schuf die Welt in Form von Materieteilchen, die sich, dabei Wirbel bildend, nach festen Regeln bewegen. In *Le monde* zeigt er, welche universellen Folgen dies hat. Dabei verarbeitete er elegant die neuen Erkenntnisse, die Galilei und inzwischen auch andere durch Beobachtung durchs Fernrohr gewonnen hatten. Die Grundlage all dessen war seine Vorstellung, dass es zwei Substanzen gibt, die »ausgedehnte Substanz« (*res extensa*) und die »denkende Substanz« (*res cogitans*). Letztere ist ausschließlich dem Menschen vorbehalten. Aristoteles und andere Naturphilosophen hatten zwischen drei Seelen unterschieden. Pflanzen haben eine vegetative Seele, bei Tieren kommt eine animalische Seele hinzu, und Menschen haben außerdem noch eine vernünftige Seele. Descartes strich die ersten beiden, Pflanzen und Tiere gehörten fortan zur ausgedehnten Substanz. Und auch der Mensch gehörte zum größten Teil dazu. Nicht nur Pflanzen und Tiere sind Konglomerate aus Materieteilchen, die menschlichen Körperfunktionen sind ebenso maschinell, folgen denselben Bewegungsgesetzen. In *Le monde* widmete Descartes ein ausführliches Kapitel der Beschreibung des Menschen als eine Maschine, die Gott mit der denkenden Substanz verbunden hat, mit unserer unsterblichen Seele also.

Nachdem er sein unvollendetes Debüt beiseite gelegt hatte, beschäftigte Descartes sich mit der Frage, wie er seine Weltsicht dennoch öffentlich machen konnte. Das war ihm sehr wichtig, denn sein größter Ehrgeiz war es, als neuer Aristoteles zu erscheinen. Er war davon überzeugt, dass seine Naturphilosophie, anders als alle anderen, die einzig richtige war, weil er es als Einziger verstanden hatte, sie aus vollkommen gewissen und absolut zweifelsfreien Prinzipien abzuleiten. Dies nahmen seine Konkurrenten seit alters her auch für sich in Anspruch, doch bereits in der Antike hatten die Skeptiker gezeigt, das dies nicht zutraf, und die Konkurrenz war den Einwänden gegen die Grundlagen ihrer Theorie machtlos ausgeliefert gewesen. Die Platoniker und Aristoteliker, die Stoiker und die Atomisten hatten der Einfachheit halber so getan, als habe es diese Einwände nie gegeben. Es ging also darum, den skeptizistischen Drachen doch noch zu besiegen. Dazu gürtete sich dieser heilige Georg mit einer metaphysischen Abhandlung des Titels *Meditationes*, die er seit dem Scheitern von *Le monde* für einen unverzichtbaren Zwischenschritt hielt, um die Kerngedanken des Fragments in sichere Fahrwasser zu retten.

Die skeptische Kritik lief auf eine ausführliche Begründung hinaus, die zeigte, dass unsere beiden möglichen Quellen der Erkenntnis, unser Intellekt und unsere Sinne, uns auf allerlei Weise täuschen können. Niemals können wir Gewissheit darüber erlangen, dass die Schlussfolgerungen, die der Intellekt uns ziehen lässt, und die Wahrnehmungen unserer Sinnesorgane richtig sind. Es bleibt einem nichts anderes übrig, als ein endgültiges Urteil auf später zu verschieben. Descartes' Geniestreich bestand nun darin, dass er den Skeptikern in ihrer Argumentation bis ganz zum Schluss folgte. Er ging sogar noch weiter und machte einen Schritt, den kein Skeptiker je gemacht hatte. Er erfand den berühmten *malin génie*, einen bösen Geist, der all sein Bestreben darauf richtet, uns zu täuschen. In diesem versengenden skeptischen Zweifel geht alles in Rauch auf, die ganze Welt und alles darin ist weggedacht, es bleibt nichts übrig. Nichts? Doch, etwas. Während ich zweifle, komme ich nicht umhin zu konstatieren, dass dieser denkende Zweifel von mir ausgeht. *Cogito, ergo sum*, »ich zweifle, also bin ich«, dieser Feststellung kann auch der am tiefsten bohrende Zweifel nichts anhaben, mein zweifelndes Ich lässt sich schlicht und einfach nicht wegdenken. Auf diese Weise findet Descartes schließlich doch noch einen Fels zweifelsfreier Gewissheit. Anschließend geht es darum, von diesem festen, unverrückbaren Felsen aus wieder Brücken zurück in die Welt zu bauen. Die ist inzwischen allerdings eine vollkommen andere Welt, nicht mehr die der unbefangenen Wahrnehmung, sondern eine Welt der ausgedehnten und der denkenden Substanz. Und der Weg zurück in die Welt ist laut Descartes die Mathematik.

In dreierlei Hinsicht ist für Descartes die Mathematik von besonderer Bedeutung gewesen. Er war ein genialer Mathematiker, einer der größten Erneuerer aller Zeiten. Seine Arbeiten bedeuteten einen riesigen Schritt vorwärts auf dem Weg der Zusammenführung von Geometrie und Algebra. Er tat diesen Schritt in einer Abhandlung mit dem Titel *La Géométrie*, 1637 zusammen mit zwei anderen Aufsätzen erschienen, die sich mit der Brechung des Lichts und Phänomenen in der Atmosphäre beschäftigen. Diesen drei »Essays« geht eine kurze Ankündigung seiner Naturphilosophie voraus, die den Titel *Discours de la méthode* trägt. Dieser Band ist Descartes' Debüt als Publizist. Er wollte damit herausfinden, wie weit er nach Galileis Verurteilung noch gehen konnte. Die beiden anderen Aufsätze zeigten, zu welchen Leistungen Descartes in der mathematischen Form der Naturerkenntnis fähig war. Er betrieb diese nicht auf die revolutionäre Weise Galileis, sondern klassisch-alexandrinisch. Er veröffentlichte als Erster das Brechungsgesetz, das Ptolemäus nicht hatte finden können, das aber Ibn Sahl und später auch, kurz vor Descartes, Harriot und Snel entdeckt hatten. So wie zuvor schon bei Ibn Sina und anderen stellten auch für Descartes seine Naturphilosophie und seine mathematische Naturerkenntnis unterschiedliche Gebiete dar, die einander kaum beeinflussten. Mehr noch, in manchen Punkten widersprachen sie einander, und Descartes unternahm nicht den Versuch, diesen Widerspruch aufzulösen. Gleichzeitig spielte die Mathematik in seiner »Athen-Plus«-Naturphilosophie noch eine dritte Rolle: Sie war für ihn das Paradebeispiel für sicheres Wissen.

Bereits im Mathematikunterricht in einer Jesuitenschule war Descartes tief beeindruckt davon, mit welch vollkommener Sicherheit man von der einen These zur anderen gelangen kann. Aber wie war das möglich? Was machte die Mathematik zu einem solch unfehlbar sicheren Instrument? Jahre später kam Descartes zu dem Schluss, dass es an der »klaren und differenzierten« Argumentation (*clair et distinct*) liegt, welche die Mathematik auszeichnet. Wenn er nun also von dem Fels der Gewissheit aus, den er im *cogito* gefunden hatte, klar und differenziert weiterargumentierte, dann konnte er mit zweifelsfreier Gewissheit die ganze Welt aus seinem Intellekt ableiten. Erst wenn er mit seiner *top-down*-Methode ganz unten angekommen war, auf der Ebene der einzelnen Naturphänomene, entstand Raum für Ungewissheit: Gott hätte dieses oder jenes Detail so oder so erschaffen können, und nur die empirische Wahrnehmung konnte Auskunft darüber geben, wie er es tatsächlich gemacht hatte. Ansonsten ließ sich die Welt mit zweifelsfreier Sicherheit bestimmen. Dies war der merkwürdige Schluss einer Denkübung, die der Autor in der Vorrede zu den *Meditationes* mit der mitreißenden Aufforderung an alle Leser begonnen hatte, sich zumindest einmal im Leben zu fragen, ob alles, was er für wahr hält, tatsächlich auch wahr ist.

Nachdem er dieses Fundament gelegt hatte, benötigte Descartes seiner Ansicht nach nur noch eins, um seine vollständige Naturphilosophie doch noch veröffentlichen zu können. Die doppelte Erdrotation war von seiner Kirche verurteilt worden, und Descartes wollte auf gar keinen Fall in Konflikt mit ihr geraten. So kam er auf den Gedanken, dass dies auch nicht sein müsse. Er konnte das Verbot, die doppelte Erddrehung zu lehren, umgehen, indem er behauptete, die Erde selbst bewege sich nicht, sondern lediglich der Wirbel, der sie durch das Sonnensystem mitschleppt. Und Descartes wäre nicht Descartes gewesen, wenn er sich dazu nicht auch eine passende Begründung ausgedacht hätte. 1644 war der Weg frei für die Veröffentlichung seines Hauptwerks, das er stolz *Principia Philosophiae* nannte.

Dann aber geriet er doch in Konflikt mit einer kirchlichen Instanz. Diese gehörte allerdings nicht zur katholischen Kirche, sondern es handelte sich um einen ultra-orthodoxen, kalvinistischen Pastor namens Gijsbert Voetius. Voetius stand an der Spitze der pietistischen »Zweiten Reformation«. Diese Bewegung wollte die Republik in eine Theokratie umformen, in der alle anderen Religionen geächtet waren und in der die Regenten zu einem ausführenden Organ einer Politik degradiert wurden, welche die Pastoren sich zuvor ausgedacht hatten, eine Art Ayatollah-Regime also. Voetius war außerdem Rektor der soeben gegründeten Universität von Utrecht, und Descartes lebte zu der Zeit in dieser Stadt. In gewisser Weise war der Konflikt ein Scheingefecht, denn ein talentierter Anhänger, Professor Henrick de Roy (Regius), war bereit, an Descartes' Stelle in den Ring zu steigen, so dass er auch die Schläge abbekam. Descartes selbst kam mit einem blauen Auge davon, so weit reichte die Jurisdiktion des Utrechter Gemeinderates, den Voetius auf seine Seite gezogen hatte, nicht. Außerdem hatte der französische

Botschafter vorsichtshalber ein gutes Wort für Descartes beim Statthalter Prinz Frederik Hendrik eingelegt. Aber diese Episode ist aus einem anderen Grund von Bedeutung, denn sie ist zugleich Teil und Symptom einer Legitimitätskrise, in die sowohl »Alexandria plus« als auch »Athen plus« in der vierziger Jahren des 17. Jahrhunderts auf dem europäischen Kontinent geraten waren.

Eine Legitimitätskrise

Es liegt auf der Hand, dass die weltanschaulichen Erneuerungen, die vor allem von Galilei und Descartes mit starken Argumenten zur Diskussion gestellt wurden, sowohl begeisterte Anhänger als auch entschiedene Gegner fanden. Langfristig haben die Anhänger die Überhand gewonnen, und zwar deutlich. Die moderne Naturwissenschaft, zu der sie grundlegende Ansätze beigetragen haben, hat sich durchgesetzt und ist bis zum heutigen Tag immer weiter ausgebaut worden, wenn man einmal von der Zeitspanne absieht, die gleich nach dem Auftreten dieser Pioniere kam. Zwischen 1645 und 1660 etwa hing das Schicksal der neuen Ideen an einem seidenen Faden, und wir werden uns jetzt mit der Frage beschäftigen, wie es dazu kam.

Zunächst wollen wir einen Blick auf die Ängste werfen, welche die Erneuerer, allen voran Descartes, aber auch Galilei und sogar Kepler bei Prof. Dr. Gijsbert Voetius weckten:

»Wenn einmal das Wesen und das Dasein ihrer ›substantiellen Formen‹ [der Kern der aristotelischen Lehre] beraubt sind, dann ist der menschliche Geist in seiner Eitelkeit, Skepsis, Zügellosigkeit und Neigung zur Widerrede auf eine abschüssige Ebene geraten, und nichts hält ihn dann noch davon ab zu behaupten, dass es keine Seele gibt, keine Fortpflanzung und Zeugung des Menschen im Mutterschoß, keinen Wind, kein Licht, keine Dreifaltigkeit, keine Fleischwerdung Christi, keine Erbsünde, keine Wunder, keine Prophezeiungen, kein Erwachen des Gottesbewusstseins im menschlichen Geist und Willen, keine Wiederauferstehung des Menschen durch Gottes Gnade, kein Wirken von Dämonen im Körper des Menschen und in seinem Geist.«

Kurzum: Nimmt man der Lehre des Aristoteles ihren Kern, verdammt man die Welt zur Unverständlichkeit und man beraubt das Christentum seiner wichtigsten Lehren.

Wie kann das sein? Wie kann ein zwar haarspalterischer, aber in seiner Haarspalterei überaus intelligenter, gebildeter und in der Theologie sehr sattelfester Gelehrter wie Voetius ohne rot zu werden behaupten, das von der Lehre des Aristoteles nicht nur die Begreifbarkeit der Natur abhängt (was man sich noch vorstellen könnte), sondern zudem auch noch die Grundlagen des christlichen Glaubens?

Das lag an der Allianz zwischen Aristoteles und Jesus, die Thomas von Aquin drei Jahrhunderte zuvor zu schmieden verstanden hatte. Diese Allianz gab es nicht nur auf dem abstrakten Niveau von Gottes Allmacht, die Thomas so wunderbar mit der Neigung von Aristoteles versöhnt hatte, ein Phänomen erst dann für ausreichend erklärt zu halten, wenn er dargelegt hatte, warum es nicht anders sein kann, als es ist. Namentlich in der römisch-katholischen Lehre gibt es sogar einen sehr engen Zusammenhang mit einem zentralen Bestandteil der Messe: die tatsächliche Verwandlung von Wein in Christi Blut und von Brot in sein Fleisch. Nicht umsonst wird dies mit dem durch und durch aristotelischen Begriff »Transsubstantiation« bezeichnet: Während die äußeren Eigenschaften von Wein und Brot sich nicht ändern, verändert sich die Substanz. Die Frage, wie dies in Descartes' Naturphilosophie vor sich gehen könnte, lag auf der Hand. Nun kann man natürlich hingehen und sagen, dass dies überhaupt keine Rolle spielt, weil offenbarte Wahrheiten keines Beweises bedürfen. Doch so ging es in der Religionsgeschichte, insbesondere der der monotheistischen Religionen, nicht zu. Ohne Begründungen, die man mit dem Verstand begreifen konnte, konnte man die meisten Gebildeten nicht gewinnen.

Die Folge war, dass im christlichen Europa die Verbindung zwischen Naturphilosophie und Religion sehr eng war, und ein Angriff auf Erstere wurde sehr leicht als eine Bedrohung für Letztere betrachtet. Und dieser Angriff erfolgte nun von zwei Seiten. Auf der einen war da die seltsame »mathematische Philosophie«, mit der Galilei die übliche Naturphilosophie ersetzen wollte, unter der absurden Flagge der doppelten Erdrotation. Auf der anderen Seite gab es eine neue Naturphilosophie, die sich in den Arbeiten von Descartes als die zweifelsfrei gewisse Alternative für alles Alte präsentierte.

Und es ging um mehr als die Aushöhlung der Unterstützung, welche die christlichen Glaubenswerte in der üblichen Naturphilosophie fanden.

Da war das Problem der Schriftauslegung. Musste sie immer und überall buchstäblich Gottes Wort folgen, oder konnte man hier und dort davon abweichen? Diese Frage haben wir bereits im Zusammenhang mit Galileis Konflikt mit der katholischen Kirche betrachtet.

Da war das Problem der unsterblichen Seele, und damit eng verbunden die Frage nach dem grundsätzlichen Unterschied zwischen Mensch und Tier. Bewahrer sehen manchmal viel klarer als die Erneuerer, worauf deren Ideen – ob gewollt oder nicht – hinauslaufen. Descartes hat nie verstanden, woher die Zweifel an seiner Frömmigkeit, die nicht nur von Voetius geäußert wurden, rührten. In seinen *Meditationes* hatte er doch sogar einen neuen, unwiderlegbaren Gottesbeweis geliefert! Und hatte er sich mit seiner Unterscheidung zwischen ausgedehnter und denkender Substanz nicht gerade für unsere unsterbliche Seele stark gemacht, indem er sie so genau wie möglich von den vernunftlosen Tieren abgegrenzt hatte? Viel deutlicher als Descartes selbst sah Voetius, dass es nun lediglich noch einer ganz kleinen Operation bedurfte, um die denkende Substanz, die so lose und auf so undeutliche Weise an unseren Körper gekoppelt war, in einem Rutsch gleich mit aus dem Weltall zu entfernen. Unbeabsichtigt und wahrscheinlich unbewusst, war Descartes nicht mehr weit von einer materialistischen Weltsicht entfernt, in der für die unsterbliche Seele und einen souverän handelnden Gott kein Platz mehr war. Descartes war nicht Spinoza, doch Voetius sah Letzteren sozusagen bereits am Horizont erscheinen – ganz zweifellos würde irgendwann jemand kommen und aus Descartes' Lehre die atheistischen Konsequenzen ziehen, die der Autor selbst zu übersehen schien.

Ähnlich verhielt es sich mit Descartes' Prozess des konsequenten Zweifelns. Er selbst war überzeugt, die Skeptiker damit schachmatt gesetzt zu haben. Doch wieder bedurfte es nur eines kleinen Schritts, um auch das Cogito durch den Fleischwolf des Skeptizismus zu drehen. Eigentlich läutete Descartes also die Wiederauferstehung eines jetzt noch weiter verstärkten und daher viel gefährlicheren Skeptizismus' ein. Und nicht nur das. Worauf lief Descartes' Aufforderung, man müsse einmal im Leben alles, was man für wahr gehalten hat, grundlegend in Zweifel ziehen, letztendlich hinaus? Das alle auf eigene Faust losdachten? Zwar hatte er selbst rechtzeitig eine Kehrtwende gemacht und den bohrenden Zweifel in der neuen Gewissheit seiner Naturphilosophie aufgelöst, doch hatte er mit seinen Gedanken nicht gleichzeitig für andere den Weg geebnet, gleich welcher Autorität den Gehorsam zu verweigern, und zwar vor allem den intellektuellen Autoritäten? Was sollte aus der Welt nun werden?

Und überhaupt, was für eine Welt war das eigentlich, die Descartes in seiner Naturphilosophie beschrieb? Der Kosmos erschien dort als eine Art Uhrwerk, mechanisch funktionierend, in mitleidloser Regelmäßigkeit und unerschütterlichen Naturgesetzen unterworfen. Was blieb da noch übrig vom Menschen, diesem winzigen Fitzel denkender Substanz in einem unendlichen Weltall voller herumwirbelnder Materieteilchen?

Es stimmt, dass Voetius' Kampf gegen Descartes kaum direkte Wirkung zeigte. Der Franzose blieb als Person unversehrt, und selbst die Veröffentlichung seiner Bücher wurde dadurch nicht verhindert. Und auch für Galilei waren, wie wir gesehen haben, die Folgen erträglich; seine letzten neun Lebensjahre verbrachte er unter Hausarrest, aber sein Werk blieb öffentlich zugänglich, wenn auch in seinem Heimatland nur sehr eingeschränkt.

Wenn wir den Verlauf und vor allem das »Finale« der beiden Konflikte näher in Augenschein nehmen, dann zeigt sich, dass sie gar nicht anhand der heißen Eisen ausgefochten wurden, die wir soeben der Reihe nach betrachtet haben, sondern dass sie in juristische Begriffe gefasst wurden. In dem ganzen Prozess gegen Galilei ging es einzig um die Frage, ob er mit seinem *Dialogo* gegen das 16 Jahre zuvor ausgesprochene Verbot, weiterhin die Erdrotation zu propagieren, verstoßen hatte oder nicht. Auch in Utrecht stritt man sich sehr bald über relativ unbedeutende Dinge wie etwa die Frage, wer der Autor eines bestimmten Pamphlets war. Außerdem hatten in beiden Verfahren weltliche Instanzen ein erhebliches Mitspracherecht. Die Inquisition war natürlich eine kirchliche Institution, aber der Papst war zugleich Herrscher über den Kirchenstaat und als solcher ein Kollege von Galileis Herrn, dem Großherzog der Toskana, und darum konnte er mit dessen Untergebenen nicht so verfahren, wie er vielleicht wollte. Und in der Republik war nicht nur der Utrechter Gemeinderat, sondern waren – zu Descartes' großer Enttäuschung – auch die Obrigkeiten andernorts mehr darauf bedacht, Ruhe und Ordnung aufrecht zu erhalten, als seinen Gegnern das Handwerk zu legen. Im Jahr 1657 war die Veröffentlichung der nachgelassenen Schriften Descartes' noch einmal Anlass für einen vergleichbaren Konflikt, der Jahrzehnte schwelte. Seine Anhänger gerieten in dessen Verlauf sogar mit dem König und dem Erzbischof von Paris aneinander, und wieder beobachten wir dasselbe Muster: Statt die weltanschaulichen Fragen zu diskutieren, um die es letztendlich ja ging, verhandelt man juristische Spitzfindigkeiten. Und wieder droht der Anstoß erregenden Partei nichts Ernsteres als der Verlust einer Professur. Von Haft oder gar Hinrichtung ist gar keine Rede. Erneut können die Bücher mit dem kontroversen Inhalt weiterhin erscheinen, wenn auch manchmal mit dieser oder jener symbolischen Änderung, und wenn nicht in Frankreich selbst, dann doch in den nördlichen Niederlanden.

Was ging hier vor sich? Warum wurden jedes Mal solche Nebelgranaten abgefeuert?

Zum einen spiegelt sich in all dem die europäische Uneinigkeit. Europa bestand aus vielen souveränen Staaten, die von Fürsten regiert wurden, die nicht zugleich auch religiöse Führer waren. Mit den kirchlichen Autoritäten hatten sie sich auf eine gewisse Art von Machtteilung verständigt. In einem Weltreich – von einem zugleich weltlichen als auch geistlichen Herrscher, der überhaupt niemandem verantwortlich war, zu einer politischen Einheit gemacht – hätte man sowohl mit Galilei als auch mit Descartes wahrscheinlich kurzen Prozess gemacht. Aber in Europa überlebten die Pioniere ihre anstößigen Auffassungen, die zudem auch weiterhin in Buchform veröffentlicht wurden. Ist es da nicht völlig übertrieben, bedeutungsvoll von einer »Legitimitätskrise« zu reden? Kann man wirklich sagen, dass die neu entstandenen, revolutionären Formen der Naturerkenntnis Gefahr liefen, unter den beschriebenen Umständen die Verankerung in der Gesellschaft zu verlieren? Ereignisse ganz anderer Art hatten um 1050 in der islamischen Kultur eine weitreichende Legitimitätskrise hervorgerufen. Infolge einer Reihe von Invasionen hatte diese Zivilisation eine Wendung nach innen vollzogen, die der Naturerkenntnis nur noch wenig Raum ließ. Hatte nun in Europa das Anstößige der neuen Ansichten ähnliche Konsequenzen?

In der Tat war das der Fall, waren die beschriebenen Konflikte doch alles andere als Stürme im Wasserglas, und ihre Folgen sehr viel weitreichender, als die relative Unversehrtheit der Hauptbeteiligten und ihrer Bücher nahe legt. Nicht umsonst sind die Jahre zwischen etwa 1645 und 1660 im Vergleich zum gesamten 17. Jahrhundert die am wenigsten produktive Periode, was die Naturwissenschaften angeht. Nur in der Rückschau wirkt das Ganze wie eine kurze Flaute. Vom damaligen Standpunkt aus betrachtet, musste man den Eindruck haben, dass die Entwicklung rasant an Schwung verliert und dass die revolutionäre Erneuerung mit einem Schlag zum Stillstand kommt. Aber war dies der nun schwindenden Legitimität geschuldet, dem in breiten Kreisen herrschenden Gefühl also, die von Galilei, Descartes und anderen Erneuerern vertretenen Auffassungen seien derart bizarr und gotteslästerlich, dass sie in einer anständigen Gesellschaft nicht geduldet werden können?

Diese Frage lässt sich mit Hilfe von drei Stichworten beantworten: Zensur, Selbstzensur und die drohende Gefahr eines Kriegs aller gegen alle.

Vorhin haben wir die positiven Auswirkungen der Uneinigkeit Europas gesehen. Sowohl innerhalb als auch zwischen den europäischen Staaten gab es allerlei Formen und Abstufungen von Gewaltenteilung und einander bekämpfenden Autoritäten, die gemeinsam dafür sorgten, dass den neuen, Anstoß erregenden Auffassungen nicht mit einem Mal der Kopf abgeschlagen wurde. Doch gerade in dieser Zeit nahmen die Gewaltenteilung und die gegenseitige Behinderung eine Form an, die man schon fast als einen europäischen Bürgerkrieg bezeichnen kann. Dies lässt sich genauer umschreiben. Schon seit der Reformation zu Beginn des 16. Jahrhunderts wurde Europa von Religionskriegen geplagt. Im engen Zusammenhang mit dem Streben der Habsburger, den ganzen Kontinent zu beherrschen, waren diese im Laufe des Dreißigjährigen Krieges vollkommen außer Kontrolle geraten. In diesen Konflikt, der zwischen 1618 und 1648 Deutschland zersplitterte und verwüstete, waren die anderen Großmächte mit hineingezogen worden, die ihrerseits wieder mit Aufständen innerhalb der eigenen Grenzen zu kämpfen hatten, oder, wie im Fall Englands, mit einem tatsächlich ausgebrochenen Bürgerkrieg. Während der vierziger Jahre drohte ein Krieg, in dem alle gegen alle kämpften und der Europa in Chaos und Anarchie hätte versinken lassen.

Seit dem Wiederaufleben des griechischen Erbes Mitte des 15. Jahrhunderts hatten fast zwei Jahrhunderte lang die Zentren der Beschäftigung mit Naturerkenntnis in Italien, Österreich und Süddeutschland, in Frankreich, England, den Niederlanden und, in eingeschränktem Maße, auf der iberischen Halbinsel gelegen. Wir wollen nun jedes dieser Gebiete betrachten, um zu sehen, wie es inzwischen um die erneuernden Kräfte bei der Beschäftigung mit Naturerkenntnis bestellt war.

Was Österreich und Süddeutschland angeht, können wir uns kurz fassen. Der Dreißigjährige Krieg legte das gesamte Gebiet lahm; es sollte bis in die zweite Hälfte des Jahrhunderts dauern, bis von nennenswerten kulturellen Aktivitäten wieder die Rede sein konnte.

In Italien rief der Prozess gegen Galilei die Inquisition gegen alles auf den Plan, was auch nur im Widerspruch zu Glaubenssätzen stehen könnte. Das Dekret von 1616 hatte den Jesuiten bereits jeglichen Raum für die unbefangene Fortsetzung ihrer Studien genommen. Galilei hatte es, mit allerlei Tricks und Kniffen, die sich im nachhinein als verhängnisvoll erwiesen, noch geschafft, seine feurige Verteidigung der doppelten Erddrehung zu veröffentlichen. Nach dem Prozess von 1633 war es auch damit vorbei. Die Weiterentwicklung der revolutionären Erneuerung, die Galilei propagiert hatte, war nur noch möglich, wenn es dabei um sehr abstrakt-mathematische oder umgekehrt rein praktische Dinge ging. Sobald weltanschauliche Konsequenzen drohten, folgte unweigerlich die Intervention von höherer Stelle. Schleichwege gab es natürlich immer, doch die Unbefangenheit, die für die wirkliche

Erneuerung unerlässlich ist, ist unter solchen Bedingungen längst verloren gegangen.

Dies machte nicht nur in Italien die Weiterentwicklung des neuen Gedankenguts unmöglich, sondern auch in allen anderen Gebieten, in denen die Inquisition in der Lage war, dem Denken Grenzen zu setzen. Zu diesen Gebieten gehörten Spanien und Portugal sowie die spanischen Niederlande. Einer der großen Pioniere, Johan Baptista van Helmont, hat dies am eigenen Leib erfahren. Er wurde ein paar Mal verhaftet, und sein umfangreiches Werk, in dem er die Lehre des Paracelsus weiterentwickelt hat, erschien erst vier Jahre nach seinem Tod, und zwar im Ausland.

In England hingegen hatten die Veröffentlichungen der Pioniere Francis Bacon, William Gilbert und William Harvey keinen Anstoß erregt. Doch in der Zeit, als Charles I. hingerichtet wurde, versank das Land in einem Bürgerkrieg, der zwar einerseits die Zensur zusammenbrechen ließ, der aber andererseits kaum Möglichkeiten ließ, das Werk der Pioniere fortzusetzen und auszubauen.

Und so blieben als eventuelle Träger der Erneuerung nur die nördlichen Niederlande und Frankreich übrig. Und just der Tatsache, dass es überall sonst keine Möglichkeit gab, die Erneuerung weiterzutreiben, verdanken die beiden Konflikte um Descartes beziehungsweise um seine postumen Anhänger ihre historische Bedeutung. Welchen Einfluss hatten diese beiden Konflikte auf die Weiterentwicklung des Denkens?

In der Republik der Sieben Vereinigten Provinzen sah es in dieser Hinsicht nicht allzu gut aus. In allen anderen Ländern gab es Fürstenhöfe, die in der Lage waren, als Mäzene zu fungieren, und dies auch taten. In den Vereinigten Niederlanden aber gab es keinen solchen Hof. In den Städten beschränkte sich das intellektuelle Leben auf dem Gebiet der Naturerkenntnis mehr oder weniger auf Aktivitäten, die einen direkten Nutzen für Handel und Schifffahrt hatten. An den Universitäten dominierte die Lehre des Aristoteles. Auf diese Universitäten gründeten sich die Erwartungen Descartes', sie waren sogar ein wichtiger Grund für ihn, sich in der Republik niederzulassen, denn er hoffte, hier seinen Siegeszug als neuer Aristoteles beginnen zu können. Der Konflikt mit Voetius erstickte diese Hoffnung im Keim, und die Lehre des Franzosen blieb in Utrecht, mit einer kurzen Unterbrechung, bis weit ins nächste Jahrhundert chancenlos. In Leiden fand man nach langem Zanken eine typisch niederländische Lösung des Problems: eine vorsichtige Vermischung der Lehre des Aristoteles mit der von Descartes. Das dabei entstandene Produkt wurde behutsam von allen weltanschaulichen

Stacheln befreit und mit dem Namen »neu-alte Philosophie« geschmückt. Auch diese Art von unausgegorenen Kompromissen ist weit davon entfernt, die einmal begonnene, revolutionäre Erneuerung zu fördern und fortzusetzen.

Nun bleibt offenbar nur noch Frankreich als Hoffnung und Zufluchtsort der bahnbrechenden Erneuerung übrig.

In der Zeit, von der wir hier sprechen, gab es allerdings nicht viel, was dieser Hoffnung Nahrung hätte geben können. Zwar hatte die Inquisition in Frankreich viel weniger Einfluss als in Italien oder Spanien, doch zu vernachlässigen war dieser Einfluss nicht, und es spielte durchaus eine Rolle, dass es einem französischen Jesuiten im Laufe des Konfliktes gelang, eine nicht geringe Anzahl der Werke Descartes' auf den Index der verbotenen Bücher setzen zu lassen. Es ist übrigens vielsagend, dass auf dieser Liste, die zum größten Teil nur vage Formulierungen enthält, zwei Pamphlete Descartes' ausführlich erwähnt werden, die er gegen Voetius geschrieben hatte. So wurde der Mann, der in der Republik eine kalvinistische Theokratie errichten wollte, von Rom vor den Angriffen eines Katholiken in Schutz genommen! Dieses Detail zeigt, dass die Sorgen, die Voetius sich wegen Descartes' Lehre machte, nicht nur im eigenen Land und beim eigenen Anhang geteilt wurden.

Das Weiterlodern des Streits, der über Descartes' Erbe entbrannt war, hinterließ noch andere sichtbare Spuren. Außer Isaac Beeckman und Descartes gab es noch einen dritten Gelehrten, der den Versuch unternommen hatte, eine Welt aus sich bewegenden Materieteilchen zu konstruieren, und zwar Pierre Gassendi, ein französischer Priester, an dessen Frömmigkeit oft gezweifelt wurde. 1629 hatte er Beeckman in Dordrecht besucht, und wie bereits zuvor Descartes hatte ihn die Lektüre von dessen Tagebuch inspiriert. Angefangen hatte Gassendi als Skeptiker mit einer Vorliebe für den Kampf gegen die aristotelische Lehre. Nach seinem Besuch bei Beeckman betrachtete er es als seine große Aufgabe, die antike Atomlehre mit dem christlichen Glauben zu versöhnen. Ebenso wie Descartes hielt er das Buch, in dem er sein frommes Projekt schriftlich fixierte, lange Zeit zurück, und erst kurz vor seinem Tod wagte er die Veröffentlichung – auch hier führte Angst vor Zensur zu langfristiger Selbstzensur.

Doch all dies bedeutet noch nicht, dass Fortschritt bei der Erneuerung der Naturerkenntnis in Frankreich ausgeschlossen war. Vor allem in Paris bildeten sich, während der Streit um das Werk von Descartes schwelte, allerlei informelle Grüppchen von Gelehrten, die sich regelmäßig trafen, um über die unterschiedlichsten Dinge und Ideen zu diskutieren. Wir kennen nur wenige Einzelheiten, da man es sehr bewusst meist beim mündlichen Austausch beließ. Informell passierte also zwischen 1645 und 1660 alles mögliche, in Paris brodelte es recht heftig, aber Vorsicht war oberstes Gebot, und sichtbare Ergebnisse gab es kaum.

In Frankreich war das Bild demnach gemischt. Das war es anderswo kaum. In Europa tendierte man im Allgemeinen dazu, die revolutionäre Naturerkenntnis zumindest für bizarr zu halten, zudem im Widerspruch zu fundamentalen und in der ganzen Kultur akzeptierten Werten. Und daher hielten sich die potentiellen Träger dieser seltsamen und gefährlichen Formen der Naturerkenntnis freiwillig oder gezwungenermaßen bedeckt. Die Entwicklung war noch nicht so weit, aber es würde nicht mehr lange dauern, und der Schwung wäre endgültig raus. Und das Beispiel der islamischen Kultur legt nahe, dass ein späteres Wiederaufleben zwar durchaus möglich ist, dass dies dann aber in einem anderen Geist geschieht, eher dem der Wiederbesinnung auf die goldene Vergangenheit als dem der Erforschung noch unbekannter Fernen.

Kurz bevor es so weit war und der Elan definitiv verflogen war, kam die Wende. Diese Wende verdankte sich vor allem der Tatsache, dass es den europäischen Großmächten 1648 mit großer Mühe gelang, den Krieg zu beenden, der bereits seit 30 Jahren in Deutschland wütete und der ganz Europa in Chaos und Anarchie zu stürzen drohte.

Europa schlüpft durchs Nadelöhr

Rund ein Jahrhundert lang war in Europa jeder Konflikt, der sich ergab, sofort auf die Spitze getrieben worden. In allen Ecken und Winkeln war Brennmaterial aufgehäuft. Den Anlass zum bewaffneten Kampf boten nicht nur solch nachvollziehbare Dinge wie der Machtanspruch der Habsburger oder die Einkünfte aus den überseeischen Besitzungen. Auch weltanschauliche Fragen hatten immer wieder zu Konflikten geführt oder diese zumindest angefacht. Jedes Mal stand dann die Religion im Mittelpunkt. Der christliche Glaube war reich an Dogmen, über die man unterschiedlicher Meinung sein konnte, und seit der Reformation wurden diese Meinungsverschiedenheiten immer mehr betont und immer erbitterter ausgefochten. Bezeichnend ist, wie während des Waffenstillstands, der den Achtzigjährigen Krieg zwischen Spanien und den Niederlanden von 1609 bis 1621 unterbrach, also noch bevor Spanien als nationaler Feind endgültig abgetreten war, ein akademischer Streit über die Freiheit des menschlichen Willens im Lichte der göttlichen Vorsehung beinahe zum Bürgerkrieg eskalierte. Und wir haben weiter oben in diesem Kapitel gesehen, wie eng Religion und Naturerkenntnis miteinander verflochten waren. Sowohl Galilei als auch Descartes hatten mit ihren Schriften die Lehre des Aristoteles ins Wanken gebracht, doch diese stand in einem engen Verhältnis zur christlichen Dogmatik. In einer Atmosphäre, in der jeder Standpunkt bis zur letzten Konsequenz weitergedacht und durchgeführt wurde, bargen Meinungsverschiedenheiten über Naturphänomene, und sei es auch nur über die Frage, warum eine Eisscholle auf dem Wasser treibt, immer die Gefahr, aus dem Ruder zu laufen. Nichts war weltanschaulich neutral, die Religion war es selbstredend nicht, und die Naturerkenntnis war es auch nicht. Die »athenische« Naturphilosophie war es nie gewesen, und die »Athen-plus«-Philosophie Descartes' war es noch viel weniger. Die »alexandrinische« mathematische Naturerkenntnis hatten Galilei und Kepler auf das traditionelle Gebiet der Naturphilosophie überführt, und sie landete dadurch ebenfalls auf dem Kampfplatz der Weltanschauungen. Und auf diese Weise war das weitere Schicksal der beiden neuen Formen der Naturerkenntnis vom Resultat des allmählich alles umfassenden Streits abhängig geworden, der auf diesem Kampfplatz ausgetragen wurde.

Im Jahr 1648 schlossen die Großmächte des europäischen Festlands den Westfälischen Frieden. Es handelte sich dabei um einen *package deal* – eine ganze Reihe von schwelenden Konflikten wurden damit gelöst. 80 Jahre nach Beginn des Aufstands wurde die niederländische Republik nun offiziell zum »Konzert der Nationen« zugelassen. Deutschland blieb in Hunderte von Territorien zersplittert und wurde ansonsten seinem Schicksal überlassen. Die österreichischen und die spanischen Habsburger gaben sich mit dem zufrieden, was sie hatten. Überall in Europa konnte fortan jeder Fürst ohne Einmischung von außen selbst bestimmen, welche Religion auf seinem Territorium die herrschende sein sollte.

Die Frage war natürlich, ob der den Kontinent umspannende Vertrag halten würde. Das tat er wirklich, und innerhalb weniger Jahrzehnte klarte es auf. In gewisser Weise unterschied sich die Atmosphäre im Europa des Jahres 1640 mehr von der, die 1660 herrschte, als von der Atmosphäre im Jahr 1540, ganze einhundert Jahre früher. Der Kessel war nicht explodiert, gerade noch rechtzeitig hatte man den Deckel hochgehoben und Dampf abgelassen. Natürlich begann mit dem Westfälischen Frieden nicht der universelle Frieden. Man war aber im Falle eines Konflikts weniger ungestüm, es herrschte ein gewisser Versöhnungswille, und man war eher bereit, nach einem für alle annehmbaren Kompromiss zu suchen. Mit einer kurzen Verzögerung setzte sich dieser Wandel auch in England durch. Dort war durch den Tod des protestantischen Diktators Oliver Cromwell und die Vertreibung seines unfähigen Sohns die Grundlage für die Rückkehr des ältesten Sohns des enthaupteten Charles aus dem Exil geschaffen worden. Die Krönung Charles II. im Jahr 1660 und damit die Wiedereinsetzung der Stuarts ging erstaunlich glatt über die Bühne. Der neue König passte sich ohne auffällige Rachsucht der neuen Atmosphäre des Abmilderns von Gegensätzen an.

Die Bedeutung all dieser Ereignisse für die Zukunft der erneuernden Naturerkenntnis war nicht gering. Erst jetzt konnten auch Außenstehende deutlich erkennen, dass die neuen Formen der Naturerkenntnis nicht nur weltanschauliche Gefahren mit sich brachten. Sie boten auch neue Möglichkeiten, und zwar in zweierlei Hinsicht: Ideen konnten entwickelt und Schritte unternommen werden, um die weltanschaulichen Aspekte von den in dieser Hinsicht neutralen zu isolieren. Und gerade Letztere boten die Möglichkeit, die neue Naturerkenntnis für allerlei nützliche Zwecke anzuwenden. Dazu gehörten vor allem die effizientere Gestaltung der Kriegsführung, die radikale Veränderung der handwerklichen Produktion und die Steigerung der Wohlfahrt.

Wo und wie wurden diese Möglichkeiten gesehen, in ihrer Bedeutung erkannt und tatsächlich auch in die Tat umgesetzt? Etwa ab 1660 bis weit ins 18. Jahrhundert hinein findet die Beschäftigung mit den drei neuen Formen der Naturerkenntnis zum größten Teil an drei Orten statt: in Rom, Paris und London. Direkt trug die Stadt Rom dazu nur sehr eingeschränkt bei. Allerdings hatte der Jesuitenorden in dieser Stadt sein Hauptquartier, und wo immer auf der Welt sich Jesuitenpatres mit Naturerkenntnis beschäftigten, taten sie es in Übereinstimmung mit den zentral erlassenen und aufrecht erhaltenen Richtlinien. Paris und London hingegen waren Städte, in denen sehr viel geforscht wurde und die zugleich eine große Ausstrahlung auf das übrige Europa hatten. Und so lag in der zweiten Hälfte des 17. Jahrhunderts das geographische Zentrum der Naturerkenntnis in einer ganz anderen Region als in den beiden Jahrhunderten davor.

Diese Verschiebung vom Mittelmeer in die Gebiete entlang der Küste des Atlantischen Ozeans war Teil einer sehr viel umfassenderen Bewegung. Auch der politische, wirtschaftliche und kulturelle Schwerpunkt Europas verschob sich während dieser Zeit. Der Machtanspruch der Bourbonen, und nicht länger der der Habsburger, bestimmte nun die europäische Politik. Die Herrschaft über die überseeischen Handelsrouten wurde Gegenstand heftiger Rivalität zwischen den beiden am Atlantischen Ozean gelegenen Großmächten England und Frankreich. Wer in der Literatur, der Malerei oder in der Musik führend sein wollte, der sah zu, dass er nach London oder Paris gehen konnte; je näher man dem Hof war, umso besser. Und auch den neuen Formen der Naturerkenntnis wurde an beiden Höfen Raum gegeben, sogar mehr als einfach nur Raum: In beiden Städten wurden Gesellschaften gegründet, die speziell der Naturerforschung im neuen Geiste gewidmet waren.

Um dies zu ermöglichen, mussten jedoch Strategien entwickelt werden, mit denen man die neuen Formen der Naturerkenntnis von ihren anstößigen Aspekten befreien konnte. Manche dieser Strategien schlossen einander aus, andere wiederum ergänzten sich, aber das Ziel war stets dasselbe: Akzeptanz schaffen für etwas, das zuvor eigentlich inakzeptabel war.

Atheismus war zu dieser Zeit noch kein realer Begriff; es gab ihn als theoretische Position, doch aller Wahrscheinlichkeit nach nicht – oder sehr selten – als tatsächliche Überzeugung. Für jeden Europäer, der nicht als Jude in einem besonderen Viertel eingesperrt war, lag der Maßstab seines ganzen Denkens und Handelns im Christentum. Die Sorgen, die Voetius sich machte, waren weit verbreitet. Manche, sowohl Protestanten als auch Katholiken, sahen wie Voetius auf dem Weg, den Galilei und Descartes eingeschlagen hatten, den Untergang des Christentums bereits bedrohlich näherkommen. Aber war das ein zwingender Grund, den Weg dieser Pioniere zu verwerfen? Auch mancher Anhänger der neuen Formen von Naturerkenntnis fühlte die Bedrohung durch den Atheismus auf sich zukommen. Aber sich wie Voetius an die üblichen Beweisgründe für das Christentum zu klammern, das war im Lichte der neuen Erkenntnisse darüber, wie die Welt zusammenhängt, nicht mehr möglich. Es blieben zwei Möglichkeiten. Die eine war die Rückkehr zur Offenbarung als einziger Quelle von Glaubensgewissheit – das ist es, was Blaise Pascal, ein führender Vertreter der experimentell-mathematischen Form der Naturerkenntnis, mit seinen berühmten *Pensées* beabsichtigte. Niemand folgte ihm auf diesem Weg. Die andere Lösung des Problems erlangte große Popularität, die Jahrhunderte anhielt. Unlängst tauchte sie im modernisierten Gewand des »Intelligent Design« wieder auf, obwohl sie eigentlich nie verschwunden war: »Schau nur, wie geschickt die Natur konstruiert ist, wie genau alles, ob groß, ob klein, aufeinander abgestimmt ist, wie exakt die Naturgesetze entworfen wurden! Das alles kann kein Zufall sein, ein Gott muss all dies für uns, die er nach seinem Ebenbild geschaffen hat, so eingerichtet haben.« Bereits im 17. Jahrhundert erschienen Dutzende von Traktaten diesen Inhalts. Etliche davon stammten aus der Feder von Anhängern der neuen Formen von Naturerkenntnis.

Im Hauptquartier der Jesuiten, die so gern die Vorhut der Naturerforschung gebildet hätten, die aber mit selbstgeschmiedeten Ketten an die römisch-katholische Dogmatik gefesselt waren, wurde das Problem auf andere Weise angepackt. Sie entfernten zuerst alle anstößigen Teile aus dem Werk der Neuerer und verbanden den Rest mit dem, was man von der Lehre des Aristoteles noch meinte aufrecht erhalten zu können. Den so entstandenen Mischmasch dickten sie mit Materieteilchen, Experimenten und ausführlichen Berechnungen an und machten ihn mit Hilfe von Ideen, die sie der natürlichen Magie entnahmen, zu einem Ganzen, das ihren Vorstellungen entsprach. In ihrer täglichen Arbeit konzentrierten sie sich mehr und mehr auf die experimentelle Forschung, die Neuland erschloss. Um die Ergebnisse ihrer Experimente zu erklären, konnten sie sich aus dem Mischmasch bedienen.

Die Jesuiten waren nicht die Einzigen, die genau erkannten, dass das Experiment seinem Wesen nach weltanschaulich neutral ist. Der Großteil der Forschungen, die in den Gesellschaften in London und Paris gemacht wurden, war aus diesem Grund in hohem Maße experimentell. Die Experimentatoren verzichteten gelegentlich sogar darauf, die Ergebnisse zu erklären, die sie auf diese Weise gewonnen hatten. Erklären gehörte nämlich zur alten dogmatischen Naturphilosophie, die immer wieder Anlass zum Streit geboten hatte.

Die Gründungsurkunden der beiden Gesellschaften gingen noch einen Schritt weiter in dieselbe Richtung. Sowohl die Mitglieder der *Académie Royale des Sciences* als auch die Fellows der *Royal Society for the improvement of naturall knowledge by Experiment* bekamen von ihrem König den ausdrücklichen Auftrag, sich in ihren Diskussionen von Politik und Philosophie fernzuhalten und sich ausschließlich auf die Erforschung der Natur zu konzentrieren. Die Académie war straffer organisiert und in sehr viel stärkerem Maße ein Instrument der Staatspolitik als ihr englisches Pendant. Der junge König Ludwig XIV. investierte kräftig in diese Institution. Die Mitglieder waren eine ausgewählte Gruppe von Spitzenforschern, die alle ein zwar unterschiedliches, aber hohes Gehalt bekamen. Der Begriff »ausgewählt« kann nicht wörtlich genug verstanden werden. Der König wollte nicht nur die fähigsten Leute an seine Académie binden, er machte auch innerhalb dieser Gruppe noch einmal einen Unterschied. Er konnte dabei auf die informellen Gruppen zurückgreifen, die in den fünfziger Jahren versucht hatten, die Flamme der Naturerforschung im neuen Geist am Leben zu erhalten. Allerdings schloss der König all diejenigen aus, die ihr Talent vor allem der Verkündigung von Descartes' Naturphilosophie widmeten. Sich bewegende Teilchen, prima, dann aber losgelöst von einer vollständigen philosophischen Lehre in athenischer Tradition. Der Vollblut-Cartesianer Jacques Rohault war ein brillanter Mann, und er machte mit großem Erfolg die Runde durch die Pariser Salons. Dort hielt er elegante Vorträge, mit denen er, unterstützt durch spektakuläre Experimente, die Lehre Descartes' an den gelehrten Mann und die gelehrte Frau brachte. Es gab in Paris etliche, die sehr viel weniger begabt waren als er, die aber – im Gegensatz zu ihm – sehr wohl zu den allwöchentlich stattfindenden Diskussionen der Académie-Mitglieder zugelassen waren. Der Hof war unerbittlich: Aus dogmatischer Naturphilosophie folgte nur Zwietracht, und für Rohault blieben daher die Türen der Académie verschlossen.

Für die Naturerforschung waren die Folgen dessen, was Anfang der sechziger Jahre in Paris und London passierte, enorm. Zum ersten Mal in der Geschichte wurde nun das Studium der Naturphänomene eine autonome Tätigkeit, die von einer mehr oder weniger geschlossenen Gruppe spezialisierter Gelehrter, die in täglichem Kontakt miteinander standen, ausgeübt wurde. In London war die Autonomie sogar noch etwas größer als in Paris, wo der König als Gegenleistung für das Gehalt, dass die Mitglieder der Académie bekamen, bestimmte Forschungsgebiete bevorzugt behandelt sehen wollte. Auf der anderen Seite waren die französischen Wissenschaftler ebenso wie ihre englischen Kollegen in hohem Maße frei, sich durch die Ergebnisse ihrer Forschungen in eine bestimmte Richtung führen zu lassen, die nicht bereits im Vorfeld festgelegt oder gar vorhergesagt werden konnte. Außerdem konnten sie die Resultate ihrer Untersuchungen in einer Publikation neuen Typs unterbringen: regelmäßig erscheinende Zeitschriften, die sich ganz der Naturerforschung im neuen Geist verschrieben hatten. Auf diesem Weg fanden auch Forscher, die nicht in Frankreich oder England lebten, eine Veröffentlichungsmöglichkeit und einen Nährboden in den beiden neuen großen Zentren der Naturerforschung. Christiaan Huygens wurde Direktor der Académie und korrespondierendes Mitglied der Royal Society; Antoni van Leeuwenhoek hielt all seine mikroskopischen Entdeckungen in einer Reihe von Briefen an Letztere fest.

Und so gelang es im Laufe der sechziger Jahre des 17. Jahrhunderts, die neuen Formen der Naturerkenntnis im neuen Geist des Westfälischen Friedens vom penetranten Geruch des Sakrilegs zu befreien. Ob nicht für ein frommes Gemüt doch noch allerlei Gefahren mit den Forschungen verbunden waren, das blieb natürlich für manch einen eine bestenfalls offene Frage. Doch an den inzwischen maßgeblichen Orten in Europa, vor allem in den königlichen Palästen der beiden großen Hauptstädte, stellte sich diese Frage nicht mehr – Naturerforschung in ihrer neuen Form war von weltanschaulichen Fragen effektiv losgelöst. Allerdings lässt diese Feststellung ein Problem offen, nämlich die Frage, warum man sich all diese Mühe machte. Selbst wenn die Gefahr der Gotteslästerung, welche die neue Naturerkenntnis in sich barg, tatsächlich gebannt war, hätte die Gesellschaft nicht dennoch sehr gut ohne sie leben können?

Manchem Europäer, vor allem zahlreichen Professoren, die noch gänzlich oder zum Teil der aristotelischen Schule anhingen, fiel die Antwort auf diese Frage nicht schwer. Sie lautete: »Ja, gern.« Doch an vielen Fürstenhöfen, vor allem in London und Paris, dachte man anders darüber. Dort waren die Verantwortlichen nämlichen inzwischen davon überzeugt, dass zumindest einige neue Formen der Naturerkenntnis *materiellen* Nutzen bringen konnten.

Der Gedanke, dass Naturerkenntnis materiellen Nutzen abwerfen konnte, war damals bereits einige Jahrhunderte alt. In China hatte man immer schon so gedacht, und in Europa tauchte diese Vorstellung Mitte des 15. Jahrhunderts zusammen mit der Form von Naturerkenntnis auf, die wir als die »dritte« bezeichnet haben. Bei Leonardo, Paracelsus und vielen anderen drehte sich die Naturerforschung mehr oder weniger um die unbefangene Wahrnehmung, bei der man nach Möglichkeit auch einen praktischen Nutzen im Blick hatte. Wir haben gesehen, dass es mit diesem Nutzen in vielen Fällen nicht weit her war. Lediglich in der linearen Perspektive, dem Festungsbau und der Ortsbestimmung auf der Erde war es tatsächlich gelungen, »Interfaces« zwischen Naturerkenntnis (im alexandrinischen Stil) und dem Handwerk zu finden. Die wissenschaftliche Revolution im 17. Jahrhundert ist im Wesentlichen durch dasselbe Schema gekennzeichnet, allerdings in einem sehr viel größeren Maßstab und langfristig mit einem vollkommen anderen Ergebnis. Es wurden große Erwartungen hinsichtlich dessen geweckt, was Naturerkenntnis in ihrer nun drastisch transformierten Form für Handwerk und Kriegführung zu leisten im Stande ist. Allerdings erfüllten sich diese Erwartungen vorerst nur in sehr geringem Maße.

Das ging bereits bei Galilei los. Kaum hatte er die vier Jupitermonde entdeckt, da kam ihm der Gedanke, dass man mit Hilfe ihrer Rotation das Problem der Bestimmung der Länge auf dem Meer lösen könnte. So wie es bei der Bestimmung der Breite um den Abstand zum Äquator geht, ist hier die Bestimmung der Entfernung zum Meridian von Greenwich das Ziel. Für ein Schiff auf dem offenen Meer, das durch einen Sturm weit von seinem Kurs abgekommen ist, ist diese Information überaus wertvoll. Nicht umsonst lobten die Könige von Spanien, Frankreich und England sowie die niederländischen General-Staaten fürstliche Beträge für denjenigen aus, der eine Methode fände, mit ausreichender Genauigkeit die Länge zu bestimmen. Was mit der Breite dank Sonne und Polarstern gelungen war, musste für die Länge doch auch möglich sein. Galileis erhoffte Lösung des Problems erwies sich im Laufe des Jahrhunderts als ebenso unzureichend wie zwei andere, die theoretisch sehr schlüssig wirkten, aber in der Praxis ebenfalls auf allerlei unvorhergesehene Schwierigkeiten stießen, die vorerst nicht aus dem Weg geräumt werden konnten. Die zweite theoretische Lösung des Problems machte sich die Umlaufbahn des Mondes zunutze, die dritte arbeitete mit der Zeitmessung. Nicht zufällig waren die Männer, die in der auf Galilei folgenden Generation den Schlüssel zu den beiden astronomischen Lösungen in der Hand zu haben schienen, Giovanni Domenico Cassini und der Erfinder des Pendeluhrwerks, Christiaan Huygens, genau diejenigen, denen Ludwig der XIV. bei der Gründung der Académie die höchsten Gehälter bot und sie so nach Paris lockte. Wer das Problem der Längenbestimmung lösen konnte, versetzte seinen Dienstherrn schließlich in die Lage, die Weltmeere zu beherrschen.

Außerdem erwartete Louis von den Mathematikern an seiner Académie, dass sie die Artillerie entscheidend verbesserten. Erneut war es Galilei, der die praktische Bedeutung seiner Entdeckung, dass die Flugbahn der Kugel eine Parabel beschreibt, sofort erkannt hat. Schüler und Schüler von Schülern verfeinerten diese Erkenntnis im Laufe des Jahrhunderts immer weiter, aber eine praktische Bedeutung für die Kriegsführung bekam dieses Wissen erst zu Napoleons Zeiten. Und so ging es mit fast allem. Ein Schüler van Helmonts, Johann Rudolph Glauber, versuchte, aus Holzsaft Kunstdünger herzustellen. Robert Hooke, ein prominentes Mitglied der Royal Society, meinte, mit Hilfe der neuen Naturerkenntnis ein Mittel gefunden zu haben, um Öllampen gleichmäßiger brennen zu lassen. Auf breiter Front, die also nicht nur die Kriegsführung umfasste, sondern eine Vielzahl von Handwerken, vom Maschinenbau bis hin zum Orgelbau, schien die experimentellmathematische und die forschend-experimentelle Naturerkenntnis alle Mittel zu bieten, derer es bedurfte, um das traditionelle Handwerk mehr oder weniger von Grund auf umzugestalten. Die Erwartungen waren lange hoch, doch erfüllt wurden diese zumindest im 17. Jahrhundert kaum.

Ludwig XIV. und Colbert, sein Finanzminister, hegten tatsächlich große Hoffnungen und investierten beträchtliche Summen. Der erwartete Nutzen war allerdings nicht ihr einziges Motiv, die Elite der europäischen Naturforscher an den französischen Hof binden zu wollen. Das Werk dieser Menschen sollte schließlich auch auf das bourbonische Königshaus ausstrahlen, so wie es die Gedichte Racines, die Theaterstücke Molières, die Gemälde Poussins und die Motetten von Lully taten. Doch von der Académie erhofften sie sich vor allem praktische Vorteile. Viele Aufträge, die sie den Mitgliedern erteilten, sollten daher vor allem dies bezwecken. So wurde Cassini damit beauftragt, Frankreich erneut und diesmal genau zu kartographieren. Der König hatte Sinn für Humor. Als sich herausstellte, dass frühere, theoretisch weniger beschlagene und nicht mit den modernsten Geräten ausgerüstete Geodäten das Staatsgebiet sehr großzügig vermessen hatten, beklagte er sich, dass seine teuer bezahlten Astronomen ihn mehr Land kosteten, als seine Generäle für ihn hatten erobern können.

Ludwig war auch durchaus geduldig, so wie wir das heute mit Forschern sind, die immer den Durchbruch hinter dem nächsten Subventionstopf dämmern sehen, und denen es gelingt, ihre Versprechungen frisch zu halten. Doch diese Geduld kann nicht ausreichend erklären, warum so große Beträge in ein Projekt investiert wurden, das, nüchtern betrachtet, nicht sonderlich viele Ergebnisse zeitigte, viel weniger jedenfalls, als es versprach.

Tatsache ist, dass es diese »nüchterne Betrachtung« nicht gab. Der weitverbreitete Mythos, dass das Entstehen der modernen Naturwissenschaften dem materiellen Wohlstand in Europa gleich einen enormen Schub gegeben habe, stammt aus eben dieser Zeit. Viele historische Forschungen zu diesem Thema wurden anschließend durch diesen Mythos infiziert. Uns interessiert nun die Herkunft dieses Mythos und die große Anhängerschaft, die er im 17. Jahrhundert fand. Eigentlich war der Mythos damals kein Mythos, er war eine Ideologie. Unter »Ideologie« verstehe ich hier einen Komplex von Ansichten zur wahrnehmbaren Realität, die aber zugleich in Form einer überkuppelnden Vision über diese hinausgehen. Nach dem Mann, dessen Denken diese Ideologie stärker als das jedes anderen geprägt hat, bezeichnen wir sie hier als Baconsche Ideologie.

Ich fasse zunächst zusammen, welcher Gedankengang uns an den Punkt gebracht hat, den wir nun erreicht haben. Wir dürfen die Befreiung der modernen Formen von Naturerkenntnis aus ihrer Legitimitätskrise der Neutralisierung der mit ihnen verbundenen weltanschaulichen Gefahren und dem materiellen Nutzen, den man sich von ihnen erhoffte, zuschreiben, wobei es das Letztere war, was die Anstrengungen des Ersteren lohnte. Aber das Ausbleiben dieses Nutzens in den allermeisten Fällen war natürlich ein Problem, oder wäre zumindest ein Problem gewesen, wenn man sich diese Tatsache in vollem Umfang vor Augen geführt hätte. Dass man dies nicht tat und die Erwartungen aufrecht erhielt, bis sie sich im Laufe des 18. Jahrhunderts dann allmählich erfüllten, lag daran, dass gleichzeitig die Baconsche Ideologie aufkam und viele Anhänger fand.

Diese Ideologie lässt sich kurz in der Formel »Glaube an die Macht der neuen Naturerkenntnis« zusammenfassen. »Wissen ist Macht«, hatte Bacon gesagt. Durch sein ganzes Werk zog sich die Überzeugung, dass die Naturerkenntnis in ihrer neuen Form in der Lage ist, alle nur denkbaren Dinge zu verbessern. Während des englischen Bürgerkriegs begannen seine veröffentlichten Schriften zu wirken. Allerlei mehr oder weniger seriöse Weltverbesserer gründeten ihre utopischen Programme darauf. Nach der Wiedereinsetzung der Stuarts, in den sechziger Jahren also, wurde dieses mitunter doch sehr wüste Gedankengut zur theoretischen Rechtfertigung der Anstrengungen kanalisiert, welche die Mitglieder der Royal Society unternahmen. »Rechtfertigung« bedeutete natürlich vor allem, dass die Übereinstimmung mit der christlichen Lehre aufgezeigt werden musste. Namentlich der Einwand, dass all das Herumexperimentieren nur davon abhält, sich auf das Jenseits, das uns erwartet, zu konzentrieren, musste widerlegt werden. Zwei anglikanische Geistliche übernahmen diese Aufgabe. In einer bezeichnenden Passage führt einer der beiden, der spätere Bischof Thomas Sprat, aus, dass es nicht nur einen, sondern zahlreiche Wege gebe, Gott zu dienen. Personen mit einem Charakter, der nicht dafür geschaffen ist, sich aus der Welt zurückzuziehen, könnten dafür Ausgleich in der experimentellen Naturerkenntnis finden, die sie für die Welt nützlich mache. Habe nicht auch Jesus einerseits die Angewohnheit gehabt, sich von den anderen zurückzuziehen, wenn er Kämpfe in seinem Inneren auszutragen hatte, während er andererseits zwecks Bekehrung »sichtbar gute Werke im Beisein der Menge verrichtete«? Sei nicht die systematische Korrektur von Fehlern und Irrtümern in der experimentellen Forschung das weltliche Gegenstück zur spirituellen Buße des Asketen?

»Das Gesetz der Vernunft erstrebt das Glück und die Sicherheit der Menschheit in diesem Leben. Der christliche Glauben verfolgt dieselben Ziele, sowohl in diesem wie in einem zukünftigen Leben. Sie sind also nicht nur weit davon entfernt, das Gegenteil des jeweils anderen zu sein, sondern man kann die Religion sogar zu recht als den besten und edelsten Teil, die Vervollkommnung und Krönung des Naturgesetzes bezeichnen.«

Kurzum, das Christentum in seiner ganzen Breite und die Naturerkenntnis in ihrer neuen Form ergänzen einander auf eine sehr natürliche Weise.

Hier und auch andernorts in Sprats Ausführungen werden wir Zeuge von etwas, das in der Weltgeschichte einzigartig ist. Am Ende des vorigen Kapitels habe ich in der Nachfolge Max Webers dargelegt, dass in Europa, anders als in allen anderen Weltreligionen, die religiöse Erfahrung immer weniger auf mystische Verinnerlichung ausgerichtet war. Der Verzicht auf weltliche Genüsse, der zwecks eines Platzes im Jenseits erstrebenswert war, nahm in der westeuropäischen Ausprägung des Christentums mehr und mehr die Form von Sparsamkeit, knorrigem Fleiß und nüchternem Unternehmungsgeist an. Ob dies nun tatsächlich für den »Geist des Kapitalismus«, der Webers eigentliches Thema war, die Folgen hatte, die er vor einem Jahrhundert beschrieben hat, lasse ich dahingestellt sein. Fest steht jedoch, dass wir exakt diese Haltung in Sprats Apologie der Royal Society wiederfinden. Er verband diese Haltung speziell mit der neuen, forschend-experimentellen Form der Naturerkenntnis. Und damit war etwas entstanden, was es nie zuvor gegeben hatte: die religiöse Sanktionierung von rein-weltlicher Erkenntnis. Vor allem gab es dergleichen nicht in der islamischen Kultur.

Gewiss, im alten Bagdad, zur Zeit der Abbasiden, hatte eine relativ offene, weltlich orientierte Form des Islam das Klima bestimmt, in dem die griechische Naturerkenntnis aufgenommen und zu neuer Blüte geführt werden konnte. Nörgler wie Ibn Qutaiba, die der Ansicht waren, dass die Kenntnis des Korans ausreiche und die »ausländische« Naturerkenntnis auch sonst zu nichts nütze sei, konnten sich angesichts der allgemeinen Begeisterung nicht durchsetzen. Doch kaum gaben die Invasionen Anlass zu einer Wendung nach innen, da erhoben auch die Ibn Qutaibas dieser Welt wieder ihr Haupt, und das ganze Unternehmen »Erweiterung der griechischen Naturerkenntnis« verlief im Sande. Dass dies in so kurzer Zeit geschehen konnte, lag unter anderem am Fehlen einer Ideologie, auf die sich die Betreiber der »ausländischen« Naturerkenntnis berufen konnten. In einer vergleichbaren Legitimitätskrise verfügte Europa sehr wohl über die Mittel, eine solche Ideologie zu schaffen, die wir hier als »Baconsche« bezeichnen. Dies gilt vor allem für England, das mehr und mehr zum Motor par excellence der europäischen Naturerkenntnis wurde. Dort fand die Baconsche Ideologie Zuspruch; sie wurde von den gesellschaftlich aufstrebenden Gruppen, die es im Umfeld von Handel und Seefahrt gab, freudig als ein Symbol des Fortschritts begrüßt. Die Baconsche Ideologie ist ein britisches Produkt geblieben. Auf dem Festland gab es hier und dort, etwa in der Académie, dieses oder jenes Lippenbekenntnis dazu. Aber wirklich angenommen wurde sie nicht einmal in den nördlichen Niederlanden, was umso erstaunlicher ist, weil die Baconsche Ideologie, wie gesagt, stark protestantisch gefärbt war. Insgeheim denke ich manchmal, dass in den Niederlanden bereits damals der »Nutzen« viel zu sehr im direkten Gewinn gesucht wurde, während die unerschütterliche Erwartung zukünftigen Gewinns der Kern der Baconschen Ideologie war. Wissen, um es einmal im heutigen Jargon auszudrücken, lässt sich durchaus »valorisieren«, allerdings in den seltensten Fällen schon morgen, und ganz gewiss nicht in vorhersehbaren oder bestimmbaren Richtungen.

Es ist Zeit für eine Schlussfolgerung, für drei sogar.

Zunächst lässt sich die oft gestellte Frage, welche Bedeutung die Reformation für die wissenschaftliche Revolution hatte, nun mit einer gewissen Exaktheit beantworten. Zur revolutionären Transformation der beiden von Hause aus griechischen Formen der Naturerkenntnis und deren späterem Ausbau haben zwar mehr Katholiken als Protestanten beigetragen, doch die Zahlen stimmen im Großen und Ganzen mit dem relativen Anteil der beiden Konfessionen an der europäischen Gesamtbevölkerung überein. Die dritte, erforschend-experimentelle Form der revolutionären Naturerkenntnis wurde von den Jesuiten praktiziert; auch in Paris – hier vor allem von Katholiken – und in London – hier vor allem von Protestanten – wurde sie betrieben. Mit dem bei weitem größten Ertrag wurde sie, wie wir noch sehen werden, in England ausgeübt, unter der Flagge der Baconschen Ideologie. Vor allem aber ist der feste Glaube an die produktive Kraft der neuen Formen von Naturerkenntnis, an das darin steckende Potential, dem Los der Menschheit eine radikal neue Wendung hin zu Wohlstand und Herrschaft über die Natur zu geben, eine protestantische Angelegenheit gewesen.

Des weiteren ist deutlich geworden, dass selbst wenn die griechische Naturerkenntnis in der islamischen Kultur eine Figur wie Galilei hervorgebracht hätte, sich diese nie hätte durchsetzen können. Die weltanschaulichen Konflikte, die mit dem Auftreten einer solchen Person verbunden waren, wären unlösbar gewesen. In jeder Kultur mit einem Heiligen Buch hätte es vergleichbare Widerstände gegeben, doch im Islam gab es nicht die theologisch begründete Möglichkeit einer nicht wortwörtlichen Lesung einer solchen Schrift, die Augustinus für das Christentum – unter allem Vorbehalt – eröffnet hatte. Außerdem verfügte der Islam nicht über die Heilmittel, auf die sich eine Ideologie wie die Baconsche gründen ließ. Das christliche Europa war in seinem Nach-außen-gerichtet-Sein einmalig. Hinter dieser Orientierung verbarg sich kein besonderes Verdienst, sie ist eine historische Tatsache, die man nüchtern konstatieren muss. Wenn also die Frage gestellt wird, warum es in der islamischen Kultur keine wissenschaftliche Revolution gegeben hat, dann ist die Antwort zweiteilig. Ohne die Invasionen hätte sich ein erster Ansatz in Form einer Art »Alexandria plus« eventuell ergeben können, einen »al-Galilei« kann man sich mit etwas Phantasie durchaus vorstellen. Doch für eine Ideologie, die hätte helfen können, die fatalen weltanschaulichen Folgen aufzufangen, fehlten dem Islam die geeigneten Hilfsquellen. In einem religiösen Spektrum, das von »nach innen« bis »nach außen« gerichtet reicht, nimmt der Islam eine Mittelstellung ein: Er ist weder so extrem introvertiert wie der Hinduismus in Indien, noch so extrovertiert, wie es das Christentum in Europa zunehmend wurde. Ein »al-Bacon« ist beim besten Willen nicht denkbar.

Und schließlich, wir kommen nun zu unserer dritten Schlussfolgerung, ist selbst das extrovertierte Europa in dem Zeitraum von etwa 1645 bis 1660 so gerade noch durchs Nadelöhr geschlüpft. Der Westfälische Frieden und die Schwerpunktverschiebung vom Mittelmeer zum Atlantischen Ozean schufen den Rahmen, in dem die Legitimitätskrise der neuen Formen der Naturerkenntnis gelöst werden konnte. Die Herrscher, die in Europa das Sagen hatten, ergriffen die Gelegenheit, die sie sich selbst am Rande des totalen Chaos noch gegönnt hatten. Auch sie sahen den potentiellen Nutzen der neuen Naturerkenntnis und halfen zielgerichtet dabei, deren gotteslästerlichen Aspekt zu isolieren und so unschädlich zu machen. Außerdem etablierte sich eine Ideologie, die dafür sorgte, dass die neue Naturerkenntnis trotz des vorerst ausbleibenden Nutzens nicht in ihrer Entwicklung gebremst wurde. Insgesamt muss man aber sagen, dass die Geschichte unter nur wenig anderen Bedingungen auch ganz anders hätte verlaufen können. Wir haben bereits weiter oben gesehen, dass die drei revolutionären Transformationen um 1600 keinesfalls historische Notwendigkeiten waren. Nun konnten wir feststellen, dass sich hinter dem Überleben der neuen Formen von Naturerkenntnis sogar noch mehr Koinzidenzen verbergen als hinter ihrem Aufkommen.

Dieses Überleben der neuen Formen haben wir in diesem Kapitel aus der Perspektive ihrer Verankerung in der Gesellschaft betrachtet. Der Zivilisation lagen einige fundamentale Werte zu Grunde, und es war in ausreichendem Maße gelungen, plausibel zu machen, dass diese neuen Formen der Naturerkenntnis bei genauer Betrachtung sehr wohl mit diesen Werten vereinbar waren, ja, dass sie diese Werte sogar mit zum Ausdruck brachten.

Aber die in der gesamten Zivilisation herrschende Übereinstimmung hinsichtlich der Werte ist nicht die einzige Grundlage für das Überleben dieser neuen Formen. Jede einzelne hatte auch eine eigene Dynamik, jede einzelne zeigte eine Art autonome Entwicklung, die von innen vorwärts getrieben wurde. Diese Dynamik und diese Entwicklung wollen wir jetzt betrachten.

V. Dreifache Expansion

Kepler und Galilei, Beeckman und Descartes, Gilbert, Harvey und van Helmont waren Pioniere, die mit ihren um 1600 begonnenen revolutionären Neuerungen weit vorauseilten. Selbst wenn man von der weltanschaulichen Problematik einmal absieht, war zu erwarten, dass in den drei Formen der Naturerkenntnis noch eine Zeitlang in gewohnter Weise weitergearbeitet wurde, als wäre nichts geschehen. Überraschend ist eher, dass um 1700 nur noch so wenig von den drei »alten« Formen übrig ist. In der ersten Hälfte des 17. Jahrhunderts hat die mathematische Naturerkenntnis bei vielen Forschern noch den hyperabstrakten Charakter, den sie bei Archimedes und Ptolemäus hatte. Das gilt besonders für die Planetentheorie und für Probleme des Lichts und des Sehens. Als zwischen 1600 und 1625 Thomas Harriot, Willebrord Snel van Roijen und Descartes unabhängig voneinander das Brechungsgesetz Ibn Sahls neu entdecken, stehen sie damit noch mehr oder weniger in der Tradition. Und eine Generation nach Kepler werden die Ergebnisse seiner Forschung, soweit sie überhaupt auf Zustimmung stoßen, in der Regel doch wieder wie fiktive Hilfskonstruktionen behandelt. Ende des 17. Jahrhunderts kann davon keine Rede mehr sein, alles steht im Zeichen von »Alexandria plus«. Etwas weniger vollkommen ist der Sieg von »Athen plus« an den Universitäten und bei den Jesuiten; hier gibt es allerlei Mischformen, und die reine Lehre des Aristoteles führt noch einige Rückzugsgefechte. Das entdeckende Experiment schließlich hat die reine Beobachtung nie ganz verdrängt, was aber vor allem inhaltliche Gründe hat; Ende des 17. Jahrhunderts schreckt jedenfalls niemand mehr vor experimenteller Beobachtung zurück, wo sie sich anbietet. Man kann sogar feststellen, dass die Mauern, die immer und überall die verschiedenen Formen der Naturerkenntnis voneinander getrennt hatten, teilweise niedergerissen worden sind. Wenn sich auch jede der drei Formen für sich weiterentwickelt, so sind doch zum ersten Mal in der Geschichte produktive Verbindungen entstanden.

Wenn wir bedenken, dass in der »alten« Welt Innovation nicht wie heute Routine, sondern seltene Ausnahme war, dürfen wir ruhig von einem blitzschnellen Sieg des Neuen über das Alte sprechen. Großzügige königliche Unterstützung seit den sechziger Jahren des 17. Jahrhunderts und die Baconsche Ideologie, die vor allem in England beflügelnd wirkte, haben das Ihre dazu beigetragen. Aber welche *inhaltlichen* Entwicklungen haben den Sieg möglich gemacht? Diese Frage versuchen wir zunächst für jede transformierte Form der Naturerkenntnis gesondert zu beantworten.

»Alexandria plus« setzt sich durch

Wir haben schon bemerkt, dass Kepler und Galilei die mathematische Form der Naturerkenntnis sowohl in der Tiefe als auch in der Breite ganz erheblich erweitert haben. Nach ihrem Tod setzte eine sehr bescheidene Anzahl von Nachfolgern diese Weiterentwicklung in hohem Tempo fort. Zwei Beispiele sollen zunächst einen Eindruck davon vermitteln, wie dies geschah. Das eine entnehme ich der Natur, das andere dem Handwerk; bei jenem geht es um den leeren Raum, bei diesem um die Zähmung fließenden Wassers. Sowohl der leere Raum als auch die Flussregulierung waren schon früher Gegenstand der Forschung oder zumindest des Nachdenkens gewesen. Die Beispiele zeigen nicht nur, wieviel neue Möglichkeiten die mathematische Herangehensweise bot, sondern auch, auf welche Grenzen sie vorläufig noch stieß.

Galilei beginnt die *Discorsi* mit einer Erinnerung aus seiner Zeit als Professor in Padua, als er regelmäßig das Arsenal Venedigs besuchte – zugleich Werft, Zeughaus und Basis der venezianischen Flotte. Dort fiel ihm auf, dass es den Arbeitern nie gelang, Wasser höher als ungefähr zehn Meter zu pumpen. Bei größerer Höhe »brach« die Wassersäule. Sie selbst führten dies auf Materialfehler der Pumpe zurück und zerbrachen sich nicht weiter den Kopf darüber, es war einfach eine jener Tatsachen des Lebens, mit denen man irgendwie fertig werden musste.

Galilei war der Erste, der das Phänomen mit einer natürlichen Gesetzmäßigkeit in Verbindung brachte. Er schrieb es dem sogenannten »Widerstand des Vakuums« zu. Kurz nach seinem Tod im Jahr 1642 knüpfte sein Schüler Evangelista Torricelli hier an. Er vermutete, dass die Wassersäule im Pumprohr vom Druck der umgebenden Luft im Gleichgewicht gehalten wird; bei einer Höhe der Wassersäule von etwa zehn Metern ist das Gleichgewicht erreicht. Unter dieser Voraussetzung war das Phänomen aber viel einfacher zu untersuchen, wenn man eine Flüssigkeit mit höherer Dichte verwendete. Und tatsächlich: Füllt man ein einseitig offenes Rohr vollständig mit Quecksilber, dreht es um und taucht das (vorübergehend zugehaltene) offene Ende in ein mit der gleichen Flüssigkeit gefülltes Gefäß, dann fällt die Quecksilbersäule bis auf eine Höhe von ungefähr 76 Zentimetern über dem Flüssigkeitsspiegel im Gefäß. Im Raum oberhalb der Quecksilbersäule ist nichts mehr zu sehen, er ist buchstäblich leer.

Dies nahm Torricelli, nach dem das so entstandene Vakuum später benannt wurde, zumindest an. Leider begab er sich damit auf naturphilosophisches und damit auch theologisches Glatteis. Schließlich hatte Aristoteles »bewiesen«, dass leerer Raum nicht nur nicht existiert, sondern nicht einmal existieren kann. Außerdem war es von der Vorstellung des Vakuums nicht mehr weit zur Atomlehre. Im Italien jener Zeit, unter der weltanschaulichen Knute der Inquisition, war es für Torricelli besser, den Mund zu halten, und das tat er denn auch.

Weiterverfolgt wurde diese Spur in Frankreich von dem noch jungen Blaise Pascal, der ein herausragender Naturforscher der experimentell-mathematischen Richtung war, außerdem ein entschiedener Gegner der Jesuiten und ihrer Theologie, weil sie den Beweis über die göttliche Offenbarung stellten. Die Frage, ob der »Torricelli-Raum« nun leer sei oder nicht, bot ihm die großartige Chance, die Überlegenheit der neuen Form der Naturerkenntnis über die sterile Naturphilosophie zu demonstrieren, auf die sich seine Feinde verließen. Den Höhepunkt seiner höchst sorgfältigen, experimentell gestützten Beweisführung bildete eine Bergbesteigung. Pascals Schwester wohnte mit ihrem Mann am Fuß des Puy de Dôme, heutigen Liebhabern der Tour de France wohlbekannt. Auf die Bitte seines Pariser Schwagers füllte Monsieur Périer zwei einseitig offene Röhren mit Quecksilber, stellte sie umgedreht in ein ebenfalls mit Quecksilber gefülltes Gefäß, ließ eines dieser einfachen Barometer zu Hause und bestieg mit dem anderen den Berg. Wenn die Quecksilbersäule tatsächlich von der umgebenden Luft im Gleichgewicht gehalten wird, so Pascals Überlegung, muss eine Verringerung des Luftdrucks zu einer Verkürzung der Quecksilbersäule führen. Und dass dies geschah, konnte Périer seinem Schwager in einem detailreichen Bericht bestätigen.

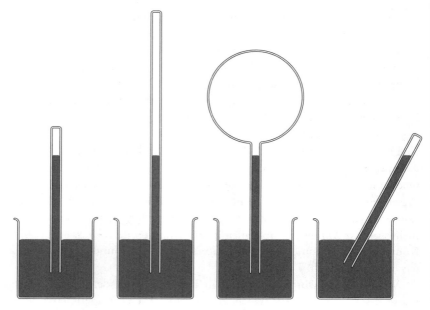

Schematische Darstellung des Torricelli-Versuchs
Links Torricellis eigener Versuch, daneben Versuche Pascals, die zeigen, dass die
Höhe der Quecksilbersäule unabhängig von der Länge, Form und Neigung der
Röhre ist.

Die durch eine Reihe anderer Experimente erhaltene Bestätigung der Annahme, dass der Torricelli-Raum leer sei, und die Folgerung, dass dies mit
dem Luftdruck zusammenhänge, führte zu einer polemischen Debatte zwischen Pascal und Pater Etienne Noël. Ein anderer Gelehrter, gegen dessen
Denkweise Pascal eine tiefe Abneigung empfand, war übrigens noch ein
Schüler dieses betagten Jesuiten gewesen: René Descartes. Die Grundideen
von dessen Naturphilosophie schlossen die Existenz des Vakuums ebenso
kategorisch aus, wie die des Aristoteles es aus ganz anderen Gründen taten;
Raum und Materie waren ja für Descartes identisch. So konnte Pascal drei
Fliegen mit einer Klappe schlagen: Aristoteles, Descartes und die Jesuiten,
die gerade dabei waren, eine seltsame Mischung aus diesen beiden Philosophien zu brauen. Und er nutzte die Gelegenheit, ganz allgemein die Schwä-
chen des spekulativen Naturphilosophen mit seinem Allwissenheitsanspruch
offenzulegen und ihm den bescheidenen, experimentierenden Forscher ge-
genüberzustellen, der Schritt für Schritt vorgeht und nicht schon im Voraus

alles weiß. Pascals Brief an Père Noël ist immer noch ein faszinierendes Stück Prosa; in klarem Französisch geschrieben, voll unvergesslicher Sentenzen, sind diese wenigen Seiten trotz aller rhetorischen Kunstgriffe und polemischer Übertreibung ein großartiges Manifest der entstehenden modernen Naturwissenschaft, das schon ahnen lässt, worin ihre grundsätzliche Überlegenheit besteht.

Durch die Po-Ebene fließt der Reno. Noch bis in die frühe Neuzeit mündete dieser Fluss, der heute direkt in die Adria abfließt, hinter Bologna in der Gegend von Ferrara in einen Seitenarm des Po, war aber zu Beginn des 17. Jahrhunderts in ein sumpfartiges Gebiet umgeleitet worden. Mit unvorhergesehenen, fast katastrophalen Folgen, dem Verlust großer Flächen von Ackerland. Wie und an welcher Stelle konnte man den Reno wieder in den Po zurückleiten? Diese Frage wurde 1625 einem Schüler Galileis, dem Mathematiker und Mönch Benedetto Castelli, von einer Behörde des Kirchenstaats vorgelegt, zu dem Bologna und Ferrara gehörten. Castelli beantwortete sie im Stil seines Lehrers. Er formulierte ein allgemeines Gesetz, in dem er drei Variablen zueinander in Beziehung setzte: »In zwei ungleichen Querschnitten, durch die innerhalb derselben Zeit dieselbe Menge Wasser fließt, sind die Querschnitte umgekehrt proportional zu den Geschwindigkeiten.« Aus diesem Gesetz ergaben sich völlig andere Empfehlungen als die der jesuitischen Gelehrten, die ganz anders an das Problem herangingen. Nicht mit einer Generalisierung, sondern empirisch, indem sie untersuchten, welche Faktoren den Durchfluss bestimmen konnten, um auf dieser Grundlage eine vorsichtige quantitative Schätzung vorzunehmen. Im Lauf der Zeit kam es zu einer gewissen Annäherung zwischen beiden Herangehensweisen – ein bemerkenswerter Ausnahmefall. Castellis Nachfolger bezogen mehr Aspekte wie etwa den Wasserdruck in ihre mathematischen Gleichungen ein. Spätere jesuitische Ratgeber wagten sich eher an Generalisierungen. Eine Kommission von Kardinälen, die Ende des 17. Jahrhunderts eingesetzt wurde, um das Problem erneut anzugehen, war dementsprechend ratlos. Letztlich wurde der Entscheidungsprozess eher durch gegensätzliche Interessen Bolognas und Ferraras beherrscht als von der Frage, ob das mathematische Modell dieser oder die empirisch begründeten Schätzungen jener Expertengruppe den Realitäten des Flusses Reno näher kamen. Auch in unserer Zeit hält man sich bei der Lösung eines praktischen Problems nicht automatisch an ein mathematisches Modell, und einen solchen Automatismus darf es auch nicht geben. Allerdings hat sich die mathematische Modellbildung inzwischen so verfeinert, dass ein rein empirischer Lösungsansatz keine reale Alternative mehr ist.

Nicht nur das Vakuum und Strömungsprobleme versuchte man experimentell-mathematisch in den Griff zu bekommen; nach der Transformation von »Alexandria« in »Alexandria plus« nahm die Zahl der so behandelten Fragestellungen explosionsartig zu. Das fing im Grunde schon bei Galilei an; Fall und Wurf und die Bewegung waren keineswegs die einzigen Themen, die von ihm zum ersten Mal mathematisch angegangen wurden, insgesamt waren es fast ein Dutzend. Wichtiger noch sind die Mittel, derer er sich dabei bediente. Bis dahin waren Naturphänomene nur auf eine einzige Weise mathematisch behandelt worden, nämlich durch Abstraktion über die euklidische Geometrie. Von Galilei wurde dieses begrenzte Repertoire um vier ganz neue Wege zur Mathematisierung erweitert.

Einer dieser Wege ist die Analogie. Will man ein bestimmtes Bewegungsphänomen erfassen, kann man ein schon untersuchtes anderes zum Ausgangspunkt nehmen und die mathematischen Regeln, die für dieses gelten, auf das neue anzuwenden versuchen, um zu sehen, wie weit man damit kommt. Auf diesem Weg gelangte Galilei von der Untersuchung von Gleichgewichtszuständen zu der Erkenntnis, dass Körper in Bewegung verharren. Entsprechend hat er – wenn auch vergeblich – versucht, den Hammerschlag, mit dem ein Pfahl in den Boden getrieben wird, mathematisch in den Griff zu bekommen, indem er ihn mit dem Druck eines Gewichts auf den Pfahl gleichsetzte.

Ein anderer Weg ist die Reduzierung eines Phänomens in seiner ganzen Komplexität auf ein mathematisches Modell, das den Anspruch erhebt, das Wesentliche des Phänomens zu erfassen. Diese Form der Mathematisierung haben wir im Zusammenhang mit dem Reno-Problem bei Castelli und seinen Nachfolgern gesehen.

Außerdem beginnt bei Galilei – noch einfallsreicher war hier Kepler – das Arbeiten und Rechnen mit dem unendlich Kleinen; zwei Generationen später sollten Newton und Leibniz die Differential- und Integralrechnung entwickeln. Der vierte Weg schließlich ist die experimentelle Überprüfung. Analogie, Modell, Infinitesimalrechnung und Experiment haben sich als außerordentlich wirksame Hilfsmittel bei der Mathematisierung realer Phänomene erwiesen; auch die moderne Naturwissenschaft kommt nicht ohne sie aus.

In der Generation nach Galilei wurde all dies überprüft, wenn nötig korrigiert, erweitert, verfeinert, mit neuen mathematischen Verfahren bearbeitet und auf noch mehr Untersuchungsgebiete angewendet. Auch die fünf klassischen alexandrinischen Themen wurden nacheinander Gegenstand der neuen, abstrakt-realistischen Forschung. Außerdem wurde eine Reihe von Gedanken weiterverfolgt, die im Spätmittelalter kreative Aristoteliker wie Johannes Buridan und Nikolaus von Oresme aufgebracht hatten. Herausgelöst aus dem naturphilosophischen Denkmuster und eingefügt in das von »Alexandria plus«, konnten vage Vorstellungen wie »Impetus« nun so präzisiert werden, dass sie sich für die Formulierung neuer Bewegungsregeln eigneten.

Das Ausmaß der Verbreiterung und Vertiefung ist noch erstaunlicher, wenn man bedenkt, wie wenigen Denkern der ersten Generation nach Galilei sie zu verdanken sind. In Italien waren es einige wenige Schüler aus seiner florentinischen Zeit, die mit den von der Inquisition auferlegten Beschränkungen fertig werden mussten; Torricelli ist heute der Bekannteste von ihnen. Etwas später waren es in Frankreich ebenso wenige, wenn nicht noch weniger Mitglieder der Académie mit einer Vorliebe für Mathematik, unter ihnen besonders Christiaan Huygens. Und dann gab es hier und da noch Einzelne wie Pascal und in England Jeremiah Horrocks, die das Ihre zu der Entwicklung beitrugen. Jesuiten hatten an ihr keinen Anteil – eine der besonders negativen Folgen des Streits um die Bewegung der Erde. Ohne ihn hätten Christoph Clavius' intellektuelle Erben innerhalb von ein bis höchstens zwei Generationen den Schritt von der Naturphilosophie mit quantifizierenden Elementen zur vollwertigen mathematischen Behandlung realer Naturphänomene tun können. Unter den gegebenen Umständen verfolgten sie die Spur nicht weiter, sondern blieben auf dem Weg, den sie schon in der Reno-Frage gegangen waren: vorsichtige Generalisierung, ausgehend von mehr oder weniger kritisch geprüften Erfahrungstatsachen, teilweise auch gestützt auf Messungen.

Der Fall der immer wieder verschobenen Umleitung des Reno ist einer von vielen, in denen die Erwartung enttäuscht wurde, die neue, realistisch-mathematische Naturforschung werde das Handwerk mit seinen bewährten Verfahren in kurzer Zeit grundlegend erneuern. Betrachtet man das knappe Dutzend Gebiete, auf denen im 17. Jahrhundert wirklich versucht wurde, diese Erwartung zu erfüllen, so stellt man vor allem eines fest: Ob der Versuch, ein Problem durch mathematische Idealisierung zu lösen, gelang oder nicht, hing nicht von seiner Dringlichkeit ab. Umleitung von Flüssen, Verbesserung der Artillerie, Bestimmung der geographischen Länge auf See waren dringliche Angelegenheiten. Hier ging es um Wohlstand, Macht oder

Menschenleben, die Herrscher waren sehr an einer Lösung dieser Probleme interessiert und bereit, viel Geld dafür bereitzustellen, trotzdem kam man vorerst nicht wesentlich weiter. Die Lösung des Längenproblems zum Beispiel sollte erst Mitte des 18. Jahrhunderts gelingen, als John Harrison mit seinen durchdacht konstruierten Uhren, die den Belastungen auf hoher See gewachsen waren, alle praktischen Schwierigkeiten überwand.

Woran lag es, dass die hochgespannten Erwartungen zunächst enttäuscht wurden? Vor allem daran, dass die Kluft zwischen Handwerk und mathematischer Naturforschung noch viel zu weit war, um gleich überbrückt werden zu können. Auf Seiten der Mathematik wurden in die Modellbildung noch viel zu wenige der jeweils relevanten Faktoren einbezogen, wie sich im Fall des Reno deutlich zeigte. Für einfache Modelle ist unsere Welt zu ungeordnet, den meisten Naturphänomenen liegt eine Vielzahl ganz unterschiedlicher Gesetzmäßigkeiten zu Grunde. (Darin liegt der Reiz des besseren Wissenschaftsquiz': Welche Modelle sind anwendbar, und in welcher Wechselbeziehung stehen sie zueinander?) Außerdem waren die mathematischen Methoden dieser Aufgabe noch nicht gewachsen – gegen Ende des Jahrhunderts hat Leibniz' Entwicklung der Differential- und Integralrechnung die Möglichkeiten stark erweitert. Auf Seiten des Handwerks wurden die Patentrezepte der Mathematiker gern ignoriert, und oft hatten die Praktiker ganz Recht, wenn sie dies taten. So entbehrten zum Beispiel die von dem Organisten Andreas Werckmeister entworfenen Stimmungen für Tasteninstrumente jeglicher mathematischer Eleganz, taugten aber für die musikalische Praxis viel besser als Huygens' Entwürfe, deren größte Stärke eben diese Eleganz war. Andererseits hielten die Praktiker manchmal auch allzu halsstarrig am Vertrauten fest. So beklagte Huygens, dass bei einem Versuch mit einer seiner Uhren auf einem Schiff der Niederländischen Ostindien-Kompanie die mit der Aufsicht betrauten Offiziere »viel zu leiden gehabt hatten und vom Schiffsvolk ob dieses Werks der neuen Längenmessung gar oft verhöhnt und verlacht wurden«. Außerdem fehlte es Handwerkern in der Regel an den mathematischen Minimalkenntnissen, die für eine fruchtbare Kommunikation notwendig gewesen wären; und schließlich war dafür auch der soziale Abstand viel zu groß.

Vergleichsweise gut funktionierte die Kommunikation noch dort, wo die Interessen der Forscher direkt berührt waren, wenn es nämlich um ihr Instrumentarium ging. Neben dem Teleskop wurde im 17. Jahrhundert noch ein weiteres für die Forschung wichtiges Instrument erfunden, die Penduluhr. Die Idee stammte auch in diesem Fall von Galilei. Dieser hatte ja entdeckt, dass die Dauer der Schwingung nicht von der Auslenkung, sondern nur von der Länge des Pendels abhängt. (Das heißt, es spielt keine Rolle, wie weit von der Vertikalen entfernt es losgelassen wird, immer braucht es zumindest annähernd die gleiche Zeit für den Rückweg.) Nicht ihm selbst, sondern Huygens gelang es, das Pendel mit dem alten Räderuhrwerk zu einer brauchbaren Uhr von bis dahin unerreichter Genauigkeit zu verbinden. 1657 fertigte sie der Haager Uhrmacher Salomon Coster nach Huygens' präzisen Anweisungen an; diese erste Penduluhr ist heute im Leidener Museum Boerhaave zu sehen. Im Alltagsleben waren Pendeluhren von großem Nutzen, die Ungenauigkeit betrug plötzlich statt einer Viertelstunde nur noch höchstens zehn Sekunden pro Tag. Aber auch die Astronomie profitierte sehr von genauer Zeitmessung. Und Huygens' Erfindung hatte noch viel mehr Folgen. Die Pendeluhr schien die Lösung des Längenproblems zu ermöglichen – ein ganzes Jahrhundert später tat sie dies dank Harrison tatsächlich. Außerdem entdeckte Huygens, dass die Periode (Schwingungsdauer) eines Pendels strenggenommen nur dann wirklich unabhängig von der Auslenkung ist, wenn das Pendel gezwungen ist, eine besondere Bahn zu beschreiben, die Zykloide (die Bogenlinie, auf der sich ein Punkt auf einem rollenden Kreis bewegt). Diese Entdeckung – nach seiner eigenen Einschätzung die größte, die er je gemacht hat – führte ihn wiederum zu einem Gebiet der Mathematik, das vor ihm noch niemand erkundet hatte. Sie zwang ihn zur Entwicklung neuer mathematischer Verfahren, die bis auf die allgemeine Formulierung fast schon die der späteren Differentialrechnung waren. Außerdem setzte er in seinem wohlbekannten Pendelgesetz verschiedene die Schwingungsdauer beeinflussende Faktoren mathematisch zueinander in Beziehung.

Das Pendel ist nur eines von zahlreichen Beispielen für verborgene Verbindungen zwischen unterschiedlichen Problemfeldern, die seit Galilei mathematisch bearbeitet wurden. Gerade wegen dieser verdeckten Verbundenheit konnte sich eine enorme Dynamik entwickeln – Fortschritte auf einem Gebiet führten begabte Forscher leicht zu einem anderen, das auf den ersten Blick gar nichts mit dem Ausgangsgebiet zu tun hatte. Den größten Teil der eben aufgezählten Probleme, auf die Huygens im Zusammenhang mit dem Pendel stieß, hat er in einer Art schöpferischem Rausch innerhalb von drei Monaten entdeckt und mehr oder weniger gelöst. Wobei man bedenken muss, dass es bei dem Problem, das er am 21. Oktober 1659 zu lösen versuchte, um ganz andere Dinge zu gehen schien als bei der wichtigen Entdeckung, von der er am 6. Dezember stolz seinem alten Lehrer berichtete – wie so oft in der Geschichte des kreativen Denkens fand hier jemand, was er gar nicht gesucht hatte.

Im Prinzip könnte ein solches Fortschreiten vom Problem zur Entdeckung zum neuen Problem zur neuen Entdeckung immer weitergehen. Allmählich wurde deutlich, dass zum Wesen der Naturforschung, zumindest dieser realistisch-mathematischen Form, das »offene Ende« gehört. Selbst wenn eine Untersuchung abgeschlossen zu sein scheint, eröffnen sich regelmäßig neue Perspektiven. An diesem Fortschreiten können nämlich mehr Hirne und Hände beteiligt sein als die eines einzigen Forschers. Es kam immer öfter vor, dass die Veröffentlichung einer bestimmten Entdeckung Gelehrte in anderen Teilen Europas dazu bewegte, auf ihre Weise daran anzuknüpfen. Die beiden Forschungszentren in Paris und London wirkten hier in hohem Maße stimulierend (für die mathematische Naturforschung das erste mehr als das zweite). Schon die offiziellen wöchentlichen Sitzungen führten zu lebhaftem Gedankenaustausch. Ein Spaziergang durch den Jardin des Plantes oder eine angeregte Unterhaltung im Kaffeehaus bei der Royal Society konnte die Gesprächspartner auf neue Ideen bringen. Dank der monatlich erscheinenden Fachzeitschriften, von berittenen Kurieren auch in entlegene Regionen geliefert, und des schnellen Briefpostverkehrs blieb der Austausch nicht auf Paris oder London beschränkt, vielmehr konnten Forscher in ganz Europa daran teilhaben, ohne in Rückstand zu geraten. In einem früheren Kapitel habe ich gesagt, dass die revolutionäre Transformation von »Alexandria« in »Alexandria plus« auch in einer Handschriftenkultur hätte stattfinden können, und dies gilt ebenso für die beiden anderen. Aber die Expansion in der zweiten Hälfte des 17. Jahrhunderts und die erregten Debatten, die dabei so beflügelnd wirkten, sind ohne den Buchdruck völlig undenkbar.

Noch zwei anderen Elementen verdankt die realistisch-mathematische Naturforschung die unvergleichliche Dynamik, durch die sie sich von Anfang an auszeichnete.

Das eine ist die Möglichkeit der Adaption und Umformung. Kepler hatte seine drei Gesetze keineswegs zusammenhängend an herausragender Stelle präsentiert. Zwei standen in *Astronomia Nova*, eins in *Harmonice Mundi*. Alle drei gingen dort fast unter in einer gewaltigen Menge an Ideen teils recht dubioser Art, wobei vor allem an Keplers Ansichten zu Kraftwirkungen innerhalb des Sonnensystems und seine Vorstellung von der musikalischen Harmonie der Planeten zu denken ist. Auch in seinem späteren Lehrbuch hatte er die Planetengesetze nicht gerade herausgehoben. Erst einige Jahre nach Keplers Tod wurden sie von einem – später bereits in jungen Jahren verstorbenen – Wunderkind, dem englischen Astronomen Jeremiah Horrocks, aus den Tiefen des Werks zu Tage gefördert; was die Welt seitdem als Keplersche Gesetze kennt, verdankt sie in gewissem Sinne Horrocks. Ein solcher Vorgang war in der Naturerkenntnis etwas völlig Neues. Die Vermischung von Komponenten zweier naturphilosophischer Systeme kommt dem noch am nächsten, allerdings ließ das Ergebnis dann jede Kohärenz vermissen. In diesem Fall wurde aus einem Ideenkomplex das Fruchtbare herausgelöst, damit es seine nutzbringende Wirkung entfalten konnte. Genau so ist es in der modernen Naturwissenschaft noch heute: Das Modell bleibt, seine Bedeutung kann sich grundlegend verändern. Jedenfalls, *wenn sich das Modell bewährt.*

Und damit sind wir bei einem letzten Element der neuen, realistisch-mathematischen Form der Naturerkenntnis, das ihre Dynamik erklärt. Seine Bedeutung übertrifft noch die aller anderen erwähnten Elemente, die zu der fortgesetzten Verbreiterung und Vertiefung beigetragen haben. Es ist die komplizierte Wechselwirkung zwischen der mathematischen Formulierung angenommener Regelmäßigkeiten und deren Überprüfung an der natürlichen Wirklichkeit. Zweimal hat sich Galilei in den *Discorsi* zu diesem Verhältnis geäußert.

»[D]ie Erkenntnis einer einzigen Thatsache nach ihren Ursachen eröffnet uns das Verständnis anderer Erscheinungen, ohne Zurückgreifen auf die Erfahrung.«

»Uebrigens muss selbst, um diesen Gegenstand wissenschaftlich zu handhaben, zuerst von demselben abstrahirt werden, es müssen, abgesehen von Hindernissen, die bewiesenen Theoreme praktisch geprüft werden, innerhalb der Grenzen, die die Versuche uns selbst vorschreiben.«

In der ersten Passage sagt er, bei der Untersuchung eines Phänomens reiche es aus, in einem bestimmten Fall die Gesetzmäßigkeit zu erkennen und mathematisch zu erfassen, in weiteren Fällen könne man gut ohne experimentelle Überprüfung auskommen, man kenne dann ja schon die Zusammenhänge. In der zweiten Passage ist er viel vorsichtiger: Die Empirie werde zeigen, unter welchen Bedingungen die formulierte Gesetzmäßigkeit gelte und unter welchen nicht. Die erste Stelle entspricht mehr Galileis Grundüberzeugung, die Wirklichkeit sei letztlich mathematischer Natur, und sie spiegelt auch deutlicher sein eigenes Vorgehen wider.

Aber das ist nicht das Entscheidende. Wichtiger ist, dass Galilei an diesen beiden Stellen sehr genau das Spannungsfeld markiert hat, in dem sich damals wie heute die Naturwissenschaft, besonders die mathematisch orientierte, zu bewegen hat. Das Ergebnis eines Experiments kann in die Irre führen, weil es möglicherweise nur auf einen letztlich irrelevanten Störfaktor zurückgeht, der eine Gesetzmäßigkeit verdeckt. Die mathematische Abstraktion wiederum kann insofern in die Irre führen, als in der Welt der Naturphänomene so vieles unvorhersehbar und chaotisch ist. Manchmal tut man gut daran, das Ergebnis eines Versuchs als Widerlegung einer These aufzufassen; es kann dann den Weg zu einer besseren weisen. Manchmal tut man besser daran, ein negatives Ergebnis vorläufig zu ignorieren. Der menschliche Geist kann sich ohnehin über jede Evidenz hinwegsetzen, da mag eine Schlussfolgerung noch so zwingend erscheinen; und eine zu hundert Prozent sichere Falsifikation im Sinne unwiderruflicher Widerlegung einer These gibt es nicht. Entscheidend ist dies: Im Lauf des 17. Jahrhunderts entdeckten die wenigen mathematischen Naturforscher das Spannungsfeld selbst, die unaufhörliche Wechselwirkung zwischen mathematischer Formulierung von Gesetzmäßigkeiten und Versuchen experimenteller Überprüfung. Schnell stellte sich heraus, dass es keine festen Falsifikationsregeln gibt, aber das Vertrauen darauf, dass die beschriebene Wechselwirkung weiterführt, erwies sich als begründet. Das richtige Gleichgewicht zwischen Abstraktion und experimenteller Überprüfung muss immer aufs Neue erkämpft werden, jedes Mal findet man es an einer anderen Stelle zwischen den beiden Polen, die Galilei in den *Discorsi* so vorausschauend skizziert hat.

So setzte sich etwas durch, das es in der Geschichte des Denkens noch nicht gegeben hatte: systematische Rückkopplung. Der Mensch stellt der Natur gezielt eine genau formulierte Frage, *und die Natur antwortet*. Diese Antwort kann sehr präzise und unmissverständlich sein, wie bei der Abweichung von acht Bogenminuten, um derentwillen Kepler seine eigene Lieblingshypothese verwarf. Die Antwort kann wie gesagt auch eher sphinxhafter Art sein, so dass man sie zunächst nicht genau zu deuten weiß. Und jederzeit kann man sich alles so zurechtlegen, wie man es gern hätte, die Fähigkeit des Menschen zur Selbsttäuschung ist unbegrenzt. Hartnäckig zu behaupten, dass eine offensichtlich falsche Annahme doch richtig sei, darin sind wir sehr gut, vor allem, wenn es um Dinge geht, die uns persönlich berühren. (Galileis Gezeitentheorie ist hier ein etwas peinliches Beispiel.) Aber die Verfahren, die während der Wissenschaftlichen Revolution in der neuen, realistisch-mathematischen Form der Naturerkenntnis entwickelt wurden, zeichneten sich dadurch aus, dass sie bei der Kontrolle von Annahmen sogar mehr leisteten als ursprünglich gedacht. Sie ermöglichten ein Maximum an kritischer

Überprüfung, indem sie das persönliche Element soweit nur irgend möglich herausfilterten. Wenn der eine aus Trotz, Eitelkeit oder Eigeninteresse hartnäckig bei einer bestimmten These bleibt, kann ein anderer sie nüchtern prüfen und gegebenenfalls für zu leicht befinden.

Vom Sonderfall »Alexandria« mit seinem geringen Realitätsbezug abgesehen, war es in allen Formen der Naturerkenntnis möglich gewesen, etwas Beliebiges zu behaupten und daran festzuhalten, solange es nur halbwegs plausibel klang. Widerlegungen blieben aus, weil sie gar nicht möglich waren; in der Regel ließen sich sowohl für eine Behauptung als auch für ihr Gegenteil irgendwelche Argumente anführen. Das Ergebnis ist dann eine Pattstellung, über Jahrhunderte kann die Debatte praktisch unverändert fortgesetzt werden. Ein Beispiel dafür ist das Vakuum: Während die Anhänger von Aristoteles und Descartes genau wussten, dass es nicht existieren kann, kam der Atomist keinen Augenblick ohne die Vorstellung des leeren Raumes aus. Jede Lehre beruhte auf Argumentation, wobei als geeignet erscheinende Fakten mehr oder weniger wahllos zur Stützung herangezogen wurden. Pascal dagegen führte gezielt Experimente durch, um die Natur zu einer klaren Aussage zu zwingen. Auch diese Aussage konnte ein Naturphilosoph noch ignorieren oder umdeuten, wenn er wollte. Experimente vom überprüfenden Typus geben nie den Ausschlag, ohne dass Menschen entscheiden, sie den Ausschlag geben zu lassen. Aber sie heben die Diskussion auf eine grundsätzlich andere Ebene.

Im Handwerk, das ganz auf harten Fakten, auf Konkretem, Materiellem beruht, waren die Bedingungen seit jeher anders. Für ein bestimmtes technisches Problem finden sich zwar in der Regel mehrere Lösungen, aber in der Praxis zeigt sich früher oder später, welche von ihnen unbefriedigend oder einfach falsch sind. Eine Orgelpfeife schrillt, eine Brücke stürzt ein, und man weiß, dass es so nicht geht. Diese Art von unmissverständlicher Rückkopplung hatte es in der Naturforschung nie gegeben. In der realistisch-mathematischen Naturerkenntnis des 17. Jahrhunderts werden ihre Möglichkeiten *und* Grenzen untersucht. *Zum ersten Mal in der Geschichte der Naturerkenntnis wird es möglich, Annahmen zu formulieren, die nicht nur plausibel klingen, sondern – ob sie sich nun in einem konkreten Fall als richtig oder unrichtig erweisen – immer auf Fakten gegründet und überprüfbar sind.*

»Athen plus« breitet sich aus

Auch die Naturphilosophie gewinnt im Lauf des 17. Jahrhunderts eine gewisse Dynamik, wenn auch in anderer Form. Die Philosophie der sich bewegenden Teilchen, wie sie vor allem Descartes entwickelt hatte, weckt offenkundig nicht nur Angst und Abscheu; auf viele Gebildete übt sie eine gewaltige Faszination aus. In beiden Lagern, dem der Anhänger und dem der Gegner, finden sich Laien und protestantische Pfarrer und sogar hier und da ein Priester oder Mönch. Wie bei der realistisch-mathematischen Form der Naturerkenntnis ist also die Vorstellung falsch, aller Widerstand komme von der Geistlichkeit, während die Anhängerschaft aus Laien oder gar Atheisten bestehe (die es ohnehin nicht gab). Aber was an Descartes' Naturphilosophie konnte so viel Zustimmung finden oder sogar Begeisterung erwecken? Was erklärt ihren raschen Sieg über alle naturphilosophischen Rivalinnen?

Siege über konkurrierende Naturphilosophien waren an sich nichts Neues. Erst hatte die Stoa die Oberhand gewonnen, danach der Platonismus, dann die Lehre des Aristoteles, und in der zweiten Hälfte des 17. Jahrhunderts kam endlich einmal die Atomlehre an die Reihe, wenn auch in der speziellen Bearbeitung von Descartes, der »Plus«-Variante. Aber auch die früheren Wachablösungen kamen nicht von ungefähr, und so ist die Frage berechtigt, welche besonderen Eigenschaften die neue Lehre so anziehend machten, dass diesmal sie sich durchsetzte.

Im Unterschied zu den übrigen Naturphilosophien hatte die Atomlehre seit jeher ein Bild der Welt entworfen, das ganz anders aussieht, als diese Welt sich unseren Sinnen darbietet. Für Descartes' Lehre von den sich bewegenden Teilchen gilt dies erst recht. Was wir als einen Baum wahrnehmen, soll eine Zusammenballung von Materieteilchen sein. Was wir als Verbrennen des Baums wahrnehmen, ist nicht (wie bei Aristoteles) die sichtbare Transformation erde- und wasserartiger Materie in luftartigen Rauch und in Feuer. Es soll sich um einen als solchen nicht wahrnehmbaren Vorgang handeln, bei dem die verschiedenen Materieteilchen durch bestimmte Bewegungen voneinander getrennt werden. In der Teilchenlehre hat die Wirklichkeit eine Tiefenstruktur, über die unsere Sinne uns nur indirekte Informationen geben. Niemals können sie die Wirklichkeit in ihrer ganzen Tiefe erfassen.

Und zu genau dieser Erkenntnis kam das gelehrte Europa in der gleichen Epoche auf einem ganz anderen Weg, was Descartes' Lehre sehr genützt hat. Zwei neue Instrumente, das Teleskop und das Mikroskop, führten auf ihre Weise die Grenzen unseres sensorischen Apparats buchstäblich vor Augen.

Ob es die nur durchs Teleskop sichtbaren Sterne waren, aus denen die Milchstraße besteht, oder die feinen Strukturen, die sich selbst unter einem schwach vergrößernden Mikroskop offenbarten – solche Entdeckungen zeigten, dass unsere Wahrnehmung auf Hilfsmittel angewiesen ist. Hatte Descartes also doch Recht? Vieles deutete darauf hin. Frühe Mikroskopierer haben sogar jahrzehntelang gehofft und erwartet, dass bei ausreichender Verbesserung des Auflösungsvermögens ihrer Instrumente irgendwann die Materieteilchen sichtbar werden würden, die Descartes in seiner visionären Art postuliert hatte. Und was die Entdeckungen mit dem Teleskop anging, die Galilei und später andere machten: Die hatte Descartes selbst schon virtuos in das Bild des unendlichen Weltalls eingearbeitet, das er in *Le monde* und später in *Principia Philosophiae* entwarf.

Die Debatte über die Drehung der Erde war bei den Mathematikern immer ziemlich spezialistisch geblieben. Wer sich nicht selbst recht gut mit Kometen auskannte oder mit der Venus und ihren Phasen und den anderen teleskopischen Entdeckungen, konnte dieser Diskussion kaum folgen. Descartes dagegen hatte all dies und noch viel mehr in ein Weltbild eingebaut, das für jeden akademisch Gebildeten ohne weiteres verständlich war. Mehr noch, jeder konnte sich zu irgendeinem Phänomen selbst einen Mechanismus ausdenken, der es erklärte, man brauchte sich nur Teilchen von einer bestimmten Form in einer bestimmten Anordnung vorzustellen und dazu eine bestimmte Art der Bewegung. Wer die Berufung in sich fühlte, etwas zum Fortschritt der Naturerkenntnis beizutragen, brauchte also nicht die Geheimsprache der Mathematik zu beherrschen. Descartes' Philosophie bot die Gelegenheit zu einem Gesellschaftsspiel, von dem kein Gebildeter ausgeschlossen bleiben musste. Diese Gelegenheit wurde in der zweiten Hälfte des 17. Jahrhunderts in zahllosen akademischen Lehrbüchern dankbar genutzt.

Zum Anziehenden an Descartes' Denken gehörte auch eine gewisse Ambivalenz gerade in seinen revolutionären Aspekten. Gewiss, Descartes hatte beredt zu systematischem Zweifel aufgerufen und damit dem Denken Spielraum verschafft – den Theologen Gijsbert Voetius hatte das erschreckt, viele andere empfanden es dagegen als befreiend. Auf seine Weise hatte auch Galilei mit dem *Dialogo* für diese Art des Denkens geworben. Doch bei Galilei lag das Ergebnis der neuen Art von Forschung in unbekannter Ferne. Vielen ging das doch ein wenig zu weit. Ganz selbständig und unabhängig denken – schön und gut, aber was, wenn man tatsächlich allen festen Boden unter seinen Füßen zerstört? Das Angenehme an Descartes war, dass er seiner provokanten Aufforderung zu selbständigem Denken gleich ein beruhigendes

»Ich habe das schon für Sie getan« folgen ließ. Er erlaubte einem, auf eigene Faust den Wald zu durchstreifen, keine Autorität hielt einen an der Hand, damit man auf den gebahnten Wegen blieb, aber sobald man sich zu verirren drohte, bekam man eine Karte gereicht, auf der Standort und Richtung markiert waren. Neuland betreten, aber ohne Risiko – wer von denen, die nicht an der Tradition oder der Kirchendoktrin oder an beidem klebten, konnte dieser Versuchung widerstehen? Wenige Gebildete im 17. Jahrhundert widerstanden ihr.

Nicht zuletzt auch, weil die Lehre noch variierbar war. Wir haben schon den jesuitischen Mischmasch und die Leidener »neu-alte Philosophie« erwähnt. Von solchen Kompromissen wimmelte es überall in Europa. Außerdem konnte man zur Erklärung eines bestimmten Phänomens einen anderen Mechanismus als Descartes selbst konstruieren. Man konnte den Gegensatz zwischen den Verfechtern eines leeren Raums mit Atomen (wie Beeckman und Gassendi) und eines mit Wirbeln aufgefüllten Raums (Descartes selbst) ein wenig abschwächen. Man konnte das Fehlen von Bewegung anders deuten als Descartes, indem man neben seinen Bewegungsgesetzen ein besonderes Ruheprinzip einführte. Man konnte sich aber auch besorgt fragen, ob der Freiheit, plausibel wirkende Teilchenmechanismen zu erfinden, wo immer sich die Gelegenheit dazu ergab, überhaupt irgendwelche Grenzen gesetzt waren. Oder ging einfach alles, waren Beliebigkeit und Willkür Trumpf, und hatte Isaac Newton Recht, als er 1679 leicht verzweifelt über die Naturphilosophie klagte, in ihr finde »die Phantasterei kein Ende«?

Grundsätzlich hatte Newton Recht, dennoch ist festzustellen, dass sich die Anhänger dieser Form der Naturphilosophie an bestimmte Kriterien zu halten pflegten. Welche Teilchenmechanismen waren akzeptabel und welche nicht? Vier Kriterien hierfür lassen sich aus den Erklärungen ableiten, mit denen sie sozusagen tagtäglich arbeiteten.

Wichtig waren zunächst Klarheit und Eindeutigkeit auf der Ebene der Leitideen. Dazu gehörte für Beeckman und spätere geistesverwandte Denker, dass ein Mechanismus visuell vorstellbar sein musste. Unter einer »okkulten« oder »sympathetischen« Kraft kann man sich nichts Konkretes vorstellen; unter einem Effekt, der durch Verdünnung oder Verdichtung der Luft zustande kommt, dagegen schon. An dieses Kriterium der *visuellen Vorstellbarkeit* hielten sich praktisch alle Anhänger von »Athen plus«. Descartes selbst hatte es in den klaren, differenzierten Gedankengängen begründet, die ihn vom *cogito* zu seiner Wirbelwelt führten.

Hiermit eng verwandt war die Forderung nach *Konsistenz*. Auch dieses Kriterium verschaffte hauptsächlich auf der Ebene der Leitgedanken Sicherheit. Descartes rühmte sich der Systematik und klaren Reihenfolge seiner Herleitungen; die Argumentationsfolge musste ein geordnetes Ganzes bilden. Auf der Ebene der einzelnen Naturphänomene dagegen bot es kaum Orientierung: Man konnte sie so oder so deuten, in Übereinstimmung mit den Leitgedanken und vollkommen konsistent. Zum Beispiel erklärte Beeckman die Höhe eines Tons einmal mit der Geschwindigkeit der Teilchen, in die eine Saite die Luft durch ihre Schwingung aufspaltet, ein anderes Mal mit ihrer Größe. Allerdings ist zu fragen, ob die Übereinstimmung bestimmter Erklärungen mit den Leitgedanken nicht nur Schein war. Schon immer war den Atomisten vorgehalten worden, dass sie im Grunde nicht erklären könnten, auf welche Weise sich die Teilchen vorübergehend zu größeren Einheiten ballen. Welcher spezielle »Leim« hält sie dann zusammen? Die Stoiker wussten es ja, das Pneuma verleiht den Dingen Zusammenhalt, aber diese Substanz hatten die Teilchenphilosophen natürlich nicht in ihrem Bestand. Ganz besonders feine Materieteilchen mussten die Aufgabe übernehmen, und bei den Teilchendenkern der Generation nach Descartes ist schon eine deutliche Annäherung dieser superfeinen Teilchen an das stoische Pneuma zu erkennen – von der geforderten Konsistenz blieb also nicht viel übrig.

Ein drittes Kriterium war die Möglichkeit, eine *Analogie* zur empirischen Wirklichkeit herzustellen. Das war nun eine völlig andere Art von Analogie als bei den Mathematikern. Diese probierten vorsichtig tastend aus, wie weit sie kamen, wenn sie eine mathematische Regel für eine bekannte Art von Bewegung auf eine andere Art anwendeten, deren Gesetzmäßigkeiten noch unbekannt waren, aber hoffentlich in ausreichendem Maß den schon bekannten glichen. In der Naturphilosophie wurden ständig Analogien zwischen der Mikrowelt der sich bewegenden Teilchen und der Makrowelt der wahrnehmbaren Phänomene hergestellt. Wenn Beeckman erklären will, wie seine Schallteilchen auf das Trommelfell einwirken, vergleicht er dieses buchstäblich mit dem Fell einer Trommel, das langsamer oder schneller mit größeren oder kleineren Stöcken angeschlagen wird. Die Möglichkeit, eine solche Analogie zur Makrowelt zu konstruieren, ist bei diesem Teilchendenken im Grunde das einzige Kriterium für die Übereinstimmung eines Modells mit der Erfahrungswelt. Die sich bewegenden Teilchen sind nun einmal so klein, dass auch das Mikroskop sie nicht sichtbar macht, und so bleibt nur der Vergleich mit Mechanismen in der Makrowelt. Als Mittel der Überprüfung ist die Analogie von sehr begrenztem Wert – sie macht einen Mechanismus konkret vorstellbar, mehr auch nicht.

Nun gab es in der Praxis noch ein viertes Kriterium, das die Phantasie bremsen konnte. Es ist ein nicht ganz klar umrissener moderner Begriff, den ich hier ins Spiel bringe: Ein Modell durfte nicht der »physikalischen Intuition« widersprechen. Man denke an Descartes' Urteil über Beeckmans Erklärung der Schallausbreitung: Eine Saite spalte die Luft durch ihre Schwingung in kleine Teilchen und sende diese in alle Richtungen aus. »Lächerlich«, lautete es kurz und bündig. Was bedeutet das nun? Die Erklärung war visuell vorstellbar, stimmte mit den Leitideen überein, ebenso mit Beeckmans anderen Thesen zum Phänomen Schall, so dass auch das Konsistenzkriterium erfüllt war, die Analogie zur Makrowelt ist deutlich erkennbar, und dennoch war die ganze Vorstellung abwegig, das sah Descartes ganz klar. In einigen anderen Fällen dagegen haben Beeckman wie auch Descartes richtig erkannt, welcher Mechanismus hinter einem bestimmten Phänomen stecken könnte. Descartes brachte Schallausbreitung mit Wellen in Verbindung, Beeckman Dissonanzen mit Schwebungen. Ihre Ausformulierung dieser Gedanken war nicht ganz zutreffend – wie hätte sie es auch sein sollen! Dennoch zeigen die Beispiele, dass beide Denker anders als zahllose Nachfolger nicht einfach nur ins Blaue hinein philosophierten. Sie besaßen das, was man »physikalische Intuition« nennen kann. Gemeint ist damit ein zwar keineswegs unfehlbares, aber doch in manchen Fällen sehr feines Gespür für verborgene Zusammenhänge, das in der Naturwissenschaft die Großen vom Mittelmaß unterscheidet.

Allerdings konnten auch diese vier Kriterien zusammen die wilde Phantasterei nicht eindämmen, die noch lange Zeit zu »Athen plus« gehörte. Immerhin gab es in der Generation nach den Pionieren neben einer Masse gelehrter Schwätzer, typischer, nur spekulierender Lehnstuhlphilosophen, auch einzelne disziplinertere Denker, die nach weiteren Wahrheitskriterien suchten. Ein naheliegendes Hilfsmittel war hier die Mathematik. So wollte ein Mediziner und Mathematiker aus der Schule Galileis, Giovanni Alfonso Borelli, Teilchenmechanismen danach beurteilen, ob sie mit der Geometrie in Einklang zu bringen waren. Längst nicht jede geometrische Form eignet sich zum Beispiel für eine Stapelung. Wenn man ein Naturphänomen wie das Gefrieren von Wasser mit einer bestimmten Art von Teilchenstapelung erklären wollte, konnte diese Erklärung nur unter der Voraussetzung richtig sein, dass die Teilchen die Form eines Prismas oder eines Hohlkegels hatten, andere Kandidaten waren auszuschließen. Die Mechanismen, die Borelli in seiner Studie über dieses und ähnliche Phänomene entwarf, sind nach heutigen physikalischen Maßstäben der Gipfelpunkt der Ungereimtheit. Dennoch lag seinen Überlegungen *ein* vernünftiger Gedanke zu Grunde: dass die Mathematik wie nichts anderes dazu geeignet ist, der Phantasie, ohne die der Naturwissenschaftler ja wirklich nicht auskommen kann, gewisse Grenzen zu setzen.

Ein Zeitgenosse Borellis, der diesen vernünftigen Gedanken auf viel intelligentere Weise weitergedacht hat, war Christiaan Huygens. Sein Vater Constantijn war ein guter Freund von Descartes, und Christiaan hatte die *Principia Philosophiae* gleich nach Erscheinen zu lesen bekommen. Ein halbes Jahrhundert später, gegen Ende seines Lebens, hielt der inzwischen 64-Jährige seine Erinnerungen an diese Erfahrung fest, natürlich auf Französisch:

»Das Neue der Formen seiner kleinen Teilchen und der Wirbel verleihen [!] [dem Buch] sehr viel Charme. Als ich das Buch über die Prinzipien zum ersten Mal las, schien mir, dass alles in der Welt so gut wie nur möglich eingerichtet sei, und ich dachte, wenn mir irgend etwas daran heikel vorkam, müsse es an mir liegen, weil ich den Gedanken nicht richtig verstand. Ich war erst fünfzehn oder sechzehn Jahre alt.«

In den Passagen, die unmittelbar hierauf folgen, lässt Huygens nur noch wenig von diesem ursprünglichen Eindruck gelten. Sowohl alle nichtmathematischen Gedanken, die Descartes jemals schriftlich festgehalten hat, als auch den ganzen Alles-oder-nichts-Denkstil nimmt er kritisch auseinander. So bemerkt er leicht gehässig, dass »Monsieur Descartes das Mittel gefunden hatte, seine Vermutungen und Erfindungen überzeugend als Wahrheit hinzustellen«. Er selbst hatte schon früh Möglichkeiten erarbeitet, der Teilchenphantasien Descartes' auf mathematischem Wege Herr zu werden; im nächsten Kapitel werden wir sehen, wie er das anstellte. Trotzdem: Dass der alte Huygens hier gerührt an die frühe Leseerfahrung des jungen zurückdenkt, verrät noch die Faszination, die Descartes' Gesamtsystem einmal für ihn besaß. Und so entschieden ein Mensch im reiferen Alter ein starres Denkgebäude wie dieses, das die ganze Welt mit allem Drum und Dran monomanisch von einem einzigen Ausgangspunkt aus beschreibt und erklärt, ablehnen kann, ja ablehnen muss – wer in seiner Jugend nicht wenigstens das Verlockende daran spürt, der ist alt geboren und wird niemals etwas wahrhaft Großes zustande bringen. Für monomanische Gesamtsysteme von der Art, wie Rousseau sie im *Gesellschaftsvertrag*, Marx im *Kapital* oder Descartes in den *Principia Philosophiae* entworfen haben, wird es immer einen Markt geben.

Woran liegt es aber, dass von den vielen Gesamtsystem-Entwürfen, die im Lauf der Jahrhunderte entstanden, gerade diese und noch einige vergleichbare so schnell solch starken Widerhall gefunden haben? Wobei bemerkenswert ist, dass es damit ebenso rasch wieder vorbei sein kann. Hat man es immer mit dem gleichen Nachahmungseffekt zu tun wie bei der Teilchenmanie des 17. Jahrhunderts? Aber was bewirkt den Effekt, und warum nur bei diesen und wenigen anderen geistigen Systemen? Das gehört zu den großen Rätseln der Geschichte. Mit der ihm eigenen leisen Ironie hat uns Christiaan Huygens einen Wink gegeben. Im kritischen Teil seiner Auseinandersetzung mit Descartes schreibt er abschließend, dieser habe »viel Geist darauf verwendet, dieses ganze neue System zu konstruieren […] und ihm einen solchen Anschein von Wahrscheinlichkeit zu geben, dass unendlich viele Menschen damit zufrieden sind und Vergnügen daran finden.«

Ein Anschein von Wahrscheinlichkeit – der ist in der Tat entscheidend. Seit jeher war der menschliche Geist empfänglich für die Verlockungen von Denkgebäuden, in denen sich für alles die einzig richtige Erklärung findet. Descartes, so deutet Huygens hier an, gehörte zu den Autoren mit einem ganz besonderen Talent, ihre Weltsicht als die unbezweifelbar richtige zu verkaufen – zumindest für einige Zeit.

Das entdeckende Experiment gewinnt an Boden

Die weltanschauliche Neutralität des Experiments hat die schnelle Verbreitung entdeckend-experimenteller Forschung ab etwa 1660 sehr begünstigt, bei den Jesuiten, in der Académie und vor allem in der Royal Society und ihrem Umfeld. Eine andere Ursache war die Hoffnung auf raschen praktischen Nutzen, die zur Baconschen Ideologie gehörte – egal, ob sich diese Hoffnung erfüllte. (In der Regel tat sie es nicht.) Und schließlich lag schon im Entdecken selbst ein starker Anreiz. Die Erkenntnis, dass die Welt reich an Naturphänomenen ist, die unsere Sinne nicht erfassen können, hatte sich inzwischen durchgesetzt, und so hatten sich im Prinzip unbegrenzte Forschungsmöglichkeiten aufgetan. Das Problem war nicht, etwas Erforschenswertes zu finden, sondern das viele, das die Natur an verborgenen Erscheinungen und Eigenschaften zu bieten hatte, sinnvoll zu ordnen. *Ganz anders als in der Philosophie der sich bewegenden Teilchen stellte sich auch hier die Frage, wie man die drohende Willkür eindämmen sollte – Willkür in Form ziellosen Faktensammelns.*

Das gelang keineswegs immer. Besonders Bacons Listenmethode bewährte sich überhaupt nicht. Eine Liste von Phänomenen um ein Kernthema hatte er »Naturgeschichte« genannt. Im 17. Jahrhundert haben viele Forscher eine solche »Naturgeschichte« – zum Beispiel der Farbe oder der Luft oder sogar des Handwerks mit allem, was dazu gehört – in Angriff genommen, vollendet wurden solch ausufernde Studien vergleichsweise selten. Auf anderen Gebieten drohte das bloße Sammeln von Gegenständen und Fakten schon an deren unüberschaubarer Menge zu scheitern. Kuriositätensammlungen wurden angelegt und in privaten Museen zur Schau gestellt, aber die Kataloge, die eine Übersicht verschaffen sollten, konnten längst nicht immer zu Lebzeiten des Sammlers fertiggestellt werden. Die Entdeckung zahlloser unbekannter Pflanzen, die ununterbrochen aus den Tropen importiert wurden, bedeutete das Ende der althergebrachten Einteilung des Pflanzenreichs; erst Mitte des 18. Jahrhunderts konnte Carl von Linné die Bemühungen um eine neue Klassifikation erfolgreich abschließen.

Bei der entdeckend-experimentellen Naturforschung gelang es etwas besser, die immer drohende Unübersichtlichkeit zu vermeiden. Es ergab sich wie von selbst, dass hierbei vier neue Instrumente eine Hauptrolle spielten und man sich auf die vier oder fünf Gebiete konzentrierte, die von den Pionieren – Gilbert, Harvey und van Helmont – zum ersten Mal systematisch experimentierend erschlossen worden waren. Diese Gebiete waren Magnetismus, Elektrizität, körperliche und geistige Gesundheit, Chemie und Alchemie. Die neuen Instrumente waren das Musikinstrument, das Teleskop, das Mikroskop und die Luftpumpe. Die Musikinstrumente waren natürlich nicht als solche neu, das Neue war nur, dass Violinen, Orgeln oder Trompeten im 17. Jahrhundert nun auch der Naturforschung dienstbar gemacht wurden. Die Luftpumpe wiederum faszinierte die Menschen so sehr – nicht zuletzt, weil mit ihr spektakuläre Versuche durchgeführt wurden –, dass sie zum Symbol der Revolution in der Naturforschung wurde, die in der zweiten Hälfte des 17. Jahrhunderts Europa erfasste.

Die Luftpumpe war vor allem das Instrument, mit dem Otto von Guericke, Bürgermeister von Magdeburg, das Torricelli-Vakuum handhabbar machte. Quecksilbergefäße sind nicht sehr praktisch, viel mehr Anwendungen als das Barometer sind kaum möglich. Dafür allerdings wurden sie nach Pascals Versuchen bald genutzt: Dass die Quecksilbersäule von der umgebenden Luft im Gleichgewicht gehalten wird – der Gedanke, der dem Experiment auf dem Puy de Dôme zu Grunde lag –, lässt sich ja auch für die Messung des Luftdrucks nutzen. Ein Steigen oder Sinken der Quecksilbersäule entspricht einem Steigen oder Sinken des Luftdrucks; über eine Skala an der Quecksilbersäule wird der Luftdruck bestimmbar, als Grundlage für Wettervorhersagen. Das Phänomen des Luftdrucks bietet aber noch andere Möglichkeiten. Man kann die gewaltigen Kräfte messbar machen, die sich darin verbergen. Man kann sie auf spektakuläre Art sichtbar machen. Und man kann versuchen, sie zum Wohl der Allgemeinheit zu nutzen. Guericke hatte vor allem das Erste und das Zweite im Sinn. Vor kurzem wurde in Zaandam sein berühmter Versuch mit den »Magdeburger Halbkugeln« wiederholt. Wobei zwei disziplinierte Gespanne von jeweils acht Pferden es tatsächlich nicht schaffen, die beiden kupfernen Halbkugeln – unmittelbar vorher mit einer Dichtung exakt zusammengelegt, worauf die Luft aus dem Hohlraum herausgepumpt wurde – wieder auseinanderzureißen.

Otto von Guerickes Versuch mit den Magdeburger Halbkugeln

Den Einfall, die Riesenkräfte nutzbar zu machen, die sich offenbar in der Atmosphäre verbergen, hatte Christiaan Huygens nach der Lektüre von Guerickes Bericht über seine Versuche. Was übrigens typisch für ihn war: Viele Ideen kamen ihm, wenn er die anderer kennenlernte, worauf er sofort mit einem stillschweigenden »Das kann ich aber besser« reagierte. In diesem Fall war die Idee ein Pulvermotor.

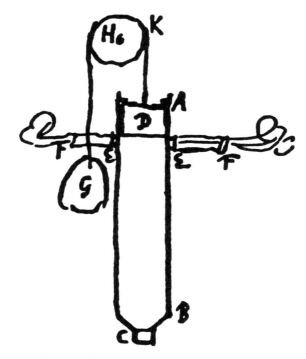

Huygens' Entwurf eines Pulvermotors
Gefäß C enthält Schwarzpulver und einen brennenden Docht und wird so an Zylinder AB gesetzt, dass es ihn abschließt. Die Explosion treibt die Luft durch die feuchten Lederröhren EF aus dem Zylinder. Er ist nun leer, die ebenfalls leeren Lederröhren hängen schlaff herab. Jetzt kann der Luftdruck den Kolben D auf den Boden des Zylinders drücken; dadurch wird über Rolle K Gewicht G gehoben. So verrichtet der Motor mechanische Arbeit. Huygens meinte, der Motor ließe sich gut für die Wasserbeförderung in Springbrunnen verwenden, zum Aufrichten von Obelisken oder zum Antrieb von Getreidemühlen, wo dies mit Pferden nicht möglich sei – wobei der Pulvermotor noch den Vorteil hätte, dass er bei Nichtgebrauch keinen Hafer frisst.

In dieser Form war der Entwurf unbrauchbar. Huygens' Pariser Laboratoriums-Assistent Denis Papin behielt den Metallzylinder bei, ersetzte das Schwarzpulver durch Wasser und erhitzte es. Durch plötzliche Abkühlung des Zylinders kondensiert der Dampf; so entsteht, wie Papin zu Recht vermutete, ein Vakuum. Auch bei dieser verbesserten Variante standen einer Nutzung mehrere technische Probleme im Weg, die erst Anfang des 18. Jahrhunderts ein englischer Schmied, Thomas Newcomen, auf brillante Weise löste. Die von Newcomen konstruierte »Feuermaschine« hat mehr als ein halbes Jahrhundert lang in britischen Bergwerken eindringendes Grundwasser abgepumpt, bis James Watt im Jahr 1765 die Konstruktion grundlegend veränderte und die moderne Dampfmaschine schuf, die als universal einsetzbares Antriebsmittel buchstäblich zum Motor der Industriellen Revolution wurde. So konnte Bacons Traum, mehr als ein Jahrhundert lang vor allem eine Ideologie, doch noch Wirklichkeit werden. Nach diesem kurzen Vorausblick aber nun wieder zurück ins 17. Jahrhundert und zu den Abenteuern der Luftpumpe.

Außer zur Demonstration von Wirkungen des Luftdrucks und für Versuche, diesen praktisch zu nutzen, erzeugten Forscher das Vakuum auch und vor allem zu experimentellen Zwecken. Neben Guericke und Huygens taten sich hier besonders Robert Boyle und sein Assistent Robert Hooke hervor, der später als »Curator of Experiments« die Royal Society vor dem Versinken in allzu trivialen Fragestellungen bewahrte. Die von ihnen konstruierte Luftpumpe konnte schließlich eine Glaskugel bis auf einen Restdruck von (nach späterer Schätzung) etwa 20 Torr leeren.

So erzeugten sie zwar kein echtes Vakuum, kamen ihm aber recht nah. Bald wurde das Verhalten der unterschiedlichsten Objekte im luftleeren Raum untersucht. In manchen Fällen ließ es sich ziemlich genau vorhersehen. Kaum jemand dürfte sich gewundert haben, wenn im Gefäß eingeschlossene Tiere schnell den Geist aufgaben, den sie nach Descartes' Ansicht gar nicht besaßen, oder wenn das Ticken einer Uhr allmählich unhörbar wurde, während die Pumpe ihre Arbeit verrichtete. Spannender war schon die Frage, wie es Robert Hooke ergehen würde, als er am 23. März 1671 15 Minuten in einem Raum verblieb, aus dem ein Viertel der Luft abgepumpt worden war – frisch und munter kam er wieder heraus und klagte nur über leichte Ohrenschmerzen. Dagegen war das Schicksal zweier Substanzen, die im leergepumpten Gefäß von außen erhitzt wurden, völlig unvorhersehbar. Beim erneuten Kontakt mit Luft zerfiel der Rubin prompt zu

Asche, während die Butter unversehrt blieb, das Abenteuer hatte sie buchstäblich kalt gelassen.

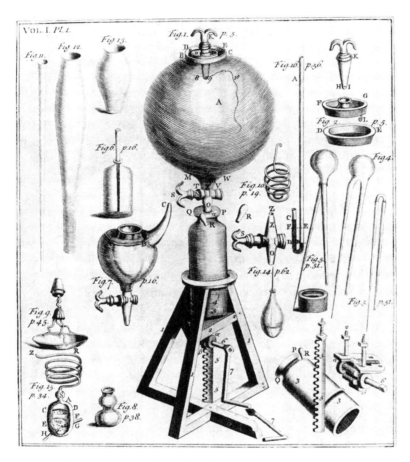

Die erste Luftpumpe von Boyle und Hooke

Mit solchen Erkenntnissen ließen sich detaillierte »Naturgeschichten« schreiben. Und das geschah auch. Auf Detailreichtum legte nämlich auch die Royal Society Wert, die hier ihre ganz eigenen Normen hatte. Besonders ihr Sekretär Henry Oldenburg, zugleich Redakteur und Herausgeber der Zeitschrift *Philosophical Transactions*, verlangte eine angemessene Beschreibung von Experimenten. Sie hatte sachlich zu sein und auf rhetorische Kunstgriffe, blumige Wendungen oder persönliche Abschweifungen zu verzichten.

Nicht Worte, sondern Dinge, lautete das Motto. Die Einzelheiten sollten jeden beim Experiment nicht Anwesenden (und das waren natürlich fast alle Leser) davon überzeugen können, dass es genau so und nicht anders verlaufen war. Ein großer Unterschied also zur äußerst knappen Beschreibung überprüfender Experimente, wie sie in der mathematischen Naturforschung üblich war. Mit Ausnahme von Périers detailreichem Bericht für seinen Schwager folgten Pascals Versuchsbeschreibungen dem Muster: Wenn man dies tut, geschieht jenes, genau wie meine Theorie es erwarten ließ. Beschreibungen dieser Art waren viel stärker aufs Allgemeine als auf den besonderen Fall ausgerichtet. Dergleichen erweckte in Boyle sofort Zweifel, ob Pascal die beschriebenen Vakuum-Experimente tatsächlich ausgeführt hatte – nicht immer zu Unrecht. Auch deshalb lesen sich Boyles eigene Beschreibungen völlig anders. Das Muster ist hier: »Unter den speziellen Bedingungen, die ich zunächst der Reihe nach aufzähle, beobachtete ich, dass erst dieses geschah, danach jenes, dann jenes, und Baron X und Herr Y machten die gleiche Beobachtung. Wenn Sie erlauben, möchte ich nun noch als mögliche Erklärung für das Beobachtete Folgendes vorschlagen.«

Und damit kommen wir zur Frage nach dem Zusammenhang zwischen den Hunderten von Experimenten, denen die Experimentatoren der Royal Society derart vertrauenerweckende Beschreibungen angedeihen ließen. *Wie schafft man Ordnung in der Vielfalt; wie prüft man die Richtigkeit einer Aussage?* Im Grunde ist das die gleiche Frage, der wir in diesem Kapitel schon bei den beiden anderen revolutionären Formen der Naturerkenntnis nachgegangen sind. Es ist sogar die Kernfrage aller späteren naturwissenschaftlichen Forschung. Das Besondere an der Epoche, mit der wir uns hier befassen, ist nämlich, dass genau diese Frage sich damals zum ersten Mal in aller Deutlichkeit und Dringlichkeit stellte. Die moderne Naturwissenschaft verfügt über ein ganzes Arsenal an Mitteln, mit denen stichhaltige Aussagen von bloßer Spekulation unterschieden werden können; sie sind nicht unfehlbar, aber effektiv. Gesucht und ausprobiert wurden solche Mittel erstmals im 17. Jahrhundert – in der mathematischen Form der Naturerkenntnis, in der naturphilosophischen auf andere Weise und in der entdeckend-experimentellen auf wieder andere, mit der wir uns nun beschäftigen. Wir beschränken uns dabei nicht mehr auf das Vakuum, sondern untersuchen die genannte Frage für die entdeckend-experimentelle Forschung insgesamt. Um sie beantworten zu können, betrachten wir die vielen Hindernisse, die zu überwinden waren, wie auch die wenigen Mittel, auf die man dabei zurückgreifen konnte.

Das größte Hindernis war die Launenhaftigkeit der Natur, die sie beim entdeckenden Experiment regelmäßig erkennen ließ. Mit Launenhaftigkeit meine ich nicht das gleiche wie mit dem scheinbaren Ungeordnetsein, der Ursache dafür, dass sich in der mathematischen Naturerkenntnis einfache Modelle oft als unzureichend erwiesen. Launenhaftigkeit ist noch mehr. Ich meine damit Phänomene, die den Forscher – wenigstens am Anfang – völlig ratlos machen, zum Beispiel das so unterschiedliche Verhalten des erhitzten Rubins und der Butter im Vakuum. Und es konnte noch schlimmer kommen:

»Die Tücke unbelebter Objekte offenbart sich nirgends deutlicher als bei Phänomenen der Reibungselektrizität. Deren Unberechenbarkeit vereitelte immer wieder die Versuche früher Theoretiker, hier irgendwelche Gesetzmäßigkeiten zu entdecken. Man denke an die Wirkung von Feuchtigkeit auf der Oberfläche von Isolatoren und in der umgebenden Luft. Die ersten Elektrizitätsforscher wussten, dass Kontakt mit Wasser die normalerweise stark elektrisierende Wirkung von Objekten wie Bernstein abschwächt, erkannten aber nicht ganz, wie sich Feuchtigkeit auswirkt. An einem schwülen Sommertag oder in Anwesenheit zahlreicher transpirierender Zuschauer konnten Experimente, die oft erfolgreich verlaufen waren, plötzlich und unerklärlicherweise misslingen, wobei der im Schweiße seines Angesichts arbeitende Experimentator selbst noch zum Abbau der Ladungen beitrug, die er eigentlich aufzubauen versuchte.«

Nicht nur die Unberechenbarkeit mancher Naturphänomene, auch die Fehlerhaftigkeit von Beobachtungen, Materialfehler oder Verschmutzungen konnten ein Hindernis sein. Bei vielen chemischen Reaktionen mit unerklärlichem Ergebnis waren vermutlich Verunreinigungen der beteiligten Substanzen im Spiel. Außerdem wurde ein großer Teil der experimentellen Forschung mit Instrumenten verrichtet, die eine ganze Reihe von Mängeln hatten. Wer sich mit den mikroskopischen Beobachtungen der großen Erforscher der Mikrowelt wie Robert Hooke, Antoni van Leeuwenhoek und Jan Swammerdam beschäftigt, empfindet Bewunderung für ihren Einfallsreichtum und ihre Geschicklichkeit, wenn sie zum Beispiel ihre Objekte nur mit Hilfe von Sonnenstrahlen oder einer Kerze beleuchteten. Bewundernswert ist auch, wie sicher sie zwischen realen Phänomenen und Scheineffekten unterschieden, die etwa durch Kratzer auf einer Linse hervorgerufen wurden. Und was die Größe von Astronomen wie Giovanni Domenico Cassini ausmacht, ist nicht zuletzt, dass sie bei ihren Beobachtungen systematisch Fehlerquellen zu beseitigen versuchten. So schickte Cassini sogar einen Assistenten zur Ruine von Tycho Brahes Observatorium Uraniborg, um dessen geographische Länge und Breite mit den dafür inzwischen verfügbaren Instrumenten präzise zu bestimmen. Nur dadurch konnte er die eigenen teleskopischen Beobachtungen von Sternen- und Planetenpositionen ausreichend genau mit denen Brahes ein Jahrhundert zuvor vergleichen.

Angesichts so vieler Hindernisse ist es nicht verwunderlich, dass die Experimentatoren im Allgemeinen zurückhaltend waren, wenn es um Erklärungen ging. Diese Zurückhaltung hatte noch zwei weitere Gründe. Einen davon kennen wir schon: »Erklärung« war immer die Domäne der Naturphilosophen gewesen, und die waren in der Académie und der Royal Society nicht allzu hoch angesehen – schließlich hatte man sich dem Experiment auch deshalb zugewandt, weil es nicht mit Weltanschaulichem belastet war wie seit jeher die Naturphilosophie. Der andere Grund war die klare Erkenntnis der Voreingenommenheit jedes Forschers. Francis Bacon hat diesem Thema einige hinreißende Sätze gewidmet. Der menschliche Geist sei weit davon entfernt, ein glatter, klarer und gleichmäßiger Spiegel zu sein, der die Wirklichkeit unverzerrt wiedergebe. Er sei wie ein »verzauberter Spiegel, voller Aberglauben und Betrug«. Wir müssten ständig gegen unsere Neigung ankämpfen, mit einem einzigen kühnen Sprung die Kluft zwischen Beobachtung und Generalisierung zu überwinden oder uns verliebt an unsere eigenen Schlussfolgerungen zu klammern.

Trotz solch guter Gründe für Zurückhaltung bei Folgerungen aus experimentellen Beobachtungen verzichteten die meisten doch nicht auf den Versuch, ein wenig Ordnung ins Chaos zu bringen. Ohne so etwas wie eine theoretische Richtschnur kommt man nicht weiter; gerade die Theorie kann von einem Experiment zum nächsten führen, so dass eine progressive Folge entsteht. Bei den bedeutendsten Forschern ist eine Art Dreischritt erkennbar. Am Anfang stand Theoriebildung auf der Grundlage eines bestimmten Weltbildes, danach konnte es zu einer Wechselwirkung zwischen systematisch fortgesetztem Experimentieren und einer allmählich verfeinerten oder auch korrigierten Theorie kommen. In der Regel, aber nicht immer ging man von einem Weltbild aus, bei dem die Idee der sich bewegenden Teilchen im Mittelpunkt stand. Die Denkweise war allerdings nicht die einer alles erklärenden, dogmatischen Naturphilosophie, sondern eher pragmatisch. Konsistent oder widerspruchsfrei waren diese Weltbilder selten. So konnten zum Beispiel allerlei magische und vitalistische Vorstellungen hineinspielen, die auch die Theoriebildung beeinflussten.

Die Qualität der Ergebnisse war entsprechend unterschiedlich, von geradezu Absurdem bis zu wahrhaft Brillantem. Maßstäbe zur Beurteilung gab es kaum. Immerhin entwickelte man sowohl in der Académie als auch in der Royal Society ein gesundes Misstrauen gegenüber den oft reichlich naiven Erklärungen, die manche der führenden jesuitischen Forscher ihrem Publikum boten. Auf der Ebene der empirischen Daten war das Kriterium schlechthin natürlich die Reproduzierbarkeit der Ergebnisse von Experimenten, und diese Überprüfungsmöglichkeit wurde häufig genutzt – nicht zuletzt deshalb legte man Wert auf detaillierte Beschreibungen. Selbst dann hatte man aber nicht immer ein zuverlässiges Beurteilungskriterium, wie wir am Beispiel der Reibungselektrizität gesehen haben. Auf der Ebene der Theoriebildung schien ein erheblicher Wildwuchs unvermeidlich zu sein. So glaubten die meisten Jesuiten, Elektrizität trete auf, weil sich beim Reiben von Bernstein dessen Poren öffneten. Dadurch könne subtile Materie ausströmen, die umgebende Luft werde dünner und treibe anschließend, wenn sie ihre ursprüngliche Dichte zurückgewinne, leichte Objekte wie Papierschnipsel zum Bernstein hin. Die Londoner Forscher dagegen hielten an Gilberts Erklärung elektrischer Anziehung durch einen Ausfluss in Form dünner viskoser Fäden fest. Stichhaltige Gründe, weshalb man die eine Erklärung der anderen vorzog, gab es nicht, entscheidend waren letztlich oft Faktoren wie die Nationalität oder das Weltbild, auf dem der Erklärungsversuch beruhte.

Zu den wertvolleren Resultaten der experimentellen Forschung gehörte van Leeuwenhoeks Entdeckung von Millionen wimmelnder Tierchen in seinem Sperma, das er unter Zurücklassung der noch stöhnenden Frau van Leeuwenhoek vom ehelichen Bett zum Mikroskop beförderte. (Dieses pikante Detail ließ er in seinem Bericht nicht unerwähnt; seine bibelfesten Leser hätten sonst argwöhnen können, dass er das Untersuchungsobjekt gewonnen habe, indem er eigenhändig die Sünde Onans beging.) Fünf Jahre zuvor hatte sein Delfter Kollege Reinier de Graaf schon etwas entdeckt, das er – im Wesentlichen korrekt – als weibliches Ei identifizierte (den Ovarialfollikel). Natürlich folgte nun eine vorläufig nicht zu entscheidende Debatte zwischen »Ovisten«, die dem Ei den Vorrang in der menschlichen und tierischen Fortpflanzung gaben, und »Animalculisten«, die ihn den »kleinen Tierchen« zuerkannten.

In der Regel blieb experimentelle Forschung auf die Entdeckung von Eigenschaften ausgerichtet. In besonderen Fällen spielten Quantitäten eine Hauptrolle, meistens durch Messungen ermittelt. Dies gilt nicht nur für die Bestimmung von Sternen- und Planetenpositionen mit Hilfe des Teleskops oder das groß angelegte Landvermessungsprojekt, das Cassini im Auftrag

Ludwigs XIV. durchführte. Man versuchte auch die Größe des Universums zu bestimmen und musste hierbei in weniger als einem Dreivierteljahrhundert einen gewaltigen Schritt tun: von einem Durchmesser, der dem Zwanzigtausendfachen des Erdradius entsprach, zu einer Unendlichkeit, in der die Entfernung zwischen Sternen nur noch in Lichtjahren auszudrücken war.

Außerhalb der Astronomie spielten Quantitäten ebenfalls eine gewisse Rolle; man denke an Boyles Entdeckung, dass der Druck eines Gases umgekehrt proportional zu seinem Volumen ist (als Boyle-Mariottesches Gesetz bekannt). Auch in der Chemie und der Alchemie, die in jener Zeit noch eng zusammenhingen, war Quantifizierung relevant. Vor allem George Starkey und Isaac Newton brachten es in ihrer experimentellen alchemistischen Forschung durch genaues Wiegen der verwendeten Substanzen zu einer Exaktheit, die sogar van Helmonts Leistungen auf diesem Gebiet in den Schatten stellte. Wobei schon damals nicht wenige dem Grundgedanken der Alchemie, dass Metalle im Erdboden reifen und man diesen Prozess künstlich beschleunigen könne, mit großem Misstrauen begegneten. Allerdings hatte dieses Misstrauen längst nicht immer die gleichen Gründe wie die etwas spätere Abstempelung der Alchemie als Aberglaube und ihre Verbannung aus der Wissenschaft. Es wäre unhistorisch, auf das 17. Jahrhundert bezogen strikt zwischen aufgeklärten Wissenschaftlern und abergläubischer Masse zu unterscheiden. Leicht finden sich Beispiele für fähige Naturforscher, die fest an Hexerei, Geisterbeschwörung oder Teufelsaustreibung glaubten, und Gegner der neuen Naturerkenntnis, die solchen Volksglauben nicht teilten, wenn auch meist aus Gründen, die sie der Bibel entnahmen.

Auf einigen Gebieten haben Theorie und Experiment einander wechselseitig in so fruchtbarer Weise beeinflusst, dass man sogar von einer progressiven Folge sprechen kann. Ein hohes Niveau erreichten damit unter anderem drei Forscher: Der Jesuit Francesco Lana di Terzi gelangte von einer Erklärung elektrischer Anziehung – teilweise von ihm selbst erarbeitet – zu der Annahme elektrischer Abstoßung, die er mit einer schönen Versuchsreihe stützen und präzisieren konnte; ein Fellow der Royal Society, Francis Robartes, stellte bei einer der wöchentlichen Sitzungen die Verbindung zwischen den schon entdeckten Schwingungsknoten von Saiten und den Naturtönen der Trompete her; ein korrespondierendes Mitglied derselben Gesellschaft, Marcello Malpighi, kam im fernen Bologna durch vergleichende mikroskopische Untersuchungen zu wegweisenden Erkenntnissen über menschliche und tierische Drüsensekretion.

Das Beispiel Malpighis ist schließlich noch im Hinblick auf die Frage lehrreich, ob und in welchem Maße die experimentelle Forschung einen praktischen Nutzen hatte. Gegen Ende seines Lebens wurde er von einem gewissen Girolamo Sbaraglia heftig angegriffen. Dieser jugendliche Besserwisser meinte, Professor Malpighi habe an der medizinischen Fakultät nichts zu suchen, er gehöre zu den Philosophen; schließlich habe die Medizin die Heilung von Patienten zum Ziel, aber all die Experimente, Theorien und Erklärungen aus drei Jahrzehnten Forschertätigkeit Malpighis hätten nicht das Geringste zur Genesung auch nur eines einzigen Kranken beigetragen. Um sich gegen diesen Angriff zu wehren, der seine Reputation, seinen Status und sein Einkommen gefährdete, stellte der alte Mann eine lange Liste von Fakten zusammen, die zeigen sollten, wieviel Nutzen die Medizin aus seiner Forschung und der anderer Mikroskopierer wie Hooke, van Leeuwenhoek und Swammerdam ziehe. Diese Liste ist ein ebenso trauriges wie aufschlussreiches Dokument. Bei kritischer Durchsicht, wenn man sich von der natürlichen Abneigung gegen eine rechthaberische Null, die einen verdienten Mann aufs Korn nimmt, nicht beeinflussen lässt, muss man feststellen, dass Sbaraglia Recht hatte. Sie beweist überzeugend nur, was Sbaraglia gar nicht in Zweifel zog, nämlich dass Malpighi viel zum besseren Verständnis zahlreicher Phänomene im Zusammenhang mit Krankheit und Gesundheit beigetragen hat. Mit einigem guten Willen sind aber gerade einmal zwei eher harmlose Nierenerkrankungen zu entdecken, bei denen dieses bessere Verständnis tatsächlich zu besserer Behandlung führte. So gesehen zeigt der Fall Malpighi gegen Sbaraglia exemplarisch, wie es um den praktischen Nutzen bestellt war, den die neuen Formen der Naturerkenntnis doch haben sollten: Noch bis zum Ende des 17. Jahrhunderts war davon fast nichts zu erkennen.

Aus alldem lassen sich folgende Schlüsse ziehen. Durch entdeckend-experimentelle Forschung wurden im Lauf des 17. Jahrhunderts etliche Erkenntnisse von bleibender Bedeutung gewonnen, wenn sie auch noch kaum praktisch nutzbar waren. Das Hauptproblem, die Natur in all ihrer Launenhaftigkeit zu erfassen, wurde zwar höchst erfinderisch angegangen, aber auf der theoretischen Ebene trotz aller Bemühungen nur selten gelöst. Und wenn dies doch gelang, fehlten in der Regel zuverlässige Kriterien, nach denen die Lösungen beurteilt werden konnten. Auf ganz andere Weise als in der Naturphilosophie schien auch hier letztlich die Willkür zu triumphieren. Und Einzelne fragten sich, ob daran vielleicht grundsätzlich etwas zu ändern sei. Die Antwort auf diese Frage lautete: »ja«.

VI. Fortgesetzte Transformation

Möglicherweise hat den Leser im vorigen Kapitel das Gefühl beschlichen, im Haus der neuen Naturerkenntnis durch drei verschiedenen Räume geführt worden zu sein. Man hat ihm zuerst die Küche gezeigt, dann den Salon und zuletzt die Rumpelkammer. In jedem Zimmer stand vollkommen anderes Mobiliar. Bei jeder Form der Naturerkenntnis unterschieden sich nicht nur die Resultate, sondern auch der Denkstil, das Handwerk (wenn es denn ausgeübt wurde) und die Methoden, mit denen Willkür eingeschränkt werden soll. Mit anderen Worten: In jeder der drei Formen ging man anders zu Werke, und wir finden also immer noch die hohen Mauern, die wir beim getrennten Agieren von »Athen« und »Alexandria« zum ersten Mal in Europa beobachten konnten. Inzwischen wurden diese beiden und noch eine dritte auf revolutionäre Weise transformiert, doch ihre Trennung zu beenden, damit hat man praktisch noch gar nicht angefangen. Es stimmt, dass wir einige wenige, etwa Huygens oder den jungen Newton, sowohl auf dem realistisch-mathematischen Terrain als auch beim erforschenden Experiment gesehen haben. Allerdings segeln sie dabei sozusagen jeweils unter anderer Flagge. Unter der einen verhielten sie sich vollkommen anders als unter der zweiten, sie übernahmen unter beiden den dort jeweils herrschenden Denkstil und die dort übliche Handlungsweise (die sie benutzten, um einige hervorragende Entdeckungen zu machen).

Dennoch waren es diese beiden, Huygens und der junge Newton (zu denen sich auch noch Boyle und Hooke gesellen), die erstmals in der Geschichte die Mauern zwischen den verschiedenen Formen der Naturerkenntnis bis auf eine gewisse Höhe zu schleifen verstanden, denen es zumindest gelang, große Breschen in diese Mauern zu schlagen.

Trennlinien überschritten

Bei diesem Schlagen von Breschen gilt es, drei Aspekte zu unterscheiden. Da wäre zum einen der politisch-religiöse Hintergrund, den wir mit dem Begriff »Geist von Westfalen« umschreiben können. Des weiteren gibt es innerhalb der drei verschiedenen Formen revolutionärer Naturerkenntnis einige Themen, die sich für einen mehr oder weniger zufälligen Cross-over eignen. Namentlich sind dies das Durchführen von Messungen und das Denken in Begriffen von sich bewegenden Teilchen. Und außerdem ist da noch die Tatsache als solche, dass zum ersten Mal Trennlinien zwischen den unterschiedlichen Formen von Naturerkenntnis überschritten werden. Dieses Überschreiten resultiert in zwei neuen, wiederum revolutionären Transformationen. Bei einer Reihe von speziellen Themen, wie etwa dem Stoß, der Kreisbewegung, dem Licht oder chemischen Reaktionen, gelingt es nämlich, zwei verschiedene Formen von Naturerkenntnis miteinander zu verbinden. Diese Möglichkeit der Fusion in Teilfragen ergibt sich, wenn man die Teilchenphilosophie von ihrer dogmatischen Erkenntnisstruktur befreit und sie stattdessen als eine eventuell fruchtbare Hypothese auffasst. Diese Umformung vom Dogma zur Hypothese ist der entscheidende Schritt, und Huygens ist der große Pionier dieser Entwicklung.

Das alles klingt reichlich abstrakt. Wir wollen uns nun anschauen, wie es tatsächlich vor sich ging.

Der Westfälische Frieden von 1648 und die Englische Restauration 1660 eröffneten gemeinsam die Perspektive auf einen radikalen Umschwung. Die Verantwortlichen neigten nicht länger dazu, Konflikte auf die Spitze zu treiben, im Gegenteil, dort wo es zu Konflikten kam, versuchte man, sie klein zu halten. Versöhnungswillen und die Bereitschaft zum Kompromiss bestimmten mehr und mehr das Klima in Europa. Dieser neue Geist zeigte sich vor allem in der Politik und in religiösen Fragen, breitete sich aber sehr bald auch auf die Naturerkenntnis aus, die mit den beiden erstgenannten Gebieten eng verbunden war. Einige wenige hatten den Geist der Versöhnung bereits früher demonstriert. Ein markantes Beispiel ist Marin Mersenne, ein Paulanermönch. In der Zeit von etwa 1625 bis 1648 stand er von seiner Pariser Klosterzelle aus praktisch mit jedem im Briefwechsel, der sich in Europa für die erneuernde Naturerkenntnis interessierte. Er besuchte Beeckman in Dordrecht, wo er in dessen Tagebuch lesen durfte. Er war befreundet mit Descartes, für den er während seines Aufenthalts in der Republik der Vereinigten Niederlande eine nie versiegende Informationsquelle für den neuesten Pariser Klatsch war, vor allem für jenen, den man über Descartes verbreitete. Vergeblich versuchte er sein Netzwerk auch auf den ebenso bewunderten Galilei auszuweiten. Friedliebend und aufrichtig anteilnehmend an anderen wie er war, muss er ein überaus sympathischer Mann gewesen sein, ein Lichtblick inmitten der vielen von sich und ihrer Berufung besessenen, megalomanen Hitzköpfe. Mersennes eigene, mitunter klugen Forschungen zur Weltharmonie bildeten eine nicht sonderlich zusammenhängende Kombination aus der gemischten Mathematik, die er bei den Jesuiten kennengelernt hatte, und Experimenten, die meist erforschenden, gelegentlich aber auch beweisenden Charakter hatten; dies alles noch versehen mit Berechnungen, wo immer sie möglich waren. Nur mit den sich beständig bewegenden Teilchen, die sein Gastgeber Isaac und sein Freund René propagierten, konnte er nichts anfangen. So entfernte er aus den beachtlichen Teilen Musiktheorie, die er von Beeckman übernahm, kurzerhand den dieser zu Grunde liegenden Teilchen-Mechanismus.

Solch ein pragmatischer Umgang mit unterschiedlichen Herangehensweisen wurde in der Zeit, die mit dem Westfälischen Frieden und der Restauration in England begann, gang und gäbe. Die hitzigen Diskussionen zwischen den Naturphilosophen und den Erneuerern, die sich uneingeladen auf das Gebiet der Ersteren gewagt hatten, hörten auf. Thomas Hobbes, ein immer noch klassisch-naturphilosophischer Denker, führte wegen seiner eigenen Variante der Lehre von den sich bewegenden Teilchen noch ein Rückzugsgefecht mit Boyle über die Frage, ob sich unter der Glocke einer Luftpumpe tatsächlich ein leerer Raum befinde. Hobbes' Prämissen schlossen dies nämlich aus. Ebenso wie ein halbes Jahrhundert zuvor Galileis Widersacher in Pisa verstand es auch Hobbes, die unbestreitbaren Schwachstellen in der Position seines Gegners aufzugreifen. So wies er nicht ohne Grund darauf hin, dass Boyles Luftpumpe undicht war, und er bediente sich mit Wollust des typisch bizarren Ergebnisses eines bestimmten Experiments, um Recht zu bekommen. Doch für solche Haarspaltereien gab es im England der Restauration keinen Platz mehr, und Hobbes blieb ein Außenseiter, der ständig im Verdacht stand, eigentlich ein Atheist zu sein. Ein halbes Jahrhundert später sah die Welt allerdings ganz anders aus!

Ein Aspekt der neuen Naturerkenntnis, in der Kompromiss und Versöhnung in Form eines gewissen Cross-over tatsächlich zu Stande kam, war das Messen. Für den, der meint, Mathematik und Menge seien eigentlich zwei Seiten einer Medaille, ist dies möglicherweise eine Überraschung. Galilei hielt die Welt wirklich und wahrhaftig für die Verkörperung der Mathematik, doch das bedeutete nicht zugleich auch, dass er sich für die dazugehörigen Quantitäten interessierte. Er leitete ab, wie sich die Fallgeschwindigkeit zur Strecke und zur Zeit verhält, aber die Frage, welche Distanz ein fallendes Objekt in einer Sekunde zurücklegt, stellte sich ihm nicht. Diejenigen, die es nach der Begegnung mit Galileis Werk genau wissen wollten, waren Pater Riccioli SJ und Frater Mersenne. Beide vertieften sich in ungeheuer zeitraubende Experimente mit Pendeln, deren Resultate in erster Linie Scheingenauigkeit erbrachten. Aus ihren umständlichen Berichten voller komplizierter Berechnungen lernte Christiaan Huygens das Problem kennen. Mit seinem an Galilei geübten Denken zog er es sofort wieder aus der Sphäre der gemischten Mathematik und des erforschenden Experiments zurück auf das Gebiet der realistisch-mathematischen Naturerkenntnis. Es war dieses bescheidene Problem, das am Beginn seines drei Monate währenden Entdeckungsrausches stand. Das, was wir seit Newtons *Principia* die Gravitationskonstante nennen, ergab sich aus einer der bedeutendsten Entdeckungen Huygens'. So nähern sich Mitte des 17. Jahrhunderts mathematische Proportion und die Mengenbestimmung einander an.

Am stärksten geschah dies in der teleskopischen Astronomie. Das Teleskop war, bald nachdem es in einem handwerklichen Umfeld erfunden worden war, zu einem Instrument geworden, das vor allem im Dienste der mathematischen Naturerkenntnis stand. Huygens entwickelte es weiter und rüstete es mit einer präzisen Gradeinteilung aus, so dass es Mitte der sechziger Jahre vom Fernglas zum Messinstrument wurde.

Besser noch als Messungen eigneten sich die sich bewegenden Teilchen für einen solchen Cross-over. Wir konnten dies bereits bei Borelli beobachten, und auch beim Hintergrundweltbild, das manche Experimentatoren des forschenden Typs auf Ideen zur Erklärung des ein oder anderen Versuchsergebnisses brachte. So führte Leeuwenhoek, ein braver Ehemann und begnadeter Beobachter, zugleich aber auch ein wenig subtiler Theoretiker, ständig Teilchen an, um zu erklären, was er durch seine wundersamen Linsen so alles zu sehen bekam. Er heftete sozusagen die Teilchen auf seine Wahrnehmungen, ohne dass das eine das andere auch nur etwas deutlicher machte. Borelli hingegen war von den sich bewegenden Teilchen ausgegangen und war besorgt darüber, dass es nur ein wenig Phantasie bedurfte, sie überall zu entdecken. Messungen hielt er daher für ein geeignetes Mittel, die Phantasie in ihre Schranken zu weisen.

Und damit kommen wir zu einem wesentlichen Problem: das große Maß an Willkür, dem sowohl die Philosophie von den sich bewegenden Teilchen als auch die erforschend-experimentellen Untersuchungen ausgesetzt waren. Die Versuche, die unternommen wurden, die Willkür einzudämmen, waren, wie wir im vorigen Kapitel gesehen haben, nicht sonderlich erfolgreich. Und so kam man auf den Gedanken, den sich bewegenden Teilchen ihren phantastischen Charakter zu nehmen, indem man sie – und zwar nicht locker, sondern bombenfest – entweder an die realistisch-mathematische oder aber an die erforschend-experimentelle Naturerkenntnis band. Dass dies möglich war, und wie dies passieren musste, das sahen nur die Allergrößten der Generation nach den Pionieren: Huygens, Boyle, Hooke und der junge Newton. Das heißt, Huygens und der junge Newton erkannten erstens die Möglichkeit, die sich bewegenden Teilchen durch Mathematik in Bande zu legen, Boyle, Hooke und derselbe junge Newton entdeckten zweitens die Möglichkeit, die sich bewegenden Teilchen durch das erforschende Experiment kontrollierbar zu machen. Und so vollzog sich nun, nach den drei revolutionären Transformationen im Zeitraum von etwa 1600 bis 1640, in der Zeit von etwa 1655 bis 1684 eine vierte und fünfte.

Zu einem Forscher aus diesem Quartett von Revolutionären der zweiten Generation muss ich noch kurz etwas sagen. Warum spreche ich immer wieder vom »jungen Newton«? Ich unterscheide dadurch die beiden großen Schaffensphasen in seinem Leben. Von 1665 bis 1668 (seine berühmten »Wunderjahre«) vollzog er unabhängig von Huygens die vierte Transformation. Von 1669 bis 1679 nahm er durch intellektuellen Austausch mit Boyle und Hooke an der fünften teil. Und in der Zeit von 1684 bis 1687 gelang dem nun reifen Newton vollkommen selbständig noch eine sechste Transformation, deren beeindruckendsten Ergebnisse die Bewegungsgesetze und die Entdeckung der Gravitation waren. Diese drei Transformationen wollen wir nun der Reihe nach betrachten.

Mathematische Naturerkenntnis mit Teilchen ergänzt: Huygens und der junge Newton

Eine unabdingbare Voraussetzung für die feste Verbindung der Philosophie der bewegenden Teilchen mit den beiden anderen Formen der Naturerkenntnis war, dass sie zunächst von ihrer »athenischen« Erkenntnisstruktur befreit wurde. Der jahrhundertealte Anspruch auf Allwissenheit und zweifelsfreie Gewissheit musste zuerst davon abgeschält werden. Dieses Kunststück vollbrachte Christiaan Huygens in den Jahren von 1652 bis 1656. Anlass dazu war das Problem des Stoßes.

Problem? Wieso Problem? Hatte nicht Descartes die Frage, wie Teilchen oder Gegenstände zusammenstoßen, bereits in seiner Schrift *Principia Philosophiae* gestellt und gelöst? Gewiss hatte er das, und als 15- oder 16-jähriger Bursche hatte Christiaan diese Ausführungen wie alle anderen kritiklos hingenommen. Ein paar Jahre später lernte er jedoch als Student in Leiden die mathematische Naturerkenntnis kennen, die er dann zunächst auf »alexandrinische« Weise betrieb. Dabei verfeinerte er das Werk des Archimedes auf virtuose Weise. Doch sehr bald nach dem Bekanntwerden mit Galileis Studien zu Phänomenen der Bewegung wechselte er endgültig in das Lager von »Alexandria plus«. Und als er sich 1652, im Alter von 23 Jahren, aus einer anderen Perspektive erneut mit den Stoßgesetzen von Descartes beschäftigte, da stieß er bei genauerer Betrachtung auf seltsame Dinge. So behauptet Descartes, dass eine kleine Kugel, wenn sie mit einer großen zusammenstößt, mit unveränderter Geschwindigkeit zurückprallt, während die größere unbewegt an ihrem Platz bleibt. Testen Sie das einmal mit zwei Billardkugeln, die an einer Schnur hängen, und Sie werden feststellen, dass die größere sich sehr wohl bewegt. Ich habe einmal eine Huygens-Ausstellung im Museum Boerhaave in Leiden mit vorbereitet. Wir wollten dem Publikum die Möglichkeit geben, sich den Unterschied zwischen den Stoßgesetzen von Huygens und Descartes selbst vor Augen zu führen. Letztere konnten wir nur demonstrieren, indem wir die größere Billardkugel mit einer Stange an der Wand befestigten.

Descartes hatte seine Stoßgesetze in gut-athenischer Tradition aus seinen Prämissen abgeleitet – gerade das verlieh ihnen schon im voraus Gewissheit. Gleichzeitig aber wusste er sehr wohl, dass die meisten seiner Gesetze auf dem Billardtisch versagen. Das spielte aber in seinen Augen gar keine Rolle. In seiner Wirbelwelt finden permanent Kollisionen statt, jedoch nie in Reinform, denn schließlich sind ja alle Teilchen ständig in Bewegung. Bei dem Ansatz, den Galilei gewählt hat, kann man, ja muss man alle störenden Faktoren wegdenken. Aus Descartes' Welt kann man die störenden Wirbel nicht wegdenken. Sie sind keine störenden Faktoren, von denen man abstrahieren kann, sie sind im Gegenteil der Kern der Naturwelt. Das Billardspiel lehrt uns nichts.

Huygens hat sich, mit Unterbrechungen, vier Jahre lang mit dem Problem des Stoßes beschäftigt, und während dieser Zeit hat er mit seiner doppelten Loyalität gerungen. Da war auf der einen Seite der überwältigende

Eindruck, den Descartes' *Principia Philosophiae* vor nicht allzu langer Zeit auf ihn gemacht hatte. Und auf der anderen Seite gab es die Überzeugung, zu der er unlängst gekommen war, nämlich dass der Ansatz Galileis die Methode war, mit der sich die mathematische Naturerkenntnis auch tatsächlich mit der Natur beschäftigte. Galilei hatte sich nicht mit der Frage auseinandergesetzt, was passiert, wenn Kugeln unterschiedlicher Größe aus unterschiedlichen Richtungen aufeinanderstoßen – diese Frage ist in einer Welt sich bewegender Teilchen sehr viel naheliegender. Doch Galileis generelle Herangehensweise an Phänomene der Bewegung zog Konsequenzen nach sich. Im Modell von »Alexandria plus« betrachtet, stellt das Billard sehr wohl eine experimentelle Überprüfung dar, die Descartes' Gesetze schlicht und einfach nicht bestätigt. Natürlich wird das Rollen von Elfenbeinkugeln, so hart und glatt sie auch sein mögen, über Filz, so glatt dieser auch sein mag, nie genau mit den theoretisch zu erwartenden Ergebnissen übereinstimmen. Insofern habe Descartes durchaus Recht, gibt Huygens zu. Aber, so argumentierte er jetzt sehr revolutionär weiter, wenn man zwei Regelsysteme habe, und auf dem Billardtisch stelle man fest, dass das eine der Erfahrung diametral entgegensteht, während das andere ihr recht nahe kommt, dann seien das doch deutliche Hinweise darauf, dass man mit dem ersten System irgendwie danebenliegt, während man vom zweiten vorerst annehmen dürfe, dass man damit auf dem richtigen Weg ist. Und damit ist Huygens auf dem Weg zu einer wichtigen Verfeinerung von »Alexandria plus«. Natürlich weicht das Ergebnis des überprüfenden Experiments immer ein wenig von dem ab, was die Theorie vorhersagt, doch man kann versuchen, diese Abweichung wiederum in ein mathematisches Modell zu fassen.

Es war nicht nur die Frage, ob man Abweichungen zulassen darf oder nicht, die Huygens von Descartes wegführte. Zum Kern der Bewegungslehre des Galilei gehört die Relativität von Bewegung. Sie bringt es mit sich, dass es keine Rolle spielt, ob eine kleine Kugel mit einer großen kollidiert oder umgekehrt. Die beiden Fälle sind gleich, lediglich der Bezugsrahmen hat sich verschoben; das ist exakt, was das Prinzip der Relativität von Bewegung bedeutet. Aber in Descartes' Regelsystem spielte es sehr wohl eine Rolle, welche Kugel mit welcher zusammenstößt. Und hier wird Descartes' Irrtum besonders deutlich, denn schließlich hatte er auch ein Prinzip der Relativität von Bewegung formuliert, er hatte nur bei der Ableitung seiner Stoßgesetze kurz nicht daran gedacht.

Und so machte sich Huygens daran, mit Hilfe desselben Prinzips, das er jetzt jedoch konsequent anwandte, neue Stoßgesetze zu suchen, die auch einen Billardspieler zufrieden stellen. Wenn man einmal von der mathematischen Terminologie absieht, werden die von ihm formulierten Gesetze noch heute im Physikunterricht gelehrt. Huygens ging von dem speziellen Fall aus, dass sich zwei unterschiedlich große Billardkugeln mit einer so gearteten Geschwindigkeit einander nähern, dass das Produkt von Gewicht und Geschwindigkeit der beiden identisch ist. In dieser Konstellation prallen beide Kugeln mit derselben Geschwindigkeit zurück, die sie auch vor dem Zusammenstoß hatten. Wenn man nun dem Raum, in dem die Kugeln miteinander kollidieren, eine willkürliche Geschwindigkeit gibt, kann man jede andere denkbare Situation bestimmen. Weil die Kugeln sich im speziellen Fall voneinander entfernen, werden sie dies jedes Mal tun, und zwar mit exakt derselben Geschwindigkeit. Im Museum Boerhaave mussten wir zwecks Demonstration dieses Stoßgesetzes von Huygens die große Kugel nicht manipulieren; sie tat beim Zusammenstoß mit der kleineren ziemlich genau das, was sie tun sollte.

Doch in der Art, wie Huygens seine Stoßgesetze ableitete, steckte mehr als nur diese konsequente Anwendung des Prinzips der Relativität von Bewegung. Zunächst hatte er bei seiner Ableitung versucht, mit dem Begriff »Stoßkraft« zu operieren. Er nahm an, dass im Moment der Übertragung von Geschwindigkeit die eine Kugel eine Kraft auf die andere ausübt und sie zurückstößt. Doch schon bald gab er diesen Gedanken auf. Bei genauerer Betrachtung kam er zu der Ansicht, dass »Kraft« ein allzu obskurer Begriff ist, an dem er sich nicht die Finger verbrennen wollte. Man dachte dabei zu schnell an die anziehenden und abstoßenden Kräfte, die im magischen Weltbild eine so große Rolle spielen und die Descartes mit seiner Wirbelwelt hatte ausrotten wollen. In dieser Hinsicht, aber wirklich nur in dieser, ist Huygens immer ein Jünger Descartes' geblieben. Ansonsten brach er mit dessen Lehre, und dieser Bruch vollzog sich im Laufe seiner Untersuchungen zum Stoß. Huygens war nicht länger davon überzeugt zu wissen, wie die Welt konstruiert ist. Prämissen »athenischen« Typs legte er nicht mehr zu Grunde. Er wusste grob, dass die Welt aus Teilchen aufgebaut ist, die sich gemäß bestimmter Bewegungsgesetze verhalten. Diese Gesetze müssen mathematisch formuliert sein. Doch weder diese Gesetze selbst noch die exakten Mechanismen, in denen sie zum Ausdruck kommen, lassen sich aus einer vorgefassten Vorstellung über die Konstruktion der Welt ableiten, schon gar nicht mit letzter Gewissheit. Mehr als »Wahrscheinlichkeit« kann man von den Schlussfolgerungen hinsichtlich dieses oder jenes Mechanismus nicht erwarten.

Dies waren radikale, ja revolutionäre Thesen. Huygens machte dabei ein solches Alles-kein-Problem-Gesicht, dass dieser massive Bruch in der Geschichte der Naturerkenntnis zunächst nicht als solcher bemerkt wurde. Nie zuvor hatte jemand dergleichen getan. Wenn denn einmal ein Naturphilosoph zugleich auch Mathematiker war, dann hielt er diese Eigenschaften strikt voneinander getrennt. Bei Huygens kommt es während seines Studiums des Stoßes zum ersten Mal in der Geschichte zu einer Fusion. In Teilbereichen verbindet er »Athen plus« mit »Alexandria plus«. Wenn man die Geschichte der Naturphilosophie seit Platon betrachtet, stellt man fest, dass zuvor niemand so frei mit diesen beiden Arten von Naturerkenntnis umgegangen ist. Naturphilosophien wurden regelmäßig miteinander vermischt, wobei ihre spekulativ-dogmatische Erkenntnisstruktur erhalten blieb. Kleine Portionen Naturphilosophie wurden gelegentlich benutzt, um ein zu Grunde liegendes Weltbild auszustaffieren (wie bei Harvey und Gilbert) oder um damit Lücken in der mathematischen Argumentation zu stopfen (wie bei Ptolemäus oder Kopernikus). Doch jetzt wurde zum ersten Mal eine vollständige Naturphilosophie als Hypothese verwandt, deren Brauchbarkeit nicht von vornherein angenommen wurde, sondern sich immer wieder aufs Neue erweisen musste. Für uns ist das seit langem selbstverständlich, doch vor 1652–1656 hatte man nicht einmal die Möglichkeit eines solchen Vorgehens erkannt.

Dadurch ergab sich für Huygens ein regelrechtes Arbeitsprogramm. Nicht nur beim Stoß, sondern bei jeder Art von Bewegung war die Vorgehensweise von Descartes nicht mit der von Galilei vereinbar. Huygens sah seine Aufgabe darin, die beiden Methoden miteinander zu versöhnen, und zwar nicht auf jene oberflächliche Weise, mit der die Jesuiten ihren Mischmasch zusammengerührt hatten, sondern indem er – wie Descartes – von sich bewegenden Teilchen ausging und diese dann – wie Galilei – mathematisch behandelte.

Mit seiner Stück-für-Stück-Verwendung der sich bewegenden Teilchen, von »à la Descartes« zu »à la carte«, konnte Huygens einige große Erfolge erzielen. Sie gehören zum Besten, was Naturforschung im 17. Jahrhundert hervorgebracht hat, wie etwa Teile seiner Forschungen zum Pendel. Außerdem gelang es ihm in diesem Zusammenhang, die Proportionalitäten zu bestimmen, die gemeinsam das Durchlaufen einer Kreisbahn bestimmen.

Einen Großteil dieser Arbeiten verrichtete er in den fünfziger Jahren des 17. Jahrhunderts, und zwar allein. Außer in einigen Briefen, die keinen Widerhall fanden, und den Uhren, die das vorzeigbare Ergebnis seiner Überlegungen waren, gelangte die revolutionäre Transformation nicht aus seinem Arbeitszimmer in Den Haag hinaus. Anschluss fand er, als er im Jahre 1665 im Namen von Ludwig XIV. als Leiter der Forschung an die Académie geholt wurde, in die dogmatische Cartesianer wie Rohault bewusst nicht aufgenommen wurden. Zur selben Zeit wurde Huygens auch zum Fellow der Royal Society ernannt. In gewisser Weise hatte er sich bereits einen »Vorschuss« auf den »westfälischen« Geist der Versöhnung und die Befreiung von der dogmatischen Philosophie genehmigt, noch ehe sich dieser Geist in der Naturforschung durch die Gründung dieser beiden Institutionen manifestierte. Jetzt konnte dieser Geist seine Flügel ausbreiten.

Mit seinem Versöhnungswerk geriet Huygens an einem Punkt in Probleme, und zwar beim Fall. Welcher spezielle Teilchenmechanismus konnte Rechenschaft über die gleichmäßige Beschleunigung beim Fall geben, dem Prunkstück in Galileis *Discorsi*? Seit Newton (dem »reifen« Newton) wissen wir, dass die Versöhnung nicht gelingt, ohne die Einführung eines sehr speziellen, sehr genau definierten Begriffs der »Kraft«. Aber Huygens hatte jede Vorstellung von Kraft, die über Gleichgewichtszustände hinausging, endgültig aus seinem Ansatz verbannt. Folglich musste der Vortrag, den er vor seinen Kollegen an der Académie über dieses Thema hielt, ein Reinfall werden, und einer seiner Kollegen kritisierte ihn auch sogleich scharf: Ohne die Annahme des Wirkens einer Kraft, so Roberval, lasse sich das Problem nicht lösen. Der immer höfliche und zuvorkommende Huygens wusste auf diese Kritik nicht anders zu reagieren, als seine Thesen einfach zu wiederholen.

Roberval selbst hatte nicht mehr als eine vage Vorstellung von Kraft, die den okkulten Kräften sehr nahe stand und die ein treuer Teilchen-in-Bewegung-Denker wie Huygens mied wie der Teufel das Weihwasser. Gleichzeitig machte sich in Cambridge ein frischgebackener »Bachelor of Arts«, Isaac Newton, daran, die beiden Herangehensweisen zu kombinieren. Völlig auf sich allein gestellt, wandte er sich exakt denselben Problemen zu, die auch Huygens rund zehn Jahre zuvor beschäftigt hatten. Allerdings benutzte Newton dabei einen selbstgemachten Kraftbegriff, den er den Regeln und Gesetzen der Mathematik zu unterwerfen versuchte. Beim Stoß, dem Pendel und der Kreisbahn kamen beide, Huygens und Newton, zu denselben Resultaten. Dies geschah, ohne dass sie von den Arbeiten des anderen wussten. Selbst an Newtons eigener Universität, wo in den sechziger Jahren Aristoteles immer noch in höchstem Ansehen stand, wusste buchstäblich niemand, dass er dabei war, sich innerhalb von anderthalb Jahren vom autodidaktischen Anfänger an die Spitze der erneuernden Naturforschung in Europa emporzuarbeiten. Huygens Reputation war inzwischen gefestigt, doch just auf diesem Gebiet hatte er bisher noch nichts veröffentlicht, und daher konnte der frisch Examinierte gar nicht bemerken, dass er dabei war, mit der Nummer eins gleichzuziehen und sie in einem Punkt sogar zu übertreffen.

Newtons Geländeerkundung dauerte nur kurz, 1668 warf er das Handtuch. Er hatte sich verrannt, sein Versuch, die Ansätze von Descartes und Galilei mit Hilfe einer mathematischen Herangehensweise an »Kraft« miteinander zu versöhnen, hatte Schiffbruch erlitten, und das war ihm nur allzu bewusst. Gleichzeitig jedoch hatte er einen Denkschritt gemacht, auf den Huygens nicht gekommen war. Als Newton nämlich eigenständig die Formel für die Kreisbahn entdeckt hatte, benutzte er diese, um einen Gedanken auszuarbeiten, der sich ihm auf der Obstwiese seiner Mutter aufgedrängt hatte. Er hatte dort gesessen und vor sich hin gestarrt, als ein Apfel zu Boden fiel. Und plötzlich ging ihm ein Licht auf. Was immer auf der Erde Dinge zu Boden fallen ließ, konnte es nicht sein, dass es genau dasselbe war, das auch den Mond auf seiner Bahn um die Erde hielt? Und die Planeten auf ihrer Bahn um die Sonne? Newton nahm das dritte Gesetz von Kepler hinzu, um seine Berechnungen einer Wirkung, die mit dem Quadrat des Abstands abnimmt, zu kontrollieren.

Wer bei all dem sofort an Newtons Gesetz der universellen Anziehungskraft denkt, der hat damit sowohl Recht als auch Unrecht. »Recht« insofern, als Newton hier, rein mathematisch betrachtet, bereits eine der zwei Säulen dieses Gesetzes formuliert hatte. »Unrecht«, weil die quantitative Überprüfung nicht ganz befriedigend ausfiel. Das Verhältnis schien *pretty near* zu stimmen, aber der recht gute Näherungswert war dem Perfektionisten Newton nicht genau genug. Also verschwanden seine Aufzeichnungen ebenso wie alle früheren in der Schublade. »Unrecht« aber vor allem insofern, als Newton zu diesem Zeitpunkt überhaupt nicht in Begriffen wie »Anziehungskraft« dachte. Dafür war er noch viel zu sehr Cartesianer oder zumindest Teilchen-Denker. Solange er in seinem Teilchen-Denken keinen Raum für eine bedeutende, stabile Vorstellung von »Kraft« geschaffen hatte, der auch Anziehung und Abstoßung beinhaltete, war der Schritt von Stoßkraft zu Anziehungskraft für ihn zu groß. Ausgerechnet seine alchemistischen Forschungen haben ihn zu diesem Schritt inspiriert. Und diese Forschungen unternahm er mit einer Denkart, die einer fünften revolutionären Transformation entsprang. Sie lief darauf hinaus, dass aus der Mischung von Experiment mit einem Schuss bewegender Teilchen etwas Neues gebraut wurde.

Das »Baconsche Gebräu«: Boyle, Hooke und der junge Newton

Die Naturphilosophie der sich bewegenden Teilchen war ein Produkt des europäischen Festlands – Beeckman, Gassendi und vor allem Descartes hatten sie entwickelt. Die ersten Engländer, die mit ihr Bekanntschaft machten, waren Exilanten. Im Jahr 1644, nach der Niederlage der Loyalisten in einer der Entscheidungsschlachten des Englischen Bürgerkriegs, mussten viele Anhänger Karls I. das Land verlassen. Wie der Kronprinz, der 1660 als Karl II. zurückkehren sollte, setzte sich auch William Cavendish, Erster Herzog von Newcastle, nach Paris ab. Zu seiner dortigen Entourage gehörten seine zweite Frau, die Schriftstellerin Margaret Cavendish, und der Hauslehrer Thomas Hobbes. Genau in diesem Jahrzehnt, den vierziger Jahren, wurde die zuerst von Beeckman um 1610 angedachte Philosophie der sich bewegenden Teilchen allmählich in der gelehrten Öffentlichkeit populär. Die Familie Cavendish saugte sie Teilchen für Teilchen begierig auf. Hobbes und die Herzogin entwarfen eigene Varianten, die sie nach ihrer Rückkehr Anfang der fünfziger Jahre in ihrer Heimat publik machten.

Weil beide sehr wenig Rücksicht auf die Vorstellung einer unsterblichen Seele nahmen, stand die Teilchenlehre dort bald im Ruf des Atheismus. Ihre Popularisierung in der Variante Pater Gassendis konnte fromme Gemüter beruhigen, ja sogar große Beliebtheit erlangen. Mehr noch, in England entwickelten sich einzigartige Mischformen der Naturphilosophie. Descartes' feine Materieteilchen wurden mit dem Pneuma der Stoa und Platons Weltseele zu einer höchst subtilen, alles durchdringenden Substanz vermengt. Im Prinzip war diese Substanz materiell, konnte aber bei Bedarf auch als Träger spiritueller Phänomene (Geistererscheinungen) und sogar magisch anmutender Vorgänge dienen. In der Regel wurde sie »Äther« genannt. Eine Vielzahl von Lehnstuhlphilosophen bot sie in den unterschiedlichsten persönlichen Abarten feil. Aber dabei blieb es nicht. In den sechziger und siebziger Jahren wurde die Äther-Lehre mit der praxisorientierten, entdeckend-experimentellen Forschung verbunden. So entstand, was wir hier als das »Baconsche Gebräu« bezeichnen werden.

Zu dieser Verbindung kam es im Werk der drei bedeutendsten Gelehrten, die in England experimentelle Naturforschung betrieben. Das waren Boyle, Hooke und der junge Newton. Alle drei hielten es für dringend geboten, die in Forschung dieser Art allzu oft herrschende Willkür und die noch viel größere Willkür des Teilchendenkens zu beschränken. Eine Verbindung verschiedener Ansätze auf Teilgebieten, wobei die eine Herangehensweise der anderen Grenzen setzt, sollte für die erforderliche Disziplinierung sorgen. In zweimal sieben Punkten hat Robert Boyle sehr genau und knapp dargestellt, wie diese wechselseitige Disziplinierung aussehen könnte:

»Vom Gebrauch von Experimenten für spekulative Philosophie:

1. um unsere Sinne zu ergänzen und zu berichtigen;
2. um Hypothesen vorzuschlagen, sowohl allgemeiner als auch besonderer Art;
3. um Erklärungen zu illustrieren;
4. um Zweifel zu beseitigen;
5. um Wahrheiten zu bestätigen;
6. um Irrtümer zu widerlegen;
7. um auf erhellende Untersuchungen und Experimente zu verweisen und zu deren geschickter Ausführung beizutragen.

Vom Gebrauch spekulativer Philosophie für Experimente:

1. um philosophische Experimente zu erdenken, die ganz oder hauptsächlich auf Prinzipien, Begriffe und Beweisführungen angewiesen sind;
2. um Instrumente für Untersuchungen und Proben zu erdenken, mechanische wie auch andere;
3. um bekannte Experimente abzuwandeln oder auch zu verbessern;
4. um einschätzen zu helfen, was physikalisch möglich und ausführbar ist;
5. um Ergebnisse noch nicht erprobter Experimente vorherzusagen;
6. um die Beschränkungen und Ursachen [!] unsicherer und anscheinend unklarer Experimente zu bestimmen;
7. um die Bedingungen und Verhältnisse bei Experimenten, wie Gewicht, Maße und Dauer etc., genau zu bestimmen.«

Auch diese Verbindung machte also das Teilchendenken, bis dahin universales Dogma, zur Quelle von Hypothesen und anderen Hilfsmitteln. Teilchenphilosophen der vorherrschenden »athenischen« Prägung pflegten sich über die Frage zu streiten, ob die Welt ein leerer Raum sei, den Atome durcheilen (Gassendi), oder vollständig mit Wirbeln gefüllt (Descartes). Ganz im »westfälischen« Geist hielt Boyle die Betonung der Gemeinsamkeiten beider Varianten für wesentlich fruchtbarer als endloses Gezänk über die Unterschiede. Er reduzierte die rivalisierenden Abarten auf ihre Grundgedanken, die er als »catholick principles« (allgemeine Prinzipien) der Materie und Bewegung bezeichnete. Und das Gebiet, auf dem er ihre Ergiebigkeit prüfte, war das der Chemie.

Hier knüpfte Boyle unmittelbar an van Helmont an. Nur dass Boyle die Effekte, die dieser Vitalist sogenannten »lebensspendenden Samen« zugeschrieben hatte, auf Bewegungen von Materieteilchen zurückführte. Boyle glaubte, dass sich die kleinsten Teilchen zu größeren, relativ stabilen Einheiten zusammenballen, den »primären Konkretionen« (man kann sich hier sehr entfernt an Moleküle erinnert fühlen). Bei Verbrennung, Destillation oder ähnlichen Vorgängen ergeben sich in vielen chemischen Reaktionen unterschiedliche Kombinationen, ohne dass am Ende wirklich Neues gewonnen wird. So kann man zum Beispiel Silber oder Quecksilber durch eine ganze Reihe von Reaktionen führen, in denen abwechselnd verschiedene Stoffe entstehen, und am Ende das ursprüngliche Silber oder Quecksilber unversehrt zurückgewinnen. In einem solchen Fall hat nur eine Rekonfiguration des Bestehenden stattgefunden, die primären Konkretionen selbst sind unverändert geblieben. Es kommt aber auch regelmäßig vor, dass diese primären Konkretionen in der Reaktion zerfallen. Dadurch können die kleinsten Materieteilchen, aus denen sie aufgebaut sind, ganz neue Verbindungen eingehen, neue primäre Konkretionen bilden. So kann »durch eine geordnete Folge von Umwandlungen in Verbindung mit der Hinzufügung oder Entfernung einer sehr geringen Menge von Materie aus fast Beliebigem schließlich Beliebiges hervorgebracht werden«.

Letztlich war also für Boyle das plastische Potential der Materie keinerlei Beschränkungen unterworfen. Nicht wenige seiner Experimente unternahm er deshalb mit dem Ziel, zwischen solchen Reaktionen zu unterscheiden, bei denen es nur zu Rekonfigurationen kommt, und anderen, bei denen viel gewaltsamere Umwandlungen möglich sind. Man ahnt es schon: Boyle praktizierte die Alchemie mit ebensolcher Hingabe wie zahlreiche Zeitgenossen, wenn auch sein theoretisches Rüstzeug wesentlich besser durchdacht und fundiert war. Aber nicht nur in der Alchemie sah Boyle Möglichkeiten grundlegender Transformation. Natürlich wusste er sehr gut, dass Wasser nicht unmittelbar in Öl und erst recht nicht in Feuer umgewandelt werden kann. Wenn man nun aber einer bestimmten Pflanze unablässig Wasser gab und schließlich ihren Saft destillierte, konnte man daraus nach seiner Erfahrung Öl und Kohlenstoff (geronnenes Feuer!) in großer Menge gewinnen – musste dann beides nicht aus dem reichlich zugeführten Wasser hervorgegangen sein statt aus dem bisschen Pflanzengewebe?

Seinen Arbeiten zu den langweiligeren Rekonfigurationen verdankt die Nachwelt viel mehr Zukunftsweisendes als der Erforschung der Phänomene, die ihn eigentlich reizten. Wenn bei der Bearbeitung einer bestimmten quecksilberhaltigen Substanz ein rotes Pulver entstand und bei einer andersartigen Bearbeitung einer anderen quecksilberhaltigen Substanz ein Pulver, das genauso aussah, hielt Boyle es im Unterschied zu vielen Vorgängern für selbstverständlich, genau zu prüfen, ob es sich bei den beiden Pulvern vielleicht um dieselbe Quecksilberverbindung handelte. Er war nicht der Erste, der chemische Analysen zur Identifizierung von Substanzen vornahm, aber er tat es als Erster systematisch. Auf dieser Ebene hat sich die Verbindung seiner Teilchen-Hypothesen mit experimenteller Arbeit tatsächlich als fruchtbar erwiesen.

In etwas anderer Weise ist auch Hookes Werk eine auf den ersten Blick verwirrende Mischung von Absonderlichem und Fruchtbarem. Hooke war kein disziplinierter oder konsequenter Denker und Praktiker; die spontane, manchmal brillante Eingebung war eher seine Stärke als die beharrliche Ausarbeitung. Immer wieder hatte er den Eindruck, dass ihm seine Ideen von anderen gestohlen wurden, und das behielt er keineswegs für sich, auch Huygens und Newton mussten sich diesen Vorwurf gefallen lassen. Dabei unterschätzte er ein wenig den Unterschied zwischen dem bloßen Einfall und einer bis in alle Details durchdachten Theorie, zwischen einem einzelnen, eher nachlässig angestellten Experiment und einer systematisch und mit peinlicher Genauigkeit durchgeführten Versuchsreihe. Das Gefühl, der Bestohlene zu sein, sollte ihm die letzten 20 Jahre seines Lebens vergällen, in denen er ernsthaft mit Newton aneinandergeriet. Aber für einen »Curator of Experiments« war sein Denkstil ideal; er konnte bei den mittwöchlichen Sitzungen der Royal Society immer wieder neue Anstöße geben und zumindest so etwas wie einen Zusammenhang in die Vielfalt der Interessen bringen, neigte aber andererseits nicht dazu, die gelehrte Debatte in den Dienst einer persönlichen Obsession zu stellen.

Hookes Strategie zur Disziplinierung des Teilchendenkens war die verstärkte Nutzung der Analogie. Was bedeutet noch »Analogie« in diesem Kontext? Die angenommenen Teilchen waren unsichtbar klein, ihre Bewegungen auch mit dem Mikroskop nicht wahrnehmbar. Wie also sollte man Willkür und Beliebigkeit im Erfinden von Teilchenmechanismen begrenzen? Neben den Kriterien der Klarheit und Eindeutigkeit auf der Ebene der Leitideen – und hier besonders der visuellen Vorstellbarkeit –, der Konsistenz und der Übereinstimmung mit der »physikalischen Intuition« gab es als viertes noch die Möglichkeit, eine Analogie zur Makrowelt herzustellen. Auf der Ebene der Empirie war dies sogar, zusammen mit der sehr unsicheren »Intuition«, das einzige Kriterium. Nach Hookes Überzeugung lag nun die wesentliche Analogie in der Schwingung. Teilchen schwingen unaufhörlich. Wenn ihre Schwingungen miteinander harmonieren, mischen sie sich leicht oder vereinigen sich sogar zu einem Objekt, während sie einander bei Disharmonie meiden:

»Die Teilchen, die von gleicher Größe, Gestalt und Menge der Materie sind, werden sich aneinander festklammern oder zusammen tanzen, und diejenigen, die von anderer Art sind, werden zwischen ihnen hinausgeschleudert oder -geschoben werden; denn Teilchen der gleichen Art werden, wie ebenso viele gleiche Saiten von gleicher Spannung, zusammen in einer Art Harmonie oder Einstimmigkeit schwingen.«

So werden Konsonanz und Dissonanz zu zentralen Phänomenen des Teilchendenkens. Und so wird die experimentelle Erforschung musikalischer Phänomene mit der Erforschung der Grundstruktur der materiellen Welt gleichgesetzt. Die Analogie ist sogar noch genauer. Nach Hookes Ansicht entsprechen die »Größe, Gestalt und Menge der Materie« der Dicke, der Spannung und der Länge einer Saite in der Makrowelt. Und wie Mersenne schon experimentell nachgewiesen hatte, hängt von diesen drei Eigenschaften zusammen die Höhe des Tons ab, den eine Saite hervorbringt. Daher Hookes Vorliebe für Experimente mit Schall, vor allem mit musikalischen Klängen. Er beschränkte sich nicht darauf, Mersennes Ergebnisse genau zu überprüfen, sondern versuchte beispielsweise auch, konsonante Intervalle mittels kupferner Zahnräder zu erzeugen. Außerdem untersuchte er sorgfältig die Muster, die in Sand oder Mehl auf dem Boden einer Glasschale entstehen, wenn diese zum Schwingen gebracht wird (nach dem Physiker Ernst Chladni, der sie im späten 18. Jahrhundert wiederentdeckte, »Chladnische Klangfiguren« genannt). Im Erdenken und Ausführen der unterschiedlichsten Experimente dieses Typs war Hooke ein Meister.

Der »Äther«, den Hooke auf diesem Weg in permanente Schwingung versetzte, wurde so zum Träger zahlreicher Naturphänomene, vom Licht bis zur Schwere. Für jedes hatte Hooke einen geeigneten Schwingungsmechanismus im Angebot – er besaß eben auch nicht viel weniger Phantasie als Descartes. Aber wenn er seine Erklärungen auf Lebensphänomene anzuwenden versuchte, begannen die Schwierigkeiten. Bei seiner Pionierarbeit mit dem Mikroskop war er auf Erscheinungen wie Gärung oder den Saftfluss in Pflanzen gestoßen. Wie sollte man diese mit Teilchenschwingungen erklären? Ja, wie entstanden überhaupt solche Schwingungen?

Bei den tastenden Versuchen, Fragen dieser Art zu beantworten, offenbarte der Äther seinen mehrdeutigen Charakter. Dieser Äther war ein Konglomerat schwingender Teilchen, zugleich aber von etwas durchdrungen, das Hooke »aktive Prinzipien« nannte. Nicht alle Aktivität in der Natur ist mit leblosen, sich bewegenden Teilchen zu erklären; noch anderes muss hier wirken. Ob dieses andere sich am Ende doch auf einen Mechanismus lebloser Teilchen reduzieren lässt, ist die letztlich entscheidende Frage, die Hooke sich stellte, aber dass er hierzu eine konsistente Ansicht entwickelte, kann man ihm nicht nachsagen. Manchmal war das Naturgeschehen für ihn rein materieller Art, bei anderen Gelegenheiten schrieb er, ohne mit der Wimper zu zucken, geradezu Ketzerisches: Materie und Bewegung seien die beiden Grundprinzipien, Materie das »weibliche oder Mutterprinzip, ohne Leben, eine Kraft, die an sich völlig inaktiv ist, bis sie gewissermaßen durch das zweite Prinzip geschwängert wird«, durch Bewegung also. Dieses zweite Prinzip nannte er dann schlichtweg »Spiritus«, Geist, und dies war auch der lateinische Ausdruck für das Pneuma der Stoiker. Eine solche Sprache verweist an Descartes' strenger Teilchenlehre vorbei auf van Helmont oder Paracelsus zurück, deren Erklärungen so viel »Geist« und Magie enthielten. Das kommt davon, wenn man einerseits mit einem vielfältigen Äther arbeitet, in dem das Pneuma und die Weltseele der feinen Materie den Vorrang streitig machen, und andererseits bei mechanistischen Erklärungen der Natur nicht vor der Welt des Lebendigen mit all ihrer spontanen Aktivität Halt macht. So wird das Teilchen-Weltbild überdehnt, und Hookes Umgang damit lässt schon erkennen, dass es bald an die äußerste Grenze seiner Dehnbarkeit stoßen wird. Nur noch einen Schritt weiter, und das Gummi muss reißen.

Ein jüngerer Zeitgenosse und Landsmann Hookes erbte sozusagen diese Mehrdeutigkeit, und weil er ein viel disziplinierterer und konsequenterer Denker war, riss das Gummi schließlich in seinen Händen. Wir kennen diesen sieben Jahre jüngeren Zeitgenossen schon, es war Isaac Newton.

Wir haben ihn in seinem 26. Lebensjahr zurückgelassen. Damals hatte er gemerkt, dass er sich in unauflösbare Widersprüche verstrickte, und zwar bei seinen Versuchen, eine konsistente Lehre der Bewegungsphänomene zu entwerfen, die nicht nur, wie Huygens es tat, die Denkweisen und Ausgangspunkte von »Athen plus« und »Alexandria plus« miteinander in Einklang brachte, sondern noch dazu auf einer mathematisch präzisierten Idee der Stoßkraft basierte. Im Jahr 1668 zog er einen Schlussstrich darunter und stürzte sich ins Studium der göttlichen Dreifaltigkeit, zu der er bald höchst ketzerische Gedanken entwickelte, und der Chemie und Alchemie. Und diese beiden schoben ihn ganz allmählich über die Grenze dessen, was sich im Rahmen des Teilchendenkens mit »aktiven Prinzipien« gerade noch erklären ließ.

Von Anfang an verriet Newton bei seinen Untersuchungen eine fast perverse Vorliebe für genau die Phänomene, mit denen die gängige Lehre der sich bewegenden Teilchen am wenigsten anfangen konnte. Ein Beispiel ist die sehr große Ausdehnungsfähigkeit von Luft, die bei Experimenten mit der Luftpumpe, aber auch unter natürlichen Bedingungen beobachtet werden konnte. Erklärungen durch bloße Teilchen und ihre Bewegungen greifen offensichtlich zu kurz, das Phänomen schreit geradezu nach einem Prinzip der Abstoßung. Systematisches Studium der gesamten alchemistischen Literatur und Hunderte eigenhändig durchgeführter Experimente zu alchemistischen Problemen bestärkten Newton in seiner Überzeugung, dass sich auch die »vegetativen Wirkungen« in der Natur nicht einfach auf Bewegungen von Teilchen zurückführen lassen. 1669 schrieb er, wie immer nur zum privaten Gebrauch, eine zusammenfassende Abhandlung mit dem vielsagenden Titel *Über die Vegetation von Metallen.* Sie lässt erkennen, dass er – wie vor ihm Hooke – längst die Grenze dessen überschritten hatte, was noch mit orthodoxer Teilchenphilosophie vereinbar war. »Mechanische Kombinationen oder Trennungen von Teilchen« reichten nicht aus, um Aktivität in der Natur zu erklären, »wir müssen Zuflucht zu irgendeiner weiter entfernten Ursache nehmen«.

Zunächst suchte er diese Ursache im Äther – der ja nicht mehr nur Descartes' feine Materie war, sondern eine unauflösliche Mischung mit Pneuma und Weltseele als weiteren Bestandteilen. Die Existenz eines Äthers hielt Newton für experimentell erwiesen, und zwar dadurch, dass die Schwingung eines Pendels im luftleeren Raum annähernd gleich schnell zum Stillstand kommt wie in Luft. Auch *in vacuo* muss das Pendel also einen starken Widerstand überwinden; worauf sollte dieser zurückzuführen sein, wenn nicht auf den Äther?

Für »seinen« Äther übernahm Newton nicht Hookes universale Schwingungen, vielmehr entwarf er eine Variante mit von Ort zu Ort unterschiedlicher Dichte. Es wurde der vielfältigste jemals erdachte Äther, und sein Erklärungspotential konnte sich sehen lassen. Alles, was Newton in seinen Wunderjahren an Licht- und Farbphänomenen experimentell entdeckt hatte (mit ihnen werde ich dieses Kapitel abschließen), ließ sich wunderbar auf abwechselnde Verdünnung und Verdichtung des Äthers zurückführen. Auch für Phänomene wie Schwere oder die Fähigkeit geriebenen Bernsteins, Papierschnipsel anzuziehen, kam eine Erklärung durch eine Art Ätherdusche in Frage. Mehr noch, Newton dehnte seine Spekulationen auf die gesamte Natur aus. »Vielleicht ist ja das gesamte Gefüge der Natur nichts als Äther, kondensiert durch ein Prinzip der Gärung« – so präsentierte auch er Mehrdeutiges im Stil Hookes. Denn war dieses Gären nun ein aktives Prinzip im Rahmen des Teilchenweltbildes, oder sprengte es diesen Rahmen?

Im Jahr 1679 war die Grenze der Dehnfähigkeit erreicht. Weitergedachte Äther-Spekulationen überzeugten Newton davon, dass man auf diesem Weg nicht über Vages und Mehrdeutiges hinauskam. Allmählich begann er zu vermuten, dass in der Feinstruktur der Materie, in seinen chemischen und alchemistischen Experimenten beinah greifbar, *Kräfte* am Werk waren. Und für Kräfte, das wusste er seit seiner Beschäftigung mit der Stoßkraft, ließen sich mathematische Gesetzmäßigkeiten formulieren, an die bei komplexen Äthermechanismen und vagen »aktiven Prinzipien« nicht einmal zu denken war.

Wie und wann genau Newton den Sprung von den Mikrokräften, die er in der »Vegetation von Metallen« zu erkennen geglaubt hatte, zu den Kraftwirkungen wagte, durch die er alle aktiven Prinzipien ersetzte, wissen wir nicht. Fest steht aber, dass er in dieser Zeit auch seinen experimentellen »Beweis« für die Existenz eines Äthers noch einmal überprüfte. Grundlage war die Überlegung, dass bei der Dämpfung einer Schwingung die Luft nur auf die Außenflächen des Pendels hemmend wirken kann, während der Äther außerdem durch die Poren des Pendels hindurch, also in dessen Innerem Widerstand leisten müsste. Aus einem raffinierten, äußerst sorgfältig durchgeführten Versuch mit einem kleinen Metallbehälter als Pendel folgerte er nach Durchrechnung der Ergebnisse, dass auf das Innere eines Pendels kein Widerstand wirkt. Nichts deutete also auf die Existenz eines Äthers hin.

Mit ihren jeweiligen Äthern hatten Hooke und Newton beide die Grenzen des üblichen Teilchendenkens im Stil Descartes' oder Gassendis schon deutlich überschritten. Aber im Unterschied zu Hooke hatte sich Newton nun sogar an die äußerste Grenze dessen manövriert, was wenigstens im Rahmen des »Baconschen Gebräus«, dieser Mischung aus entdeckend-experimenteller Forschung und Äther-Spekulation, noch annehmbar war. An diese Grenze oder schon über sie hinaus? Zumindest in der irdischen Sphäre gibt es keinen Äther, diese Schlussfolgerung legte der veränderte Pendelversuch nahe. Außerdem erschien es denkbar, dass die von Newton bisher dem Äther zugeschriebenen Phänomene auf Kräfte zurückzuführen waren, die über viel weitere Distanzen wirken als die offensichtlich in chemischen und alchemistischen Reaktionen wirksamen Mikrokräfte. An diesem Punkt angelangt, war er reif für die Herausforderung eines Gedankens, mit dem Hooke ihn 1679 in einem kurzen Briefwechsel konfrontierte.

Das Thema war die Bahnbewegung. Sie hatte Newton schon 13 Jahre vorher im Zusammenhang mit dem Fall von Äpfeln und der Mondbahn beschäftigt. Er war zu der Annahme gelangt, dass der Mond in gewissem Sinne fortwährend auf die Erde zufällt, dass ihn aber irgendetwas daran hindert, diesen Fall zu vollenden, und ihn stattdessen in eine Bahn um die Erde zwingt. Genauer gesagt, er dachte sich die Sache damals noch andersherum, in Übereinstimmung mit den Leitideen der Teilchenphilosophie: Ein Objekt oder Himmelskörper ist einerseits dem Druck von Teilchen ausgesetzt, die ihn herumschleudern, neigt aber andererseits an jedem Punkt der resultierenden gekrümmten Bahn dazu, in gerader Linie wegzufliegen. Hooke konfrontierte Newton nun mit einer umgekehrten Sichtweise: Ein Objekt oder Himmelskörper würde in einer gleichförmig geradlinigen Bewegung verharren, wenn er nicht stetig durch eine anziehende Kraft von dieser geraden Linie abgelenkt würde. Wobei Hooke an eine Art magnetische Wirkung dachte, und hiermit hing seine Vermutung zusammen, dass die Kraft umgekehrt proportional zum Quadrat der Entfernung sei. In diesem besonderen Fall wird die gerade Bahn eines Körpers zu einer Ellipsenbahn umgebogen, wie sie nach Kepler die Planeten beschreiben.

Hooke war mathematisch zu wenig geschult, um eine solche Annahme exakt überprüfen und beweisen zu können. Newton konnte so etwas, ja, er war sogar darauf vorbereitet, weil ihm selbst schon einmal die gleiche Vermutung gekommen war, wenn auch damals die Ergebnisse seiner Berechnungen nach seinen Maßstäben nicht genau genug mit Beobachtungsdaten übereingestimmt hatten. Ohne den verachteten Hooke noch in seine Überlegungen einzubeziehen, führte Newton den Beweis durch, nur für sich selbst. *Mathematisch* war er ein Meisterwerk – kein anderer hätte das Kunststück fertiggebracht, von einer zwar ständig, aber diskontinuierlich wirkenden Stoßkraft zu einer kontinuierlich wirkenden Kraft überzugehen. *Begrifflich* verfügte er nun dank Hooke über genau das neue Instrumentarium, das er noch brauchte, um seine Gedanken über Kräfte systematisch ausarbeiten zu können. Aber er hatte gerade andere Dinge im Kopf, Alchemie und Theologie, und so legte er den Beweis zur Seite und in dieselbe Schublade, in der schon so viele andere großartige Arbeiten auf ihre Vollendung warteten.

Newton war zwar schon vor sieben Jahren zum Mitglied der Royal Society gewählt worden, legte aber nicht viel Wert auf Gesellschaft. Vor allem wollte er nicht das Risiko eingehen, seine Erkenntnisse gegen Einwände verteidigen zu müssen. So hielt er sich fern von den lautstarken Diskussionen bei den wöchentlichen Sitzungen und in den Kaffeehäusern (Kaffee war zusammen mit Tabak die Modedroge jener Zeit). Hooke dagegen fühlte sich in gelehrter Gesellschaft wohl wie der Fisch im Wasser. Wenn er nicht zu Hause experimentierte, war er im Kaffeehaus anzutreffen, besprach Neuigkeiten und streute Ideen aus. Das Problem der Planetenbahnen war eines von Dutzenden Themen, die regelmäßig zur Sprache kamen, besonders zwischen ihm und einigen mathematisch versierteren Fellows, darunter der Astronom Edmond Halley. Hooke behauptete sogar, den Beweis für seine Annahme zu besitzen, dass eine anziehende Kraft, umgekehrt proportional zum Quadrat der Entfernung, einen sich gleichförmig geradlinig bewegenden Himmelskörper auf eine Ellipsenbahn zwingt. Nur halte er diesen Beweis lieber noch zurück, bis sich deutlich gezeigt habe, dass kein anderer ihn erbringen könne – ein typischer Hooke-Schachzug, den er noch bereuen sollte. Denn Halley wollte doch gern wissen, ob die Annahme richtig war; als er im Sommer 1684 ohnehin nach Cambridge musste, beschloss er, die Gelegenheit für einen kleinen Besuch zu nutzen. Und so klopfte er im Trinity College bei Professor Newton an. Man erzählte sich, es gebe kein Problem, an das dieser Mathematiker sich nicht heranwagte; vielleicht hatte er ja eine Idee zu der Bahnbewegung.

Die große Synthese: Newton vollendet die Revolution

Die hatte Halleys Gastgeber tatsächlich. Mehr noch, er hatte die Ellipsenbahn-Annahme schon einige Jahre zuvor bewiesen – ein Ergebnis des kurzen Briefwechsels mit Hooke. Halley war Mathematiker genug, um zu wissen, dass ein solcher Beweis die Diskussion über Bewegungszustände und Kraftwirkungen auf eine ganz neue Ebene heben würde. »Struck with joy & amazement«, bat er, sich diesen Beweis einmal ansehen zu dürfen. Newton gab vor, er könne ihn im Augenblick nicht finden, und versprach, ihn seinem Gast nachzusenden. Drei Monate später bekam Halley den Beweis frei Haus. Aber nicht ihn allein; er war Teil einer neunseitigen Abhandlung, in der Newton mathematische Grundlagen für nicht weniger als eine allgemeine Lehre von den Kraftwirkungen formulierte, anders gesagt, für eine auf den Kraftwirkungen beruhende Bewegungslehre; außerdem machte er eine noch vage Andeutung zu einer Anziehungskraft, von der die Planeten auf ihren Bahnen gehalten würden. Halley erkannte die Tragweite all dessen, bestieg eilig sein Pferd und ritt wieder nach Cambridge, diesmal mit nur einem Ziel – er musste Newton dazu bewegen, seine Ideen im Detail auszuarbeiten. Und nun gab es kein Halten mehr. Es folgten zweieinhalb Jahre besessener Arbeit; allmählich überkam Newton das großartige Gefühl des Forschers, der merkt, dass er den richtigen Begriffsrahmen gefunden hat, so dass die eine Entdeckung zur anderen führt. Nicht nur ließen sich immer mehr Phänomene mit den formulierten Gesetzmäßigkeiten erfassen, all dies hielt auch fortgesetzter empirischer Kontrolle stand. Diesmal landeten Gott und die Transmutation von Metallen bis auf weiteres in einer Schublade. Newton schlief kaum, ließ sich von nichts und niemandem ablenken, aß nur, wenn er gerade einmal Zeit fand, manchmal auch dann nicht. Es konnte sein, dass er auf dem Weg zum »high table« plötzlich einen Einfall hatte, in sein Arbeitszimmer zurückkehrte und bis tief in die Nacht schrieb. Unter den Fellows des Trinity College, in ihrem Denken noch nicht einmal bei Descartes angekommen, geschweige denn über ihn hinausgelangt, kursierten zahllose Anekdoten über diesen absonderlichen Kollegen und seine absonderliche Obsession.

Die gewaltigen Denkschritte, die Newton in den zweieinhalb Jahren seiner Arbeit an den *Principia* tat, verdienten es, der Reihe nach beschrieben zu werden. Trotzdem muss ich sie überschlagen und mich auf die wesentlichen Inhalte dieses Werks und seine Folgen für die Methodik der Naturforschung beschränken.

Der vollständige Titel lautet *Philosophiae Naturalis Principia Mathematica*, »Mathematische Grundlagen der Naturphilosophie« – oder etwas freier übersetzt: »… der Naturwissenschaft«. Mit Naturphilosophie im »athenischen« Sinn hatte dieses Denken nämlich nichts mehr gemeinsam. Und so wird es für uns nun auch höchste Zeit, den historischen Hilfsbegriff »Naturerkenntnis« durch den modernen Begriff »Naturwissenschaft« zu ersetzen. Zwar ist die mathematische Ausdrucksweise der *Principia*, damals völlig neu, mittlerweile veraltet. Außerdem brachte Newton schon in der zweiten Auflage Gott in Person (*einer* Person, nicht drei) mit ins Spiel. Davon abgesehen kann aber ein heutiger Physiker das Buch lesen und verstehen wie das eines respektierten älteren Kollegen.

Nicht zufällig spielt der Titel auf Descartes' *Principia Philosophiae* an. Die Aussage ist eindeutig: Wirkliche Grundlagen für die Naturwissenschaft können nur mathematisch formuliert werden, nicht verbal wie bei Descartes. Konsequenterweise beginnt Newton seine Darstellung mit den allgemeinen Bewegungsgesetzen, die er an die Stelle der cartesischen setzt.

Der im ersten Gesetz ausgedrückte Gedanke ist schon ein alter Bekannter, es ist Galileis und später auch Beeckmans und Descartes' Vorstellung, dass Körper ohne Einwirkung äußerer Kräfte in Bewegung verharren. Was bei ihnen noch mehrdeutig war, wird von Newton eindeutig als Gesetz für gleichförmige geradlinige Bewegung formuliert und erhält die bis heute gültige Bezeichnung »Trägheitsprinzip«.

Das zweite Gesetz dagegen ist etwas grundlegend Neues. Es besagt, dass die Bewegungsänderung einer Masse der einwirkenden Kraft proportional ist und in Richtung derjenigen geraden Linie geschieht, in der die Kraft wirkt – was impliziert, dass eine Kraft Beschleunigung bewirkt. Beschleunigung nicht nur im Sinn zu- oder abnehmender Geschwindigkeit, sondern auch im Sinn von Richtungsänderung. Eine gleichmäßig beschleunigte geradlinige Bewegung ist also nicht etwas völlig anderes als gleichförmige Bewegung auf einer Kreisbahn. Im Gegenteil besteht unter dem Gesichtspunkt der einwirkenden Kraft zwischen beiden kein Unterschied. Diese ebenso paradoxe wie bahnbrechende Erkenntnis erlaubte es Newton, jede Veränderung im Zustand der Ruhe oder der gleichförmigen Bewegung mathematisch zu behandeln, nicht nur die gleichförmig geradlinige. Der Weg zur Erforschung des Zusammenhangs zwischen den unterschiedlichsten Kraftwirkungen und Bahnbewegungen war frei.

Ganz besonders interessierte ihn dabei eine bestimmte Kraftwirkung: die Ablenkung eines Körpers, der ohne sie in gleichförmig geradliniger Bewegung verharren würde, durch eine Kraft, die umgekehrt proportional zum Quadrat der Entfernung ist. Zunächst beschränkte sich Newton auf die Herleitung der Ellipsenbahn unter Voraussetzung einer abstrakten Kraft, die an diesem Punkt noch ohne konkrete physikalische Bedeutung blieb. Im dritten Buch der *Principia*, in dem er sein »Weltsystem« entwirft, wird sie aber physikalisch konkretisiert: Jedes Materieteilchen zieht jedes andere an. In jedem Körper, vom Apfelkern bis zum Planeten oder zur Sonne, geht von jedem Materieteilchen eine Anziehungskraft aus, die man sich im Mittelpunkt des Körpers, im Massenpunkt, konzentriert denken muss. Je größer die Masse des anziehenden Körpers, also die Anzahl der Materieteilchen, aus denen er besteht, desto stärker die Anziehungskraft. »Schwere« ist eine Wirkung dieser Anziehungskraft: Ein Körper fällt, weil er von einem Körper mit viel größerer Masse angezogen wird. Im Sonnensystem bewegen sich die Planeten um die Sonne, weil diese sie anzieht. Eine Konstante ist dabei die Abnahme der Anziehungskraft mit dem Quadrat der Entfernung – so dass auf Merkur eine größere Kraft wirkt als auf Saturn; hieraus lässt sich auch unmittelbar das dritte Keplersche Gesetz ableiten. Die Anziehung ist natürlich eine gegenseitige, der Apfel zieht auch die Erde an, obwohl sie wenig davon merkt, weil der Massenunterschied so gewaltig ist. In vielen Fällen sind die Unterschiede aber kleiner. Zum Beispiel ziehen alle Planeten einander an, im Fall von Jupiter und Saturn liegt die gegenseitige Anziehung im Bereich des Messbaren. Empirische Bestätigungen derartiger Folgerungen aus seinem Gravitationsprinzip bestärkten Newton in der Überzeugung, dass er mit der gegenseitigen Anziehung von Massen auf dem richtigen Weg war, auf jeden Fall sehr viel weiter kam als mit den alten Ätherwirkungen.

Tatsächlich wurde die Annahme von Bahnstörungen durch gegenseitige Anziehung der Planeten von schon veröffentlichten oder ihm auf Anfrage zugesandten Beobachtungsdaten der fähigsten Astronomen seiner Zeit bestätigt. Auch Ebbe und Flut deuteten auf solche Kraftwirkungen hin, und wie sich zeigte, waren die Gezeiten recht gut aus der Anziehung der Ozeane durch die Sonne und den Mond zu erklären. Vor allem konnten die alten Daten, von denen seine Berechnungen zur Korrelation zwischen dem Fall des Apfels und der Bahnbewegung des Mondes abwichen, weshalb er diesen Gedanken vor 20 Jahren nicht weiterverfolgt hatte, durch neuere und präzisere ersetzt werden, die genau mit seinen Berechnungen übereinstimmten.

Dennoch war zu untersuchen, ob man mit der Annahme anderer Kraftvarianten vielleicht zu gleichwertigen oder noch besseren Ergebnissen kam. Theologisch ausgedrückt lautete die Frage, ob Gott bei der Einrichtung des Universums überhaupt eine Wahl gehabt hatte. Hätte Er auch eine andere Kraft verwenden können, zum Beispiel eine, die umgekehrt proportional zur *dritten* Potenz der Entfernung ist, oder sogar eine proportional zur Entfernung *zu*nehmende? Deshalb die gründliche Analyse der anderen Kraftwirkungshypothesen in den *Principia* – welche Arten von Bahnen ergäben sich aus ihnen, und wie stabil wären sie? Oder Descartes' Wirbel – könnten nicht auch sie ein stabiles Universum ermöglichen, das wie unseres aussähe? Besonders zur Beantwortung dieser Frage war es notwendig, erstmals Kraftwirkungen in einem Medium zu untersuchen, das Widerstand leistet (Bewegungen in der Luft oder in Flüssigkeiten). Aus allen Ergebnissen konnte Newton folgern, dass Gott, wenn er ein lebensfähiges Universum schaffen wollte, keine Wahl gehabt hatte; ohne Newtonsches Gravitationsgesetz (Kraft umgekehrt proportional zum Quadrat der Entfernung der Massen) geht es nicht. Also besaß Gott zusätzlich zu all Seinen anderen herausragenden Eigenschaften noch die eines erstrangigen Mathematikers, der auch in dieser Hinsicht mit großer Sorgfalt vorgegangen war – nicht das unwichtigste Merkmal eines intelligenten Entwurfs!

Die Analysen hypothetischer Kraftwirkungen unternahm Newton noch aus einem weiteren Grund. Er war zu der Überzeugung gelangt, dass unsere Welt voller Kräfte unterschiedlichster Art sei. Nicht nur die nun entdeckte universale Anziehung zwischen Massen, sondern auch andere Kräfte sind in ihr wirksam, beispielsweise in chemischen Reaktionen oder in elektrischer Anziehung. Diese Kräfte mussten erst noch in den jeweiligen Phänomenen aufgespürt werden, und zur Vorbereitung hat Newton in den *Principia* die abstrakt-allgemeinen Eigenschaften einer ganzen Reihe denkbarer Kräfte mathematisch untersucht.

Was hat Newton in die Lage versetzt, dieses bahnbrechende Werk zu schreiben? Die Frage lässt sich auf mehr als einer Ebene beantworten. Auf der persönlichen Ebene waren es die Interventionen Hookes und Halleys. Ungewollt hatte Hooke ihm geholfen, seine Annahme eines Zusammenhangs zwischen dem Fall eines Apfels und der Bahnbewegung des Mondes so umzuformulieren, dass er darauf aufbauen konnte. Und Halley hatte ihn nicht nur dazu veranlasst, dieses Aufbauen wirklich in Angriff zu nehmen, er hat außerdem den Druck des Werks, das daraus hervorging, praktisch und auch finanziell ermöglicht. Ohne den Brief und die Besuche hätte Newton die *Principia* vielleicht nie geschrieben, zumindest nicht vollendet. Allerdings waren beide Interventionen kein reiner Zufall. Auf institutioneller Ebene hatte die Royal Society viel mit ihnen zu tun. Hooke hatte Newton 1679 in seiner Eigenschaft als Sekretär dieser Gesellschaft angeschrieben; auch Halley arbeitete für sie. Und das Problem der Bahnbewegung und die Keplerschen Gesetze waren unter den Fellows ständige Gesprächsthemen. Außerdem hätte Newton entscheidende aktuelle Informationen nicht ohne die Zeitschriften und Briefwechsel erhalten, denen der Wissenschaftsbetrieb seiner Zeit so viel neue Dynamik verdankte. Auf der Ebene der Ideen und Begriffe aber ist das, was gerade Newton und nur ihn zu dieser sechsten re- volutionären Transformation befähigte, der besondere Umstand, dass er vorher sowohl an der vierten als auch an der fünften beteiligt gewesen war.

Bei der vierten Transformation war der 13 Jahre ältere Huygens der Pionier gewesen. Warum hat nicht er das zweite Bewegungsgesetz oder die universale Gravitation entdeckt? Es ist sehr aufschlussreich, dass Huygens auf den wesentlichen Gedanken des zweiten Gesetzes oder dynamischen Grundgesetzes, nämlich dass Kraft Bewegungsänderung (Beschleunigung) bewirkt, tatsächlich selbst und unabhängig von Newton gekommen war, aber die

Spur nicht weiterverfolgte. Etwa 1675, also zwölf Jahre vor den *Principia*, führt er in einer rasch hingeworfenen Notiz einen neuen Kraftbegriff ein. Er spricht von »Inzitation«, was soviel wie »Anregung« bedeutet, im Sinn einer Kraftwirkung, die Beschleunigung verursacht. Es folgen noch einige Beispiele, dann bricht die Aufzeichnung ab. Dass er hier nicht weiterdachte, ist durchaus erklärlich: In seinem Denken und in seiner Umgebung fehlte genau das, was jenseits des Ärmelkanals ein wesentlicher Bestandteil des Baconschen Gebräus war, ein vielfältiger Äther in all seiner Mehrdeutigkeit. Newton ist experimentierend und spekulierend gewissermaßen durch diesen Äther mit seinen »aktiven Prinzipien« hindurchgegangen und auf Kraftwirkungen gestoßen. Huygens war bei eindeutig interpretierbaren, anschaulicheinfachen Teilchenmechanismen stehen geblieben.

Vor Newton hatte der sieben Jahre ältere Hooke schon die Möglichkeiten eines vielfältigen Äthers erkundet – jener Curator of Experiments, der ihm ja noch im Jahr 1679 einen entscheidenden geistigen Anstoß in punkto Bahnbewegung geben konnte und außerdem selbst schon bis zu der Grenze vorgedrungen war, an der sich »aktive Prinzipien« noch auf sinnvolle Weise in das Teilchenweltbild einbauen ließen. Warum hat also nicht Hooke das zweite Bewegungsgesetz und die universale Massenanziehung (was diese angeht, sah er die Sache übrigens ganz anders) entdeckt? Hier lautet die Antwort im Gegensatz zum Fall Huygens, dass Hooke *nicht* an der vierten Transformation beteiligt gewesen war. Anders gesagt, es fehlte ihm an der mathematischen Kompetenz und vor allem an der mathematischen Strenge und Disziplin des Denkens, die notwendig gewesen wären, um seinen Annahmen über den Äther eine sichere Grundlage und feste Form zu geben.

Kurz und gut, um das Gesetz der universalen Gravitation zu entdecken, genügte es nicht, ein Hooke oder ein Huygens zu sein, nur einer Mischung aus beiden, einem Hookgens, konnte das gelingen. Dieses Anforderungsprofil besaß allein Newton.

Heikel war allerdings die Frage, ob Newton mit der Einführung all jener Kräfte, die er in seinem Werk analysierte, vor allem natürlich der Massenanziehung, nicht wieder in die alte Vorstellung okkulter Kräfte zurückfiel. Nach Ansicht der bedeutendsten Kritiker der *Principia*, Huygens' und seines ehemaligen Schülers Leibniz, traf genau dies zu. Für sie war die Vorstellung einer Kraftwirkung in diesen Fällen nur dann akzeptabel, wenn Newton sie wiederum auf die Wirkung von Materieteilchen zurückführte. Dagegen erzählte Hooke, für den das weniger ein Problem war, in London jedem, ob er es hören wollte oder nicht, dass Newton die universale Anziehungskraft von ihm gestohlen habe, es sei eine Schande.

Auf beides hatte Newton eine für ihn typische Antwort. Huygens und Leibniz antwortete er, dass er selbst auch nicht wisse, was genau Kräfte sind, aber das allein mache sie noch nicht okkult im üblichen Sinn. Anders als im Fall der okkulten könne nämlich die Wirkung der von ihm eingeführten Kräfte exakt, nämlich mathematisch, in den Bewegungsgesetzen und allen daraus ableitbaren Gesetzmäßigkeiten beschrieben werden. Außerdem werde die Richtigkeit der formulierten Gesetzmäßigkeiten durch zahlreiche Phänomene – von den Gezeiten bis zu Kometenbahnen und der gegenseitigen Beeinflussung von Jupiter und Saturn – überzeugend bestätigt. Und Hooke entgegnete er in besonders verletzendem Ton, er scheine den Unterschied zwischen Behaupten und Beweisen nicht zu kennen.

Tatsächlich hatte Newton in den *Principia* detailliert und mit aller damals möglichen Exaktheit bewiesen, dass ein gleichförmig geradlinig sich bewegender Körper von einer von außen auf ihn wirkenden Kraft so abgelenkt wird, dass er eine elliptische Bahn beschreibt. Hooke hatte es vermutet, Newton einen zuerst sehr knappen Beweis erbracht. Diesen Beweis hatte er dann wesentlich ausgebaut, wobei er von zwei neuen, unerhört fruchtbaren, bis zur letzten Konsequenz durchdachten Kraftbegriffen ausging, einem abstrakten und einem konkreten, der die physikalische Verkörperung des abstrakten darstellt. Und auf dem Weg zu diesen Ergebnissen hatte er nicht einen einzigen Denkschritt ausgelassen. Was Hooke und die Welt daraus lernen konnten: Eine Idee zu äußern ist das eine, sie mathematisch und experimentell dingfest zu machen etwas ganz anderes.

Newton hatte also mit seinen *Principia* ganz bewusst auch neue Kriterien eingeführt, durch die sich in der Naturforschung Willkür begrenzen ließ. Ganz neu waren sie strenggenommen nicht. Im Grunde übte auch er sich in der Kunst des Balancierens zwischen mathematischer Herleitung von Gesetzmäßigkeiten und deren experimenteller Überprüfung; sie war in der zweiten Generation nach Galilei von den wenigen Forschern weiterentwickelt worden, die in den Bann von »Alexandria plus« gerieten. Zu ihnen gehörte natürlich auch Newton selbst. Nur machte er in den *Principia* diesen Balanceakt sicherer, indem er immer wieder aufs Neue überprüfte, ob und wie die abstrakten mathematischen Gesetzmäßigkeiten für eine Vielzahl von Kraftwirkungen auf unser Sonnensystem anwendbar waren. Newton legte Wert auf diese Sicherheit, also weitgehendes Ausschließen von Willkür, und zwar aus zwei Gründen.

Ein Grund war, dass sich die Bedeutendsten seiner unmittelbaren Vorgänger, Huygens, Boyle und Hooke, auf die Bastion der »Wahrscheinlichkeit« zurückgezogen hatten. Mehr oder weniger zurückhaltend (der ewige Zauderer Boyle war auch hier vorsichtiger als der strengere Huygens) äußerten diese drei die Überzeugung, dass Gewissheit in der Naturerkenntnis unerreichbar sei. Sie selbst setzten sich auf diese Weise gegen die Naturphilosophen »athenischer« Prägung ab, die seit jeher mit ewigen, unbezweifelbaren »Gewissheiten« um sich geschlagen hatten und es noch taten. Aber für Newton, wieder eine halbe Generation später, ging dieser Rückzug von Gewissheit auf bloße Wahrscheinlichkeit einen Schritt zu weit. Eine solche Konzession war in seinen Augen weder notwendig noch wünschenswert.

Vor allem deshalb nicht – und dies war der zweite Grund –, weil die Spannung zwischen der Gewissheit der mathematischen Herleitung und dem Phantastischen der Suche nach einem konsistenten Weltbild ihn selbst beherrschte. Er war nicht nur der exakte Mathematiker und rigorose Experimentator, immer darauf bedacht, nicht mehr zu behaupten, als er nach seinen eigenen perfektionistischen Maßstäben wirklich erhärten konnte. Er war auch versessen auf Spekulation, auf phantasievolle Darstellungen des »Gefüges der Natur«, ob sie nun auf Ätherteilchen und einem Prinzip der Gärung beruhten oder später auf einem Zusammenspiel von Kräften. Diese innere Spannung hat er nie auflösen können. Aber sie trieb ihn an, nicht zuletzt ihr ist das unerhört kreative Werk zu verdanken, in dem sein Denken Gestalt annahm, ja, allein schon, dass es überhaupt Gestalt annahm. Veröffentlicht hat Newton nicht sehr viel mehr als die beiden Werke, in denen er die eigenen strengen Kriterien zu seiner (relativen) Zufriedenheit erfüllen konnte. Während seines ganzen langen Lebens war er aber unschlüssig, ob und wie weit er auch seine Spekulationen öffentlich machen sollte. Im Finden halber Lösungen für diesen Zwiespalt war er ebenfalls ein Meister. Erst als in unserer Zeit die Aufzeichnungen aus seinem Nachlass gründlich ausgewertet wurden, sind die verschiedenen Weltbilder, die Newton nacheinander entwickelte, und die Einflüsse seiner alchemistischen Studien darin der wissenschaftlichen Welt in vollem Unfang bekannt geworden.

Eben war von »beiden« Werken die Rede. Erschienen sind die *Principia* 1687, *Opticks* 17 Jahre später. Trotzdem ist das zweite Werk in vieler Hinsicht das erste, bis auf wenige Teile hätte er es schon um 1672 veröffentlichen können. Wenn man von der in Frageform geschriebenen Schlusspassage absieht, die etwas von seinem umfassenden Weltbild durchschimmern lässt, bemühte sich Newton auch in diesem Buch um möglichst strenge Beweisführung. Allerdings mit etwas weniger Erfolg, das heißt, auf der experimentellen Ebene kam er seinem Ziel näher als auf der mathematischen. Immerhin erreichte er bei seinen Versuchen auf dem Gebiet des Lichts und vor allem der Farbe dank konsequenter Messung einen Grad von Präzision, mit dem er selbst neue Maßstäbe zu setzen hoffte.

Wie im Fall der *Principia* waren Huygens und Hooke seine großen Rivalen. Wieder konkurrierten die drei Forscher zum Teil gleichzeitig, zum Teil auch, ohne von der Arbeit der anderen zu wissen, und wieder gab die Rivalität Anlass zu Polemiken. Wir lassen die Besonderheiten der Entwicklung in den siebziger Jahren hier beiseite und konzentrieren uns auf die wesentliche Frage: Was zeichnet *Opticks* gegenüber dem Werk der etwas älteren Konkurrenten als Beitrag zur Begrenzung von Willkür in der Naturforschung aus?

Opticks handelt von Licht und Farbe. Erst seit relativ kurzer Zeit wurden diese Themen miteinander verknüpft. Vor der Transformation von »Athen« in »Athen plus« erklärte man Licht vor allem auf das Sehen bezogen, besonders Ibn al-Haitam (Alhazen) hatte eine enge Verbindung zwischen beidem hergestellt. Farbe betrachtete man dagegen als eine Eigenschaft der Objekte, nicht des Lichts. Nun gibt es aber auch Farben ohne erkennbare Objektbindung, wie im Regenbogen. In diesem Fall, so die gängige Vorstellung, erfährt das weiße Sonnenlicht durch die Einwirkung eines Mediums (Luft, Wasser) eine Veränderung, bei der es all die verschiedenen Farben annimmt. Descartes hatte Licht mit der Ausbreitung des Drucks einander unaufhörlich verdrängender Materieteilchen durch den Raum erklärt. Farbe hing seiner Ansicht nach mit der Eigenrotation der Teilchen zusammen: Die schnellsten werden von uns als rot wahrgenommen, die langsamsten als blau, die übrigen liegen irgendwo dazwischen. So wurde Farbe zu einer Eigenschaft des Lichts. Sie blieb aber das Ergebnis einer Veränderung, Farbe entstand, wenn sich das ursprünglich weiße Licht verwandelte.

Nun hatte Descartes, als er einmal »alexandrinisch« dachte, das Brechungsgesetz entdeckt, genauer gesagt, die mathematische Gesetzmäßigkeit, nach der ein Lichtstrahl an der Grenzfläche zweier Medien, etwa Luft und Wasser oder Luft und Glas, gebrochen wird. Huygens fand in diesem Gesetz das ideale Hilfsmittel bei seiner Suche nach den besten Linsenkombinationen für Teleskope. In den sechziger Jahren, während er sich mit diesen Problemen beschäftigte, wurden aber zwei Ausnahmen vom Brechungsgesetz entdeckt. Eine bestimmte Art von Kristall, der Calcit, auch isländischer Kristall genannt, bricht einen Lichtstrahl doppelt, spaltet ihn also auf, wobei die eine Brechung stark von der im Brechungsgesetz formulierten Regel abweicht. Dieses Phänomen konnte sich zunächst niemand so recht erklären, führte aber Huygens zu einer seiner schönsten Entdeckungen. Im Jahr 1679 hielt er eine Reihe von Académie-Vorlesungen, die er elf Jahre später unter dem Titel *Traité de la lumière* (*Abhandlung über das Licht*) veröffentlichte. Darin erklärte er Licht als Folge von Impulsen, die von Materieteilchen weitergegeben werden. Das geschieht nach den von ihm formulierten Stoßgesetzen, also geradlinig, wie bei Lichtstrahlen zu erwarten. Bei der Weitergabe der Impulse entsteht eine Wellenfront senkrecht zur Ausbreitungsrichtung des Lichts. Das bekannte »Huygenssche Prinzip« besagt, dass jeder Punkt einer Wellenfront zum Ausgangspunkt einer neuen Welle, der so genannten Elementarwelle, wird und die neue Lage der Wellenfront sich aus der Überlagerung dieser Elementarwellen ergibt.

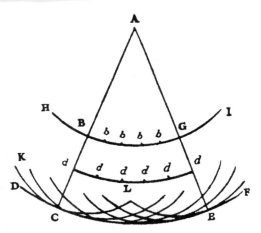

Huygenssches Prinzip
ACE ist ein Lichtbündel. Die Punkte b und d auf der von A ausgehenden Wellenfront bilden jeweils den Ausgangspunkt einer neuen Welle, anders gesagt, einer kleinen Wellenfront. Die Wellenfront DF ergibt sich durch Überlagerung der vielen kleinen Wellenfronten.

Mit dieser Annahme konnte Huygens nicht nur die gewöhnlichen Lichtphänomene Reflexion und Brechung mathematisch beschreiben, sondern vor allem auch die eigenartige Doppelbrechung in Calcit. Zusammen mit seinen Arbeiten zu den Stoßphänomenen und anderen Formen von Bewegung gehörte seine Erklärung des Lichts zur vierten revolutionären Transformation, bei der von Descartes naturphilosophisch formulierte Probleme im Stil Galileis gelöst wurden.

Bei der zweiten Ausnahme vom Brechungsgesetz ging es nicht um einen Sonderfall, sondern um ein grundsätzliches Problem. Eine der großen Entdeckungen Newtons in seinen Wunderjahren um 1666 betraf die Farben. Leitet man ein schmales Bündel weißes Licht durch ein Glasprisma, erscheint auf einem in einiger Entfernung angebrachten Schirm ein längliches Band aus verschiedenen Farben, am einen Ende blau, am anderen rot, also ein Spektrum. Weißes Licht wird vom Prisma in eine Vielzahl von Einzelfarben zerlegt, weil Licht verschiedener Farben verschieden stark gebrochen wird. Mit anderen Worten, das weiße Licht wird nicht etwa, wie vorher allgemein angenommen, vom Prisma gefärbt, nicht weißes Licht ist das ursprüngliche Licht, nein, die Farben sind das Primäre, und weißes Licht ist aus ihnen zusammengesetzt.

Diese Entdeckung widersprach allem, was bis dahin als selbstverständlich galt. Als Newton seine neue Theorie 1672 in der Zeitschrift der Royal Society veröffentlichte, haben sowohl Huygens als auch Hooke den entscheidenden Punkt glatt überlesen. Woran sie Anstoß nahmen, war die Annahme, das Phänomen hänge mit dem Teilchencharakter des Lichts zusammen. Newton war nämlich bis zu seinem Lebensende davon überzeugt, dass Licht keinen Puls- oder Wellencharakter habe, sondern aus sehr schnell emittierten Teilchen bestehe. Die langwierigen Polemiken, die er mit beiden Rivalen wegen dieser Fehldeutung auszutragen hatte, haben das ihre zu seinem Entschluss beigetragen, spekulative Erklärung künftig strikt von harten Fakten und Beweisen zu trennen. Welche harten Fakten und Beweise hatte er denn zu bieten?

Bewiesen werden musste recht viel. Konnte die längliche Form des Spektrums nicht – wie die Farben selbst – auf eine durch das Prisma künstlich hervorgerufene Veränderung des weißen Lichts zurückzuführen sein? In seinem berühmten »Experimentum Crucis« (dem »entscheidenden« Experiment) leitete er das nach der ersten prismatischen Farbzerlegung vielfarbige Licht auf einen Schirm mit einem schmalen Spalt, der jeweils nur Licht einer einzigen Farbe durchließ; dieses einfarbige Licht leitete er durch ein zweites Prisma, wobei keine weitere Veränderung auftrat. Bei einem anderen aussagekräftigen Experiment konzentrierte er das gesamte Spektrum wieder auf einen Punkt – prompt entstand weißes Licht.

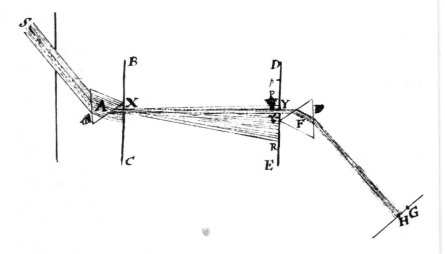

Newtons »Experimentum Crucis«
Das Licht von Sonne S fiel durch ein Loch im Fensterladen von Newtons abge-
dunkeltem Studierzimmer auf Prisma A. Auf Schirm BC erschien ein Spektrum.
Durch Spalt X in diesem Schirm gelangte Licht einer einzigen Farbe; indem er
Prisma A drehte, konnte Newton die Farbe variieren. Dieses einfarbige Licht
wurde durch Spalt Y in einem zweiten Schirm auf ein anderes Prisma F geleitet.
Auf Schirm GH wurde sichtbar, dass homogenes Licht einer beliebigen Farbe
nicht weiter zerlegt wird. Die Folgerung: Weißes Licht ist selbst »eine heterogene
Mischung von Strahlen, die auf unterschiedliche Weise gebrochen werden«.

Es waren raffinierte Beweise, die früher oder später die meisten Leser überzeugten. Aber der entscheidende Vorteil seiner Entdeckung war, dass sie sehr
präzise Messungen ermöglichte. Dabei beschränkte er sich nicht auf Pris-
men, Farben ließen sich auch mit anderen Methoden trennen. Eine hatte
Hooke mit seinem Mikroskop entdeckt: In dünnen Schichten Glimmer bilden sich Ringe in allen Farben des Regenbogens. Für direkte Messungen
eignen sich diese Glimmerschichten nicht, weshalb Hooke rasch eine erklärende Hypothese hinwarf und es dabei bewenden ließ, weil er aus seiner
Beobachtung nicht mehr machen konnte. Zwei mathematisch geschulte Gelehrte in Paris und Cambridge erkannten bei der Lektüre dieser Passage in
Micrographia sofort, dass sich durchaus mehr daraus machen ließ. Der eine
war der anerkannte Großmeister der Naturforschung, der andere hatte gerade sein Studium abgeschlossen. Beide wussten auf Anhieb, über welche ma-

thematische Hilfskonstruktion sie die notwendige Messung indirekt, aber dafür mit um so größerer Präzision ausführen konnten. Beide entdeckten bei ihren Messungen den periodischen Charakter des beschriebenen Phänomens: Es wiederholt sich immer im gleichen Abstand. Beide entdeckten die gleichen Begleiterscheinungen und die gleichen scheinbaren Abweichungen. Angesichts dieser Abweichungen resignierte der eine bald, während der andere die Spur weiterverfolgte:

»Newtons methodisches Geschick übertraf das von Huygens von Anfang an, und bei den schwierigeren Experimenten des Jahres 1670 stellte er seinen unerwarteten Rivalen endgültig in den Schatten. Der Maßstab, den er bei seinen Messungen anlegte, sagt uns viel über den Menschen. Auf einen Zirkel und das bloße, unbewaffnete Auge angewiesen, erwartete er eine Messgenauigkeit von unter einem Hundertstel Inch [einem Viertelmillimeter]. Ohne erkennbares Zögern notierte er für einen Kreis einen Durchmesser von 23 ½ Hundertsteln und für den nächsten 34 ⅓. Als sich bei den Ergebnissen eine kleine Abweichung ergab, war er nicht bereit, sie zu ignorieren, sondern verfolgte die Sache unerbittlich, bis er herausfand, dass die beiden Seiten seiner Linse leicht unterschiedlich gekrümmt waren. Der Unterschied entsprach einer Abweichung von weniger als einem Hundertstel Inch beim Durchmesser des inneren Kreises und ungefähr zwei Hundertsteln bei dem des sechsten. ›Wie oft sind sie mir zur Last gefallen‹, notierte er grimmig nach der erfolgreichen Beseitigung des Fehlers. Niemand sonst im siebzehnten Jahrhundert hätte sich auch nur einen Moment mit einer doppelt so großen Abweichung aufgehalten.«

Gewiss stand bei diesen Untersuchungen für Newton mehr auf dem Spiel als für Huygens. In dessen Forschungen zum Licht spielte Farbe keine bedeutende Rolle – auch in diesem Fall hatte er nur die Entdeckung eines anderen aufgegriffen und schnell eine intelligentere Lösung gefunden. Dennoch sagt das oben Geschilderte etwas über die Anforderungen, die Newton im Unterschied zu Huygens an ein wirklich wissenschaftliches Vorgehen stellte; der Gedanke, dass mehr als »Wahrscheinlichkeit« ohnehin nicht erreichbar sei, motivierte nicht zu unerbittlicher Jagd nach Präzision.

Höchste Präzision war nach Newtons Überzeugung unverzichtbar, wollte man in vollem Umfang befriedigende Erklärungen finden. Mit jener Art von Hypothesen, die Hooke immer so flott aus dem Ärmel schüttelte, konnte er nichts anfangen. In einem Brief an Henry Oldenburg, den ersten Sekretär der Royal Society, dem Newton seinen Bericht über die Entdeckung der Farbzerlegung zur Veröffentlichung anbot, brachte der damals außerhalb von Cambridge noch völlig unbekannte Mathematikprofessor kurz und bündig sein methodisches Credo zum Ausdruck:

»[D]ie Theorie, die ich aufstellte, [hat] für mich den Ausschlag gegeben, nicht da-durch, dass ich folgerte, es müsse dieses zutreffen, weil jenes nicht zutreffe, das heißt, nicht dadurch, dass ich sie nur aus der Widerlegung ihr entgegengesetzter Annah-men ableitete, sondern dadurch, dass ich sie aus Experimenten herleitete, welche die Frage unmittelbar und endgültig entschieden.«

Im ersten Brief zu diesem Thema hatte Newton über die Farbzerlegung ge-schrieben, sie sei »die sonderbarste [*oddest*], wenn nicht gar bemerkenswer-teste Entdeckung zu den Erscheinungen der Natur, die bis zum heutigen Tage gemacht wurde«. So prahlerisch dies auch klingen mag, er hatte (15 Jah-re vor den *Principia*) nicht zu viel behauptet. Immer und überall hatte man ganz selbstverständlich, ja, ohne überhaupt einen Gedanken daran zu ver-schwenden, das strahlend weiße Sonnenlicht für das ursprüngliche Licht gehalten. Es widersprach aller Intuition, das Gegenteil anzunehmen, aus Be-obachtungen zu folgern und zu einer Theorie auszuformulieren.

Genauso hatte es auch aller Intuition widersprochen zu behaupten, dass die Erde nicht unbeweglich im Mittelpunkt des Universums stehe, sondern sich um sich selbst drehe und als einer der Planeten die Sonne umrunde. Zwischen der halbherzig aufgestellten These und dem überzeugenden Nach-weis ihrer Richtigkeit war mehr als ein halbes Jahrhundert vergangen, wie auch die Beseitigung von Kopernikus' Inkonsequenzen mehr als ein halbes Jahrhundert in Anspruch genommen hatte. In der Frage des Sonnenlichts und der Farben folgte nun der Nachweis unmittelbar auf die Formulierung der Hypothese; es ging sozusagen alles in einem Aufwasch. Und am Ende des 17. Jahrhunderts, als die neuen Erkenntnisse allmählich akzeptiert wurden, war nicht mehr zu übersehen, dass die Natur kaum mit den naheliegenden Mitteln zu enträtseln ist, mit gesundem Menschenverstand und den bloßen Sinnen, auch nicht durch spekulative Ableitung von Thesen aus Leitgedan-ken und nur sehr begrenzt durch rein qualitative Beschreibung. Wer sie er-gründen will, muss in die Tiefe gehen, muss die Sprache der Mathematik erlernen und das Experiment als Quelle und Prüfstein für Hypothesen ak-zeptieren und – möglichst in Form genauer Messungen – anwenden. Denn was bleibt übrig, wenn man aus Newtons Werk die Mathematik und das Experiment wegdenkt? Nur die visionären Ausbrüche eines scharfsinnigen Phantasten, nicht die gut fundierten Schlussfolgerungen des Forschers, der die sehr unterschiedlichen Ergebnisse eines knappen Jahrhunderts revolutio-närer Erneuerung der Naturerkenntnis zu einer Synthese geführt hat.

So hat Newton in seinen Hauptwerken, weniger als hundert Jahre nach den Neuerungen Keplers, Galileis, Descartes', Bacons und all der anderen, auch Leitlinien für die neue Naturwissenschaft aufgestellt. Mit diesen beiden Werken wurde die Wissenschaftliche Revolution vollendet. Zumindest historisch gesehen – *Principia* und *Opticks* bildeten den Abschluss einer deutlich markierten Epoche.

→ Und dennoch: Auch die Erforschung der Natur, die Fragen, die sich stellen sind an bestimmte Kontexte gebunden, die Ermöglichung und Durchführung an Akteur:innen gebunden Es ist nicht reines Forschen oder reine Universalität

VII. Schluss

Mancher bestreitet, dass im 17. Jahrhundert eine Revolution in der Naturforschung stattgefunden hat. Diesen Skeptikern würde ich empfehlen, sich noch einmal in Ruhe zu vergegenwärtigen, was sich zwischen der Prognose unseres Trendbeobachters im Jahr 1600 und der Veröffentlichung von Newtons beiden Büchern fast genau ein Jahrhundert später in der Naturforschung und ihrem Umfeld verändert hat. Und diese Umwälzungen sollten sie mit geschichtlichen Ereignissen vergleichen, die sie ohne weiteres als Revolution bezeichnen, die Französische beispielsweise, oder die Industrielle. Mein Urteil lautet: *Wenn* es in der Geschichte »Revolutionen« gab (es ist natürlich nur ein Wort), muss man die Umwälzungen in der Naturerkenntnis, die sich im 17. Jahrhundert vollzogen haben, ganz bestimmt zu ihnen zählen.

Zusammenfassung und Ausblick

Revolution oder auch nicht, der Kontrast zwischen der Situation um 1600 und der um 1700 ist auf jeden Fall gewaltig.

Er ist es unter dem Aspekt einer wirksamen Begrenzung von Beliebigkeit und Willkür – wir haben soeben noch eingehend dargestellt, mit welchen Mitteln die Pioniere eines grundlegend neuen Naturverständnisses im 17. Jahrhundert versuchten, zu stichhaltigen Aussagen zu gelangen, ohne sich wie gewohnt auf dogmatische Gewissheiten zu berufen oder sich von Skepsis und Zweifel lähmen zu lassen. In der realistisch-mathematischen Naturwissenschaft ermöglichte die Wechselwirkung von Mathematik und Experiment ein unbegrenztes Fortschreiten von Aussage zu Aussage, wobei diese oft richtig, manchmal unrichtig, immer aber überprüfbar waren; in der entdeckend-experimentellen Naturwissenschaft wandte man allerlei Kunstgriffe an, um trotz aller Launenhaftigkeit der Natur klare und gesicherte

Ergebnissen zu erzielen; gegen Ende des Jahrhunderts formulierte Newton in seinen Büchern *Principia* und *Opticks* noch etwas strengere Kriterien für die Stichhaltigkeit von Aussagen.

Auch inhaltlich ist der Kontrast zwischen etwa 1600 und etwa 1700 immens. Unsere Erde dreht sich um ihre Achse und umkreist die Sonne. Unser Blut bewegt sich in einem geschlossenen Kreislauf durch den Körper. Die Luft, die wir atmen, besitzt eine Schwere. Das Vakuum existiert, es lässt sich sogar künstlich erzeugen. Von der Erde angezogen, fallen Äpfel gleichmäßig beschleunigt zu Boden. Weißes Licht setzt sich aus Licht in allen Farben des Regenbogens zusammen. In zwei ungleichen Querschnitten, durch die innerhalb derselben Zeit dieselbe Menge Wasser fließt, sind die Querschnitte umgekehrt proportional zu den Geschwindigkeiten. Sperma enthält Millionen kleiner Tierchen. Die Schwingungsdauer eines Pendels ist unabhängig von der Auslenkung, wenn die beschriebene Bahn eine Zykloide ist. Es gibt einen Zusammenhang zwischen den Naturtönen einer Trompete und den Schwingungsknoten von Saiten. Die Bahn einer Kanonenkugel ist eine Parabel. Bei der Verdauung wird eine ätzende Säure neutralisiert. Planetenbahnen entsprechen dem Flächensatz (das heißt, dem zweiten Keplerschen Gesetz). Es gibt elektrische Abstoßung. Diese Liste könnte um Hunderte anderer Beispiele ergänzt werden.

Ebenso beeindruckend ist der Kontrast im Hinblick auf die institutionelle Einbettung der Naturforschung, die Anfang des 17. Jahrhunderts noch eine gesellschaftliche Randerscheinung war. Besonders in der Naturphilosophie war sie mit theologischen Lehren verknüpft. Ein Jahrhundert später hatte die Naturwissenschaft einen hohen Grad von Autonomie erlangt, mit zwei Gesellschaften als Zentren groß angelegter Forschung. Außerdem erweckten die neuen Wissenschaften inzwischen hochgespannte Erwartungen.

Sie erweckten diese Erwartungen, konnten sie aber vorläufig kaum erfüllen. Der Kontrast ist also nicht in jeder Hinsicht gewaltig; die praktischen Folgen dieser Umwälzung, mag sie nun revolutionär gewesen sein oder nicht, blieben sehr begrenzt. Das sollte sich allerdings ändern, und zwar schon bald. Die Erwartung Bacons hat sich schließlich doch erfüllt. Noch zu Newtons Lebzeiten, Anfang des 18. Jahrhunderts, gelang es hier und dort, Ergebnisse der Naturforschung neuer Art in Technik einer ebenfalls neuen Art umzusetzen. Wir haben schon Newcomens »Feuermaschine« erwähnt, 1712 auf der Grundlage von Papins Idee konstruiert. Ohne die Entdeckung des atmosphärischen Drucks und der Möglichkeit einer Erzeugung des Vakuums hätte diese frühe Dampfmaschine nie gebaut werden können; eine chinesische Newcomen-Maschine ist nicht einmal denkbar. Auch die Schiffsuhr, mit der etwas später John Harrison das Längenproblem löste, wurde erwähnt. Ebenso, dass James Watt ein halbes Jahrhundert nach Newcomen dessen Konstruktion zur modernen Dampfmaschine weiterentwickelte. Naturwissenschaftlich geschulte »Handwerker« eines neuen Typs machten die brillanten technischen Erfindungen, auf denen diese neuen Apparate beruhten, und es waren fast ausnahmslos Briten. Großbritannien war auch das Land, dessen Wirtschaftsklima Investitionen in die neue Technik begünstigte, das heißt, gerade dort war man bereit, Geld aufzubringen, um technische in wirtschaftliche Innovation zu transformieren. Und so entstanden zuerst in Großbritannien große Produktionszentren mit der Dampfmaschine als Antriebsmittel. Von da an beginnt Europa sich so deutlich wie fundamental vom Rest der Welt zu unterscheiden: durch seinen ständig wachsenden Reichtum und durch Unterwerfung großer Teile dieses Rests.

Woran es lag, dass sich die technisch-wirtschaftliche Dynamik zuerst in Europa entwickelte und innerhalb Europas zuerst in Großbritannien, ist eine Frage, die in diesem Buch nur zum Teil beantwortet wird. Eine solche Entwicklung hat nämlich auch sozioökonomische und politisch-institutionelle Ursachen. Warum gab es in Großbritannien Unternehmer, die genau in dem Moment zu Investitionen in der Lage und bereit waren, als die neuen Maschinen erfunden wurden, in die man im großen Umfang investieren konnte? Diese Frage verfolgen wir hier nicht weiter. Auch eine zweite, nämlich, welcher Weg von der neuen Naturwissenschaft zu den Erfindungen führte, *wie* also durch Newcomen, Watt und viele andere eine welthistorisch neue, auf revolutionärer Naturwissenschaft basierende Technik geschaffen wurde, habe ich nur gerade in ein paar Zeilen berühren können. Aber die Entstehung der revolutionären Naturwissenschaft selbst, die ja ein unentbehrlicher Hauptfaktor in Europas späterer Sonderentwicklung war, verstehen wir hoffentlich jetzt besser. Ich fasse unsere wichtigsten Erkenntnisse kurz zusammen.

Wir haben die zentrale Frage dieses Buches eigentlich in zwei Fragen aufgeteilt: Wie ist die moderne Naturwissenschaft entstanden, und wie ist es zu erklären, dass sie sich dann behaupten konnte? Über das Rätsel ihrer Entstehung hat man sich schon lange den Kopf zerbrochen; den zahlreichen vorgeschlagenen Lösungen habe ich nun meine eigene hinzugefügt. Aber im Grunde ist ihr Fortbestehen nicht weniger eigenartig. Dass sie sich auf Dauer halten konnte, widersprach aller historischen Erfahrung. Normalerweise erlebte eine Form der Naturerkenntnis nach einer Phase des Aufschwungs ein Goldenes Zeitalter von vielleicht ein, zwei Jahrhunderten Dauer, das aber, weil das hohe Niveau nicht gehalten werden konnte, jedes Mal mit steilem Niedergang endete. Was wir heute gewohnt sind, die unaufhörliche Weiterentwicklung der Naturwissenschaft, ist welthistorisch die große Ausnahme, die deshalb als solche nach Erklärung verlangt.

Die Antwort auf die erste Frage lautet, nun der Übersichtlichkeit halber – und unter Verzicht auf Nuancierungen – auf eine Liste von Stichworten reduziert, wie folgt:

– In zwei Kulturen, der chinesischen und der griechischen, bedeutete Naturerkenntnis nicht nur Erwerb von Spezialwissen auf Einzelgebieten, sondern Deutung der gesamten Naturwelt.

– In China nahm Naturerkenntnis eine empirisch-praktische Form vor dem Hintergrund eines umfassenden Weltbildes an. Im griechischen Einflussbereich entwickelte sich eine intellektualistische Naturerkenntnis in zwei verschiedenen Formen: vier Naturphilosophien mit Athen als Zentrum und abstrakt-mathematische Naturerkenntnis mit Alexandria als Mittelpunkt.

– Beide Herangehensweisen, die chinesische und die griechische, waren im Prinzip gleichwertige Methoden, die Naturwelt durch Aufteilung in Einzelaspekte zu erfassen. Allerdings war aus heutiger Sicht die moderne Naturwissenschaft als Entwicklungsmöglichkeit vermutlich nur in der griechischen Naturerkenntnis angelegt, nicht in der chinesischen.

– Ob sich das verborgene Potential entfalten würde, hing in erster Linie von einer möglichen Transplantation der jeweiligen Form der Naturerkenntnis ab. Verpflanzung von Kulturgut von einer Zivilisation in eine andere gehört zu den wichtigsten Ursachen von Innovation. Bestehende Formen und Inhalte können dabei erweitert werden, durch Transformation können sogar neue Formen entstehen. Aus politisch-militärischen Gründen erlebte die chinesische Naturerkenntnis nie eine solche Verpflanzung, die griechische dagegen schon, und zwar nicht weniger als dreimal.

– Jede dieser drei kulturellen Transplantationen war ein Ergebnis militärischer Eroberungen. Die erste Verpflanzung, in die islamische Kultur, folgte auf den arabischen Bürgerkrieg, der die Abbasiden an die Macht brachte (8. Jahrhundert). Die neue Hauptstadt Bagdad wurde zum Zen-

trum der Übersetzungen aus dem Griechischen ins Arabische. Die zweite, ins mittelalterliche Europa, war eine Folge der Reconquista; Toledo
entwickelte sich zum Zentrum von Übersetzungen aus dem Arabischen
ins Lateinische (12. Jahrhundert). Die dritte, ins Europa der Renaissance,
wurde durch den Fall Konstantinopels im Jahr 1453 ausgelöst. Die griechischen Originaltexte gelangten nach Westen und wurden in Italien,
später auch in anderen europäischen Ländern ins Lateinische übersetzt.

- In jeder der drei empfangenden Kulturen befriedigte die griechische Naturforschung den Erkenntnisdrang einer geistigen Elite und wurde von
  ihr enthusiastisch aufgenommen. Übersetzung ging mit inhaltlicher Bereicherung einher. Allerdings blieben die grundlegenden Denkmuster
  unangetastet. Auch die sowohl personelle wie inhaltliche Trennung zwischen »Athen« und »Alexandria« blieb in der Praxis erhalten. Dabei war
  das mittelalterliche Europa insofern ein Sonderfall, als »Alexandria« weg-
  fiel und »Athen« auf eine der vier naturphilosophischen Schulen beschränkt blieb, die aristotelische.

- Neben der griechischen Naturerkenntnis entstand in den drei empfangenden Kulturen in unterschiedlichem Umfang eine Naturforschung,
  die Besonderheiten der jeweiligen Kultur entsprach. In der islamischen
  Welt war sie direkt von der Religion geprägt, in Europa indirekt. Hier
  spiegelte sich der zunehmend extrovertierte Charakter der christlichen
  Kultur in nichtgriechischen Forschungsmethoden, bei denen genaue Beobachtung und praktische Anwendung im Mittelpunkt standen. Diese
  Art der Forschung, im Mittelalter nur gelegentlich und im kleinen Umfang betrieben, entwickelte sich während der Renaissance zu einer besonderen, dritten Form der Naturerkenntnis neben dem wieder auflebenden
  »Athen« (nun erneut mit allen vier Naturphilosophien) und »Alexandria«.

- Charakteristisch für die Entwicklung der Naturerkenntnis sowohl bei
  den Griechen als auch in der islamischen Kultur und im mittelalterlichen
  Europa ist ein im Wesentlichen gleichbleibendes Muster. Jedes Mal kulminiert der Aufschwung in einem Goldenen Zeitalter, gefolgt von plötz-
  lichem, steilem Niedergang, der aber bedeutende Leistungen einzelner
  späterer Forscher nicht ausschließt.

- In der islamischen Kultur, deren Goldenes Zeitalter um 1050 endete, gab
  es solche bedeutenden Leistungen Einzelner in einer Zeit teilweiser

Rückkehr auf ein wieder etwas höheres Niveau. Diese war regional begrenzt: auf Persien unter der Herrschaft der Mongolen, Andalusien unter den Berbern und das Osmanische Reich. In allen drei Reichen begann eine neue Blütezeit der Naturerkenntnis; man war und blieb dabei aber am Goldenen Zeitalter orientiert, das nun schon einige Jahrhunderte zurücklag. Dagegen war der Niedergang der mittelalterlichen europäischen Naturerkenntnis ein so vollständiger, dass nach dem Goldenen Zeitalter nicht einmal mehr einzelne Forscher noch Nennenswertes leisteten.

– Blickt man von der Zeit um 1600 zurück, fallen zwei überraschende Parallelen auf.

Einmal zwischen der Naturerkenntnis im mittelalterlichen Europa und in der islamischen Kultur nach dem Niedergang und der begrenzten Rückkehr auf ein höheres Niveau. In beiden Fällen drehte man sich immerfort in einem – zwar weiten, aber geschlossenen – Kreis. Auch aus späterer Sicht potentiell fruchtbare Erkenntnisse kamen über das vorgegebene Denkmuster nicht hinaus.

Außerdem zwischen der Naturerkenntnis im Europa der Renaissance und in der islamischen Kultur während ihrer ersten Blütezeit. In beiden Fällen kam es auf breiter Front zu einer – vom Niveau her vergleichbaren – inhaltlichen Bereicherung. Doch um 1050 wurde das islamische Goldene Zeitalter durch eine Welle zerstörerischer Invasionen gewaltsam beendet. Die islamische Kultur wandte sich nach innen und orientierte sich ganz an spirituellen Werten, für Naturerkenntnis fremden Ursprungs war kaum noch Raum. Europa dagegen blieb von Invasionen verschont, hier erreichte das Goldene Zeitalter um 1600 einen Höhepunkt mit ersten Ansätzen zu drei revolutionären Transformationen. Denkt man die gewaltsamen Übergriffe auf die komplexe Welt des Islam einmal weg oder um eine Generation in die Zukunft verschoben, rückt ein mehr oder weniger ähnlicher Höhepunkt der Naturerkenntnis im Islam in den Bereich des historisch Vorstellbaren.

– Vor allem durch das überprüfende Experiment wurde in Europa etwa zwischen 1600 und 1640 in der abstrakt-mathematischen Naturerkenntnis erstmals ein unmittelbarer Wirklichkeitsbezug hergestellt. In der Naturphilosophie entstanden durch Verknüpfung der Materieteilchen der antiken Atomlehre mit Bewegungsmechanismen neue Erklärungsmuster. Schließlich kam es in der praxis- und nutzenorientierten Naturforschung zu einer Verschiebung von der Beobachtung unter natürlichen Bedingungen zu systematischer, entdeckend-experimenteller Forschung.

– Die erste dieser drei Transformationen war besonders revolutionär: »Alexandria plus« unterschied sich nicht nur inhaltlich stark von »Alexandria«, sondern auch in der Erkenntnisstruktur. Bei »Athen plus« dagegen blieb die traditionelle Erkenntnisstruktur zunächst unverändert. Die dritte Transformation bedeutete nicht im gleichen Maße wie die beiden anderen einen Bruch mit dem Vorangegangenen; das entdeckende Experiment wurde nur viel häufiger, konsequenter und methodischer eingesetzt.

– Besonders die erste dieser drei fast gleichzeitigen revolutionären Transformationen – Keplers und vor allem Galileis – hätte sich, was den Inhalt angeht, mehr oder weniger ähnlich auch in der islamischen Kultur ereignen können; sie wäre dann der Höhepunkt des dortigen Goldenen Zeitalters gewesen. Etwas wie die zweite Transformation war wegen der nur sehr begrenzten Überlieferung der griechischen Atomlehre nicht oder kaum möglich. Und da es in der islamischen Kultur keine wirkliche Entsprechung zur praxis- und nutzenorientierten, auf Entdeckung unbekannter Phänomene ausgerichteten, in ihrer Grundhaltung so extrovertierten Naturbeobachtung Europas gab, kann eine Transformation der dritten Art von vornherein ausgeschlossen werden.

– Gemeinsam ist den drei revolutionären Transformationen das Sichtbarwerden eines latenten Entwicklungspotentials. Hier liegt der Schlüssel zu ihrer Erklärung. Darüber hinaus lassen sich für jede von ihnen noch einige spezifische Ursachen nachweisen. Und dass sie fast gleichzeitig stattfanden, hängt mit bestimmten Eigenarten des damaligen Europa im Vergleich zu den anderen großen Kulturen zusammen: einer größeren Offenheit, Neugier und Dynamik, einem stärkeren Individualismus, einer ausgeprägten Extraversion und der mehr als anderswo verbreiteten Neigung, das Heil in einer aktiven irdischen Existenz zu suchen. All das war natürlich keine Garantie dafür, dass dieses latente Entwicklungspotential nun wirklich zur Entfaltung kommen würde, aber es erhöhte die Wahrscheinlichkeit.

– Keine der skizzierten Ursachen erfasst das zu erklärende Phänomen, die Entstehung der modernen Naturwissenschaft, wirklich vollständig. Ein Entwicklungspotential entfaltet sich nie zwangsläufig. Die Wissenschaftliche Revolution hätte auch ausbleiben oder sich später ereignen können, in einer anderen Kultur, nach einer Transplantation bestimmter Formen der Naturerkenntnis beispielsweise in die europäischen Niederlassungen in Amerika oder Asien.

Auch die zweite Frage, nach den Ursachen des *Überlebens* der drei revolutionären Formen der Naturerkenntnis, beantworten wir hier in einer Liste von Stichworten.

– In der Anfangsphase der revolutionären Transformation, bis ungefähr 1645, kam es zwangsläufig zu einer Legitimitätskrise. Vor allem die Philosophie der sich bewegenden Teilchen, aber auch die realistisch-mathematische Naturforschung wirkten auf Außenstehende höchst befremdlich; ihre weltanschaulichen Konsequenzen bedeuteten für viele Gotteslästerung. Besonders Galilei und Descartes standen bald im Mittelpunkt heftiger Auseinandersetzungen in Italien, den Niederlanden und Frankreich. Zwar behielten weltliche Autoritäten die Angelegenheit unter Kontrolle, wirksame Verbote oder gar Todesurteile wurden nicht ausgesprochen. Dennoch drohte Lähmung durch Zensur und Selbstzensur – in einem geistigen Klima, das von politisch-theologischer Scharfmacherei und der Gefahr eines Krieges aller gegen alle bestimmt war.

– Rettung brachte auf dem europäischen Festland der Westfälische Friede (1648), in Großbritannien gefolgt von der Restauration (1660). Beide bewahrten Europa vor dem Abgleiten ins totale Chaos, eine Atmosphäre der Kompromissbereitschaft und Versöhnung konnte entstehen. Gleichzeitig verschob sich innerhalb Europas der ökonomische, politische und auch kulturelle Schwerpunkt vom Mittelmeerraum ins nördliche Westeuropa. All diese Veränderungen wirkten sich auch auf die neuen Formen der Naturerkenntnis aus, vor allem, als in den sechziger Jahren in den neuen Zentren Paris und London unter königlicher Schirmherrschaft Gesellschaften gegründet wurden, die sich ausschließlich der Förderung innovativer Naturforschung widmeten.

– Diese neue Naturforschung war allerdings durch verschiedene sehr wirksame Maßnahmen weltanschaulich neutralisiert worden. Eine Folge war, dass nun das Experiment einen zentralen Platz einnahm.

– Dass die beiden wichtigsten Herrscherhäuser hier die Initiative ergriffen (wobei das französische auch hohe Ausgaben nicht scheute), hing mit den großen Erwartungen zusammen, die man in die neue Naturwissenschaft setzte. Was die Kriegführung und die Steigerung des materiellen Wohlstands anging, schien sie viel zu versprechen. Im kleineren Maßstab hatte sie schon vor 1600 praktischen Nutzen abgeworfen, besonders für die Schifffahrt. Allerdings war die Kluft zwischen Naturforschung und Handwerk vorerst zu breit, um rasch überbrückt werden zu können.

– Dies wurde meist nicht wahrgenommen, weil die Erwartung – besonders in Großbritannien – mittlerweile zu einer Ideologie geworden war. In der dort entstandenen Baconschen Ideologie verband sich der Glaube an den praktischen Nutzen der Naturforschung mit bestimmten christlichen Werten. Dabei lag der Schwerpunkt auf einer Vorstellung, die dem westlichen Christentum und hier besonders dem Protestantismus eigentümlich war: dass durch eine bestimmte Art der Lebensführung das Seelenheil schon in dieser Welt zu erlangen sei. Allein deshalb hätte in der islamischen Kultur das Werk eines Forschers wie Galilei kaum eine Fortsetzung finden können.

– Die neuen Formen der Naturerkenntnis überlebten nicht nur, sie entwickelten jeweils ihre eigene Dynamik. Die realistisch-mathematische Form konnte so schnell expandieren, weil man die komplizierte Wechselbeziehung zwischen der Formulierung mathematischer Regelmäßigkeiten und ihrer experimentellen Überprüfung zu verstehen lernte. Was die Naturphilosophie der sich bewegenden Teilchen so anziehend machte und ihr eine breite Anhängerschaft bescherte, waren unter anderem ihre Zugänglichkeit für Nichtspezialisten und auch die Sicherheit, die sie bot: Hier war risikolos geistiges Neuland zu betreten. Und die entdeckend-experimentelle Forschung verdankte ihre Dynamik der unentwegten Auseinandersetzung mit den scheinbaren Launen der Natur.

– Besonders bei den beiden zuletzt genannten Formen schienen der immer drohenden Beliebigkeit und Willkür kaum Grenzen gesetzt zu sein, obwohl es durchaus Kriterien für die Stichhaltigkeit von Aussagen gab oder gezielt nach solchen Kriterien gesucht wurde. Die bedeutendsten Forscher der zweiten Generation fanden einen Ausweg in zwei neuen, selbst revolutionären Transformationen. Zum ersten Mal seit den Griechen wurden die Mauern zwischen den verschiedenen Formen der Naturerkenntnis wenigstens teilweise niedergerissen. Dabei wurde die Naturphilosophie der sich bewegenden Teilchen – nun nicht mehr als Dogma, sondern allein als Quelle möglicherweise fruchtbarer Hypothesen – mit der realistisch-mathematischen oder der entdeckend-experimentellen

Naturforschung verbunden. Die eine Transformation gelang Huygens und dem jungen Newton, die zweite Boyle, Hooke und wieder dem jungen Newton.

– In den beiden Formen der Naturerkenntnis, die durch diese Transformationen entstanden, wurden einige der wichtigsten Leistungen der Naturforschung des 17. Jahrhunderts erbracht. Sie hatten aber auch ihre Grenzen. In beiden Formen war es Newton, der an diese Grenzen stieß und sich damit schließlich nicht mehr abfand. Mit den Forschungen, die er in *Principia*, aber auch in *Opticks* dokumentierte, überschritt er sie auf wiederum revolutionäre Weise. Dabei formulierte er teilweise neue, strenge Kriterien für die Stichhaltigkeit von Aussagen in der Naturforschung.

Historisch mag Newton die Wissenschaftliche Revolution vollendet haben, *inhaltlich und methodisch* dauert sie bis heute an. Viele der damals erreichten Resultate und der neuformulierten Kriterien sind auch in der Gegenwart noch gültig – auch deshalb ist kaum zu bestreiten, dass die moderne Naturwissenschaft oder zumindest eine Naturforschung, in der diese vorgebildet war, durch die Umwälzungen des 17. Jahrhunderts entstanden ist. Natürlich geschah das nicht mit einem Schlag. Galilei stellte Horoskope. Kepler verteidigte seine Mutter gegen die Anklage der Hexerei, ohne sich jemals gegen den Glauben an Hexen auszusprechen – seine Mutter war eben zufällig keine. Newton führte nicht nur die Bewegungslehre und die Farbentheorie auf neue Höhen, sondern auch die Alchemie. Worauf es ankommt, ist aber etwas anderes: In jener Epoche wird zum ersten Mal in großem Umfang eine *erkennbar moderne Naturwissenschaft* betrieben. Ein heutiger Naturwissenschaftler kann nicht ohne ausführliche historische Erläuterungen verstehen, welche Vorstellungen überhaupt hinter der aristotelischen Idee der Bewegung stecken, ja nicht einmal, wie Ibn al-Haitam sich das Sehen des Auges dachte – und beide waren noch bis 1600 auf diesen Gebieten unangefochtene Autoritäten. Galilei oder Newton dagegen würden von Naturwissenschaftlern unserer Zeit als Kollegen begrüßt werden – sie wären vielleicht ein wenig altmodisch, aber man würde in ihnen Fachkollegen erkennen.

Mitte des 17. Jahrhunderts war es noch sehr fraglich, ob die neue, revolutionäre Naturerkenntnis die vielen gegen sie gerichteten Attacken – wegen Gotteslästerung, wegen Bizarrerie – überleben würde. Am Ende des Jahrhunderts stand sie ungefährdet in voller Blüte. Inhaltlich sollten noch zahlreiche Transformationen folgen. Vor allem wurden im 19. Jahrhundert die

realistisch-mathematische und die entdeckend-experimentelle Herangehensweise eng miteinander verknüpft.

Eine Garantie für ewiges Fortbestehen gibt es dennoch nicht, notwendig
ist immer eine gewisse Verankerung in der Gesellschaft. Und die setzt bestimmte Werte voraus, die von einem großen Teil der Gesellschaft geteilt
werden. Diese Werte sind nicht mehr identisch mit denen, die im 17. Jahrhundert in der Baconschen Ideologie Ausdruck fanden. Sie haben seitdem
ihre religiöse Grundlage verloren. An deren Stelle trat wirkliche, nicht mehr
nur erhoffte Vergrößerung des Wohlstands und der Lebensqualität durch
eine Form der Technik, die auf der modernen Naturwissenschaft beruht.
Außerdem sind naturwissenschaftliche Forschung und ihre Förderung zu etwas Selbstverständlichem geworden, zu einem Wert an sich, spätestens, als
sich die Naturwissenschaft im 18. Jahrhundert mit den Idealen der Aufklärung verband. Als solche ist sie auch in unserer Zeit nicht ernsthaft gefähr-
det. Das gilt zumindest für die westliche Welt, in der sie entstanden ist.

Von den sechziger Jahren des 17. Jahrhunderts an hat sich die Naturforschung kontinuierlich weiterentwickelt; dergleichen hat es vorher nirgendwo auf der Welt gegeben. Dass dies geschah, war kaum zu erwarten, ohne ein
Zusammentreffen sehr glücklicher Umstände wäre es nicht dazu gekommen,
aber geschehen ist es. Wieviel die Menschheit dadurch gewonnen hat, was
sie möglicherweise dafür an Wertvollem verloren hat und ob dieser Gewinn
und dieser Verlust unvermeidlich waren, sind ganz andere Fragen.

Für ihre Beantwortung kann Kenntnis der Geschichte sehr hilfreich sein.
Mehr noch, für eine auch nur halbwegs adäquate Beantwortung ist sie meiner Ansicht nach unverzichtbar. Trotzdem setzt auch nur der Ansatz zu einer
Antwort die Bestimmung eines persönlichen Standpunkts auf der Grundlage persönlicher Werte voraus. Der Historiker tritt einen Schritt zurück und
macht dem historisch informierten Bürger Platz. Und in dieser Eigenschaft
möchte ich abschließend etwas zur Klärung der Frage beitragen, was die
moderne Naturwissenschaft, wie sie im Europa des 17. Jahrhunderts entstanden ist, für unser Weltbild und unser Wissen bedeutet.

Risse in einer neu erschaffenen Welt

Einst war die Welt ganz. Wir lebten in einem zwar nicht kleinen, aber doch
übersichtlichen Universum, in dessen Mittelpunkt wir selbst standen. Was

wir über die Welt lernten, ging auf ehrwürdige Denker der Vergangenheit zurück und stimmte mit den Lehren der Religion überein.

In dieser Welt haben sich viele Risse aufgetan, woran die Wissenschaftliche Revolution nicht ganz unschuldig ist. Die Ganzheit der »alten« haben wir gegen die Zerrissenheit der »neuen« Welt eingetauscht. Betroffen sind sowohl unser Weltbild als auch unser Wissen.

Im Zusammenhang mit Galileis Prozess und seiner Vorgeschichte habe ich betont, dass dieser Konflikt, so wie man seinen Gegenstand damals definierte, vermeidbar gewesen wäre. Galilei und sein Widerpart in den Jahren 1615 und 1616, Kardinal Bellarmin, waren in der heiklen Frage der Bibelauslegung im Wesentlichen einer Meinung. Seit Augustinus brauchte man bestimmte Passagen nicht mehr wörtlich zu nehmen. Die Bibel sollte kein Lehrbuch der Naturforschung sein, es gab Spielraum für bildliche Auslegungen. In früheren Zeiten, als die Kirche die Kugelform der Erde akzeptierte, war es so gewesen, und so hätte es auch in Galileis Zeit sein können, als es um die Drehung der Erde um ihre Achse und um die Sonne ging. Schließlich wurde auch sie akzeptiert. Niemand nimmt die fragliche Bibelstelle im Buch Josua (10, 12–13) mehr wörtlich, und Johannes Paul II. hat nach langem Nachdenken sogar anerkannt, dass Galilei damals der bessere Exeget gewesen ist.

Der Papst tat dies, weil er ein vorausschauendes Kirchenoberhaupt war; er hoffte auf diese Weise ein peinliches Relikt der Vergangenheit ehrenvoll zu begraben und damit ein Hindernis auf dem Weg zu etwas wirklich Wichtigem wegzuräumen: der Anerkennung des Gedankens, dass Glaube und Naturwissenschaft letztlich miteinander harmonieren. Was ist von diesem Gedanken zu halten? Ich werde in aller Kürze drei Ansichten skizzieren.

A History of the Warfare of Science with Theology in Christendom lautet der Titel eines mehr als hundert Jahre alten amerikanischen Buches von Andrew D. White, das noch immer das Denken vieler Naturwissenschaftler beeinflusst. Seriöse wissenschaftshistorische Forschung hat aber schon vor einem Dreivierteljahrhundert die Unhaltbarkeit der These erwiesen, zwischen Wissenschaft und Theologie habe nichts als »Krieg« geherrscht. Reyer Hooykaas, mein Lehrer im Fach Wissenschaftsgeschichte, hat als einer der Ersten gezeigt, welch große Rolle auch die religiösen Vorstellungen gottesfürchtiger Naturforscher wie Kepler, Pascal, Boyle und Newton bei der Entstehung der modernen Naturwissenschaft gespielt haben. Meine eigene Darstellung in den vorangegangenen Kapiteln kann keinen anderen Eindruck vermittelt haben. Wenn Krieg geführt wurde (und das war nicht selten der Fall, man denke an die Inquisition oder an Pfarrer Voetius), standen Gläubige, ja sogar Geistliche, die ihr ganzes Leben in den Dienst der Religion und Theologie gestellt hatten, auf beiden Seiten. Auch heute noch gibt es Naturwissenschaftler – und nicht immer Unbedeutende –, die keinen Konflikt zwischen ihrer Arbeit und ihrer religiösen Überzeugung sehen, von Krieg ganz zu schweigen.

Dies scheint für die Ansicht derer zu sprechen, die eine ungebrochene, beständige Harmonie zwischen Religion und Naturwissenschaft erkennen wollen. Der Paläontologe, Evolutionstheoretiker und Autor populärwissenschaftlicher Bücher Stephen Jay Gould, ein Anhänger dieser Position, hat sie kurz vor seinem Tod mit dem Schlagwort »No Overlapping Magisteria«, kurz NOMA, umschrieben. Die Religion habe ihren eigenen Aufgabenbereich, die Naturwissenschaft einen anderen, Überschneidungen gebe es nicht; zwar habe sich diese Erkenntnis erst allmählich durchgesetzt, aber grundsätzlich herrsche Harmonie.

Die dritte Position wurde meines Wissens am deutlichsten von dem Kernphysiker und Wissenschaftspopularisator Steven Weinberg formuliert. Seit dem Entstehen der modernen Naturwissenschaft sei die Religion ununterbrochen und unvermeidlicherweise auf dem Rückzug. Um diese Tatsache komme man nur herum, wenn man – wie Gould es tatsächlich tut – den Begriff Religion so vage fasse, dass nicht viel mehr übrig bleibt als Richtlinien für ethisches Handeln: Religion als Wertesystem, das ein verantwortliches Miteinander ermöglicht, dazu allenfalls noch das Gefühl, dass es etwas Höheres als uns selbst gibt. Das aber sei eine ahistorische Auffassung von Religion. Zu Religion gehöre mindestens der Glaube an die Existenz eines höchsten Wesens, das an unserem Tun Anteil nimmt und über uns wacht. Und es sei nicht zu leugnen, dass seit dem 17. Jahrhundert immer mehr naturwissenschaftliche Erkenntnisse selbst mit einem solchen Minimal-Gottesbild nicht zu vereinbaren sind.

Bis hierhin scheint mir diese dritte Ansicht am besten mit der tatsächlichen Situation übereinzustimmen, wie sie mit der Durchsetzung der modernen Naturwissenschaft entstanden ist. Bemerkenswert ist zum Beispiel, dass der Papst bei seiner an sich vernünftigen und sympathischen Rehabilitierung Galileis nicht nur als Naturwissenschaftler, sondern sogar als Exeget, etwas ganz Wesentliches unter den Teppich gekehrt hat. Nämlich den *Autoritätsanspruch*, der schon in Galileis berühmtem Brief an die Großherzoginmutter Christine von Lothringen zum Ausdruck kam. Gewiss, so räumte er darin ein, Bibelstellen legt man nur dann nicht wörtlich aus, wenn darin etwas behauptet wird, das aus naturwissenschaftlicher Sicht falsch oder nicht mehr haltbar ist. Und selbstverständlich ist es Aufgabe der Theologen, mit ihrem Sachverstand diese bildliche Auslegung vorzunehmen. Aber wer bestimmt, ob und wann sie dies tun müssen? Es war ebenso konsequent wie richtig, aber für den Kardinal nicht hinnehmbar, dass Galilei dieses Recht für den »mathematischen Philosophen«, das heißt, für den Naturwissenschaftler, also sich selbst beanspruchte. Dieses Recht hat die Naturwissenschaft seitdem immer wieder in Anspruch genommen, was im Fall der Evolutionstheorie vielleicht zu noch heftigeren Reaktionen führte als beim heliozentrischen Weltbild. An der Debatte über die Evolution kann man schon erkennen, wie sich das Blatt im Lauf der Zeit gewendet hat. Eine wörtliche Auslegung der Genesis wird gegen die überwältigende Mehrheit kompetenter Naturwissenschaftler unter Berufung auf eine angeblich bessere Naturwissenschaft vertreten, die in Wirklichkeit nichts als verschleierte Theologie ist. Gerade dieses Bedürfnis nach Verschleierung zeigt, wieviel Autorität die Naturwissenschaft seit Galileis Zeiten auf Kosten der Religion gewonnen hat. Dies ist unvermeidlich; die »Magisteria« überschneiden sich eben doch, und das eine Gebiet schrumpft in dem Maße, in dem das andere sich erweitert. Seit der Wissenschaftlichen Revolution ist ein unproblematischer Glaube deshalb für einen gut informierten Menschen nicht mehr möglich – genau wie Pfarrer Voetius es befürchtet hatte.

Einem gut informierten Menschen bleibt meiner Ansicht nach keine andere Wahl, als die von Galilei beanspruchte Autorität des Naturwissenschaftlers auf seinem Gebiet zu akzeptieren. Was nicht das Gleiche ist wie kritikloses Nachsprechen. Schon seit dem 17. Jahrhundert neigen Naturwissenschaftler ja dazu, ihre Teilerkenntnisse zu etwas aufzublasen, das sie gern als »das wissenschaftliche Weltbild« verkaufen. Nun, ein solches wissenschaftliches Weltbild gibt es nicht.

Die Naturwissenschaft kann lediglich immer mehr Weltbilder *ausschließen*. Es ist zum Beispiel nicht möglich, das Weltbild der Bibel, des Koran, des Pali-Kanons oder irgendeiner anderen heiligen Schrift auf überzeugende Weise mit den Erkenntnissen der modernen Naturwissenschaft in Einklang zu bringen. Wie auch niemand für irgendein theologisches Dogma irgendeiner Religion überzeugend darlegen könnte, dass es mit naturwissenschaftlichen Erkenntnissen vereinbar sei (was vermutlich ohnehin niemand will).

Die Naturwissenschaft kann dagegen nicht aus eigener Kraft ein eigenes Weltbild formen. Wer es dennoch versucht, schmuggelt durch die Hintertür allerlei unreflektierte Elemente aus Bereichen weit jenseits der Grenzen der Naturwissenschaft ein. Offensichtlich hat sich der Hang zum Gesamtsystem nicht unterdrücken lassen, obwohl die moderne Naturwissenschaft doch im Angriff auf solche Systeme Gestalt angenommen hat. Ein konsistentes Gesamtsystem ist aber seit der Wissenschaftlichen Revolution nicht mehr denkbar, nicht in der Religion und nicht in der Wissenschaft, und wer dennoch eines entwirft, fährt sich unweigerlich fest oder verstrickt sich in Widersprüche. Aufschlussreiche wissenschaftshistorische Studien weisen dies etwa für die gegensätzlichen – um nicht zu sagen: einander widersprechenden – Versuche nach, Darwins Evolutionstheorie zum Weltbild zu erheben, im Dienst so unterschiedlicher Ismen wie Kapitalismus, Imperialismus, Kommunismus oder auch Atheismus.

Es gibt noch etwas anderes, das die Naturwissenschaft nicht kann, wenn es auch von Zeit zu Zeit versucht wird: ihre eigenen Methoden und Beweisformen auf Gebiete und Kategorien völlig anderer Art übertragen.

In der zweiten Hälfte des 18. Jahrhunderts hat Kant mit sämtlichen jemals »erbrachten« Gottesbeweisen aufgeräumt. Nicht, um an ihre Stelle einen eigenen zu setzen; er wollte im Gegenteil einem Glauben Raum schaffen, der ohne Beweis auskommt – für ihn die einzig authentische Form von Glauben. Was er also *nicht* im Sinn hatte, war ein Gegenbeweis. Wenn man hört oder liest, mit welchen Argumenten manche Gelehrte heute im Namen der Naturwissenschaft gegen Religion zu Felde ziehen, fällt einem auf, wie stark vereinfacht, ja primitiv das Gottesbild ist, das dabei Gläubigen meistens zugeschrieben wird. Und dass die bei solchen Kampagnen angeführten sogenannten historischen Beweise empirisch unhaltbar sind.

Kurz und gut: Naturwissenschaftler, bleib bei Deinem Leisten!

In ihrer eigenen Domäne ist die Naturwissenschaft nämlich beeindruckend genug – mehr als das. Außerdem ist sie ohnehin schon vielerlei Kritik ausgesetzt, die dringend eine Reaktion erfordert. Wir müssen uns jetzt und künftig deutlich vor Augen halten, was die moderne Naturwissenschaft seit ihrer Entstehung vor nun drei bis vier Jahrhunderten geleistet hat. Soweit diese Leistungen in der Technik verkörpert sind, die unseren Wohlstand und unsere Lebensqualität vergrößert, werden sie von fast niemandem in Frage gestellt. Nicht einmal von den Berufsterroristen, für die unsere westliche Kultur zu dekadent ist, als dass sie ihr ein Existenzrecht zubilligen mögen, die aber ihre frohe Botschaft vorzugsweise über Mobiltelefon, Internet oder ein anderes Ergebnis moderner naturwissenschaftlicher Forschung verbreiten.

Wenn es um die moderne Naturwissenschaft als Verkörperung eines Anspruchs auf Wahrheit geht, auf wirklichkeitsgetreue Beschreibung unserer wirklichen Welt, sieht die Sache etwas anders aus. Der Skeptizismus, der sich in Athen noch gegen die dogmatische Naturphilosophie richtete, hat sich seit dem 17. Jahrhundert mehr und mehr gegen die Naturwissenschaft gewandt. Er verfügt über ein ganzes Arsenal von Argumenten und trägt seine Angriffe in immer neuen Varianten vor, die aber immer auf das Gleiche hinauslaufen, eine sehr weit gehende Relativierung eben dieses Wahrheits- und Wirklichkeitsanspruchs. Dies gilt auch für die neueste Variante, die im letzten Jahrzehnt des vorigen Jahrhunderts die sogenannten *science wars* auslöste. Die »Natur«, so wird behauptet, sei nichts anderes als das Ergebnis von Verhandlungen zwischen Naturwissenschaftlern. Es herrsche ja immer Uneinigkeit über die richtige Interpretation von Beobachtungsdaten, etwa aus Experimenten. Weil Experimente nie den Ausschlag geben können, würden de facto persönliche Interessen, Konkurrenz um Forschungsgelder, Status und dergleichen darüber entscheiden, wer bestimmt, welche beobachtete Erscheinung fortan als »Natur« gelten dürfe und welche nicht.

Nun sind nicht viele bereit, dieser absoluten Relativierung des Wahrheitsanspruchs der modernen Naturwissenschaft in vollem Umfang zuzustimmen. Lieber versteckt man sich hinter oberflächlichen Kompromissen oder macht einen großen Bogen um die ganze Problematik. Und so bleiben nur wenige, die der Relativierung entschieden widersprechen. Von diesen wenigen tun es manche leider auf die falsche Weise, nämlich indem sie sich naiv auf die völlige Übereinstimmung zwischen experimentell bestätigter Theorie und natürlicher Wirklichkeit berufen. Die Relativisten haben aber wenigstens insoweit Recht, als Experimente und Beobachtungsdaten selten oder nie allein den Ausschlag geben. In der Regel bleibt lange Zeit Raum für mehrere – vernünftige – Interpretationen. Es kommt sogar vor, dass jahrhundertelang für richtig gehaltene Erkenntnisse doch noch in Frage gestellt werden müssen. Falsifizierbarkeit ist nicht gleichbedeutend mit absoluter Zuverlässigkeit der Falsifikation.

Genau deswegen ist es unmöglich, den Antagonismus von Realismus und Relativismus völlig aufzulösen. In diesem Buch habe ich versucht, ihn zur Abwechslung einmal historisch zu nuancieren. Mit nuancieren meine ich nicht wegnuancieren, obwohl Historiker sich gern dieser Liebhaberei ergeben. Eines der Themen der beiden letzten Kapitel war die *Suche nach Mitteln zur Begrenzung von Willkür*. Sie wurde im 17. Jahrhundert zum ersten Mal systematisch – und mit großem Einfallsreichtum – in Angriff genommen und wird bis zum heutigen Tag fortgesetzt, auf immer raffiniertere und effektivere Weise. Es wäre naiv zu glauben, dass in der modernen Naturwissenschaft Willkür völlig ausgeschlossen sei. Aber daraus folgt keineswegs, dass immer noch die alte Willkür herrsche – die Suche nach Möglichkeiten, jenseits von Dogmatismus oder Skeptizismus zu stichhaltigen Aussagen über die Natur zu gelangen, im 17. Jahrhundert begonnen und mit Newtons methodologischer Strenge von einem ersten wirklich großen Erfolg gekrönt, war alles andere als vergeblich.

Zweifellos lässt Willkür sich nicht in allen Wissenschaftszweigen auf die gleiche Weise wie in der Naturwissenschaft begrenzen. Mathematik und Experiment und die subtile Wechselbeziehung zwischen beiden haben der Naturwissenschaft bis heute einen gewaltigen Vorsprung beschert. Nun hat Mathematik nur in wenigen Humanwissenschaften eine sinnvolle Funktion, das Experiment in noch weniger Fächern. Das bedeutet aber nicht, dass Geistes- und Sozialwissenschaftler der Beliebigkeit und Willkür gegenüber machtlos wären. Es ist Aufgabe jeder einzelnen Disziplin, selbstbewusst und ohne eifersüchtige Fixierung auf die zugleich verachtete und beneidete Naturwissenschaft eigene Wahrheitskriterien zu finden oder weiterzuentwickeln. Ich glaube zum Beispiel, dass auf meinem Spezialgebiet mehr als bisher der historische *Vergleich* genutzt werden könnte. *Annäherungsweise* kann er die Funktion erfüllen, die in der Naturwissenschaft das Experiment hat. Mit Hilfe des Vergleichs lassen sich historische Erklärungen präzisieren und bis zu einem gewissen Grad sogar überprüfen. Wo immer dergleichen möglich ist, darf man nicht darauf verzichten – in diesem Buch habe ich ausprobiert, wie weit man damit kommt. Jede Wissenschaft, die diesen Ehrentitel verdient, von der Kernphysik bis zur Literaturgeschichte, verfügt über Mittel zur Überwindung von Unbestimmtheit und Beliebigkeit. Diese Mittel haben den jeweils eigenen Kriterien zu genügen, die sich formulieren, erläutern und rational begründen lassen, ohne dass man dabei unbedingt auf Wahrheitskriterien in anderen Wissenschaften zurückgreifen muss.

Hier ist endlich das Wort »rational« gefallen. Naturwissenschaftler sind sehr geschickt darin, ihre eigene Methodik und Denkweise als die einzig mögliche Form rationalen Denkens und Handelns darzustellen (und einen entsprechend hohen Anteil an Forschungsgeldern einzuheimsen).

Haltbar ist an diesem Anspruch, dass die moderne Naturwissenschaft eine *besonders* rationale Form des Denkens und Handelns darstellt. »Handeln« gehört hier wirklich zum Denken, auch das ist eine der großen Errungenschaften der Wissenschaftlichen Revolution. Vorher bedeutete Naturforschung entweder »erst sehen, dann denken« oder »erst denken, dann sehen«. Im 17. Jahrhundert kam das Tun hinzu. Das Ergebnis war ein »Denken mit den Händen«, wie es so schön genannt wurde – man sieht sofort Galilei vor sich, mit dem Polieren seiner Fallrinne beschäftigt, oder Hooke, der im Schweiße seines Angesichts undichte Stellen an Boyles Luftpumpe zu beseitigen versucht. Tatsächlich ist diese Art von wissenschaftlicher Arbeit, das Denken wie das Handeln, an Rationalität kaum zu übertreffen. Für die Formen experimenteller Kontrolle, die diese Forscher und ihre Kollegen im 17. Jahrhundert entwickelten, gilt das erst recht. Wenn es um die Beschreibung und Erklärung von Naturphänomenen geht, gibt es keine rationale Alternative mehr zu den Methoden der modernen Naturwissenschaft.

Das bedeutet nun auch wieder nicht, dass die in charakteristischer Weise enge naturwissenschaftliche Rationalität auf jedem Lebensgebiet freie Bahn haben müsste. Sie greift nämlich zu kurz, sobald menschliches Bewusstsein und menschliches Wollen ins Spiel kommen. Das Leben ist voller Rätsel, denen die eindimensionale Rationalität der Naturwissenschaft, auf eigenem Terrain so bewundernswert erfolgreich, nicht beikommen kann, und sie sollte es auch nicht versuchen; die Vieldimensionalität des Lebens darf nur so weit vereinfacht werden wie unbedingt notwendig. Die moderne Naturwissenschaft mit ihrer mathematischen Fundierung und ihrem unbezähmbaren Quantifizierungsdrang lebt nicht in friedlicher Koexistenz mit aller menschlichen Erfahrung und allem menschlichem Streben. Der Geist weht, wo er will, aber wenn er sich erst wiegen lassen muss, erlahmt er.

In unserer »neuen« Welt ist die Spannung zwischen Geist und Quantität überall spürbar. Daher, von Zeit zu Zeit, unser Heimweh nach der »alten«. Doch einen Weg zurück in die »alte« Welt gibt es nicht, und wer glaubt, er könne doch einen finden, sollte die ersten Sätze dieses Buches noch einmal lesen, dann dürfte er vor den Konsequenzen zurückschrecken. Zweimal hat die Menschheit vom Baum der Erkenntnis gegessen, beim zweiten mit noch mehr Appetit als beim ersten Mal, und über so etwas wie einen Sündenfall brauchen wir modernen Menschen uns nicht den Kopf zu zerbrechen. Aber ob die Äpfel vergiftet waren oder inzwischen vergiftet wurden oder in Zukunft noch werden, wissen wir nicht mit Sicherheit, wir können es glücklicherweise nicht wissen. Als die Welt erschaffen wurde, im Urknall, waren wir nicht dabei. Im 17. Jahrhundert wurde sie in Europa zum zweiten Mal erschaffen. Seitdem ist sie voller Risse, und an uns und niemand anderem ist es nun, aus dieser von der modernen Naturwissenschaft zum zweiten Mal erschaffenen Welt das Beste, das Menschenmögliche zu machen.

Zeittafel I: bis 1600

	China	Griechen	Islamische Kultur	Europa
ca. 600–400 v. Chr.	frühe Text-traditionen	Vorsokratiker		
427–322 v. Chr.	frühe Text-traditionen	Platon, Aristoteles		
ca. 300–150 v. Chr.	Ausbau Kosmologie	Goldenes Zeitalter		
ca. 200 v. Chr.–200 n. Chr.	Han-Synthese			
ca. 150 n. Chr.	Ausbau und Verfeinerung	Ptolemäus		
ca. 800	Ausbau und Verfeinerung		Abbasiden; Übersetzun-gen	
ca. 900–1050	Ausbau und Verfeinerung		Goldenes Zeitalter	
ca. 1140	Ausbau und Verfeinerung			Gerhard von Cremona in Toledo
ca. 1250			at-Tusi	
ca. 1200–ca. 1300	Ausbau und Verfeinerung			Albertus, Thomas

ca. 1300 – ca. 1380	Ausbau und Verfeinerung			Goldenes Zeitalter Mittelalter
1453	Ausbau und Verfeinerung		Eroberung von Konstantinopel	Fall von Konstantinopel; Übersetzungen
ca. 1450 – ca. 1600	Ausbau und Verfeinerung			Goldenes Zeitalter Renaissance

Zeittafel II: 1600–1700

1592–1610		Galilei arbeitet in Padua an neuer Vorstellung von Bewegung
1600		Gilbert, *De Magnete*
1609		Kepler, *Astronomia Nova*
1610		Galilei, *Sidereus Nuncius*
1613		Galilei, Brief an die Großherzogin
1616	röm.-kath. Kirche verurteilt kopernikanische Lehre	
1618	Beginn des Dreißigjährigen Krieges	Beeckman begegnet Descartes in Breda
1619		Kepler, *Harmonice Mundi*
1620		Bacon, *Novum Organum*
1627		Bacon, *Nova Atlantis*
1628		Harvey, *De Motu Cordis*
1632		Galilei, *Dialogo*
1633	Prozess gegen Galilei	
1637		Descartes, *Discours de la méthode*
1638		Galilei, *Discorsi*
1639–1645	Auseinandersetzung zwischen Descartes und Voetius	

1644		Descartes, *Principia Philosophiae*
1644-1649	Familie Cavendish im Pariser Exil	
1648	Westfälischer Friede	
1652-1656		Huygens erforscht Stoßphänomene
ab 1657	Auseinandersetzungen in Frankreich um Descartes' Lehre	
1660	Stuart-Restauration; Gründung der Royal Society	
1661		Boyle, *The Sceptical Chymist*
1665		Hooke, *Micrographia*
1666	Gründung der Académie des Sciences	
1665-1667		Newtons »Wunderjahre«
1673		Huygens, *Horologium Oscillatorium*
1679		Hooke schreibt Newton
1684		Halley besucht Newton
1687		Newton, *Principia*
1690		Huygens, *Traité de la lumière*
1704		Newton, *Opticks*

Literaturhinweise

Großen Dank schulde ich zunächst Marita Mathijsen und Frans van Lunteren, die den gesamten Text kritisch gelesen haben. Das Thema dieses Buches habe ich wesentlich detaillierter in einem umfangreichen Werk behandelt, das sich in erster Linie an meine Fachkollegen richtet und 2010 unter dem Titel *How Modern Science Came into the World. Four Civilizations, One 17th Century Breakthrough* bei der Amsterdam University Press erscheint. Es baut auf einem früheren Buch auf: *The Scientific Revolution. A Historiographical Inquiry*, University of Chicago Press, 1994. Darin habe ich inspirierende und wegweisende Arbeiten zur Entstehung der modernen Naturwissenschaft miteinander verglichen.

Der Autor, den ich dabei am ausführlichsten, wenn auch kritisch, besprochen habe, ist Joseph Needham. Er war der große Pionier der Forschung zur Naturerkenntnis in China bis etwa 1600, außerdem Wegbereiter der vergleichenden Wissenschaftsgeschichte. Ihn interessierte die Frage, warum die moderne Naturwissenschaft eigentlich nicht in China, sondern in Europa entstanden ist. Aus seiner Forschung ging eine umfangreiche Reihe von Büchern unter dem Sammeltitel *Science and Civilisation in China* hervor. Diese Reihe, von Anfang an bei der Cambridge University Press erschienen, wurde auch nach seinem Tod im Jahr 1995 fortgesetzt. Im zweiten Teil von Band 4 wird ausführlich die Geschichte von Su Songs Wasseruhr dargestellt. Unter Needhams Leitung hat Colin Ronan eine für Nichtspezialisten leichter verständliche Reihe unter dem Titel *The Shorter Science and Civilisation in China* veröffentlicht. Der erste Band ist auch auf Deutsch erschienen: Joseph Needham und Colin A. Ronan, *Wissenschaft und Zivilisation in China*, Frankfurt am Main 1984. Einer von Needhams zahlreichen Mitarbeitern, Nathan Sivin, hat zusammen mit Geoffrey Lloyd die frühe chinesische Naturforschung mit der griechischen verglichen in: *The Way and the Word. Science and Medicine in Early China and Greece*, New Haven, Conn. 2002. Eine chronologisch aufgebaute Übersicht über die Geschichte der chinesischen Naturerkenntnis existiert allerdings bis heute nicht. Ob in dieser Geschichte bestimmte Muster erkennbar sind, lässt sich daher noch nicht sagen.

Dafür gibt es Übersichten über die GRIECHISCHE UND MITTELALTERLICHE NATURERKENNTNIS. Sehr nützlich ist David C. Lindbergs Buch *Die Anfänge des abendländischen Wissens*, Stuttgart 1994 und München 2000.

Leider sind umfassende Darstellungen der NATURERKENNTNIS IN DER ISLAMISCHEN KULTUR auf akzeptablem wissenschaftshistorischem Niveau in keiner verbreiteten Sprache – außer dem Arabischen – erschienen. Deshalb habe ich einige Studien zu Teilgebieten und spezielle Nachschlagewerke zu Rate gezogen. Ich verweise besonders auf die *Encyclopaedia of the History of Science, Technology, and Medicine in Non-Western Cultures*, herausgegeben von Helaine Selin (Berlin u.a., 2. Auflage 2008), obwohl sie längst nicht auf allen Gebieten zuverlässig ist.

NATURERKENNTNIS IN DER RENAISSANCE wird in der Regel nicht gesondert behandelt. Am nächsten kommt diesem Thema ein Buch von Allen G. Debus, *Man and Nature in the Renaissance*, Cambridge 1978.

Eine Vielzahl aktueller Informationen über die WISSENSCHAFTLICHE REVOLUTION bietet die von Wilbur Applebaum herausgegebene *Encyclopedia of the Scientific Revolution. From Copernicus to Newton*, New York/London 2008. Wer andere Erklärungen der Wissenschaftlichen Revolution als meine eigene lesen möchte, findet zahlreiche neue, knappe und leicht verständliche Studien: Steven Shapin, *Die Wissenschaftliche Revolution*, Frankfurt am Main 1998; John Henry, *The Scientific Revolution and the Origins of Modern Science*, Hampshire/London 1997; Peter Dear, *Revolutionizing the Sciences. European Knowledge and Its Ambitions, 1500–1700*, Basingstoke 2001. Vor kurzem erschien eine viel ausführlichere Monographie: Stephen Gaukroger, *The Emergence of a Scientific Culture. Science and the Shaping of Modernity 1210–1685*, Oxford 2008.

Informationen über die GELEHRTEN, die zusammen die Wissenschaftliche Revolution gemacht haben, findet man in Applebaums *Encyclopedia of the Scientific Revolution* (s. o.). Viel mehr Details bietet das von Charles Coulton Gillispie herausgegebene *Dictionary of Scientific Biography*, zwischen 1970 und 1980 in 16 Bänden bei Scribner's in New York verlegt; 2007 erschien eine von Noretta Koertgen herausgegebene Neubearbeitung, *New Dictionary of Scientific Biography*, mit vielen neuen Artikeln, außerdem eine elektronische Version mit dem Titel *Complete Dictionary of Scientific Biography*, die den Text beider Ausgaben enthält.

Im Folgenden nenne ich nur einige Studien zum Leben und Werk der bedeutendsten Wissenschaftler dieser Epoche. Schon 1948 erschien eine großartige deutsche Kepler-Biographie: Max Caspar, *Johannes Kepler;* inzwischen gibt es eine vierte Auflage, Stuttgart 1994. Über Galilei informieren sich deutschsprachige Leser am besten in Enrico Bellone, *Galileo Galilei. Leben und Werk eines unruhigen Geistes,* Heidelberg 2002. Sowohl den *Dialogo* als auch die *Discorsi* gibt es in deutscher Übersetzung: *Dialog über die zwei hauptsächlichen Weltsysteme, das ptolemäische und das kopernikanische,* Leipzig 1891, Nachdruck Darmstadt 1982; *Unterredungen und mathematische Demonstrationen über zwei neue Wissenszweige, die Mechanik und die Fallgesetze betreffend,* 3 Bände, Leipzig 1890–1904, Nachdruck Darmstadt 1964. Studien zu Descartes sind je nach Nationalität und fachlicher Ausrichtung des Autors sehr unterschiedlich: Französische Darstellungen betonen ganz andere Aspekte als englischsprachige, philosophische Arbeiten andere als wissenschaftshistorische. Ich empfehle Stephen Gaukroger, *Descartes. An Intellectual Biography,* Oxford 1995. Eine gute Einführung in das Denken von Huygens bietet Joella G. Yoder, *Unrolling Time. Christiaan Huygens and the Mathematization of Nature,* Cambridge 1988. Das Standardwerk zu Newton bleibt Richard S. Westfall, *Never at Rest. A Biography of Isaac Newton,* Cambridge 1980. Von diesem 800 Seiten langen, aber mitreißend geschriebenen Buch ist eine Kurzversion ohne technische Details auch auf Deutsch erschienen: *Isaac Newton. Eine Biographie,* Heidelberg 1996. Erwähnen möchte ich auch noch Pascals Brief an Père Noël vom 29. Oktober 1647, der in jeder vollständigen Werkausgabe zu finden ist, beispielsweise in der »Pléiade«-Edition, außerdem auf Deutsch in *Briefe des Blaise Pascal,* Leipzig 1935.

Wer mehr darüber wissen will, wie es weiterging, also über die Zeit ZWISCHEN NEWTON UND DER GEGENWART, findet einige neuere Übersichtsdarstellungen der gesamten Geschichte der Naturwissenschaften. Jede hat ihre Vor- und Nachteile, aber alle sind von kompetenten Autoren sehr gut lesbar geschrieben und lassen eine klare Linie erkennen. Auf Deutsch gibt es: James E. McClellan und Harold Dorn, *Werkzeuge und Wissen. Naturwissenschaft und Technik in der Weltgeschichte,* Hamburg 2001 (die einzige gute Übersicht, die auch nichtwestliche Kulturen berücksichtigt); auf Englisch: Peter J. Bowler und Iwan Rhys Morus, *Making Modern Science. A Historical Survey,* Chicago 2005.

Meine Bemerkungen zum EXTROVERTIERTEN CHARAKTER DER EUROPÄISCHEN KULTUR gehen auf Erkenntnisse Max Webers zurück, vor allem in *Gesammelte Aufsätze zur Religionssoziologie,* Tübingen 1920–22, Nachdruck

unter dem Titel *Religion und Gesellschaft. Gesammelte Aufsätze zur Religionssoziologie*, Frankfurt am Main 2006.

Schließlich nenne ich noch einige Arbeiten zu Themen der Schlussbe-
trachtung. Die drei Positionen zum Verhältnis von Naturwissenschaft
und Religion findet man in: Andrew Dickson White, *Geschichte der Fehde
zwischen Wissenschaft und Religion in der Christenheit*, Leipzig 1911; Stephen
Jay Gould, *Rocks of Ages. Science and Religion in the Fullness of Life*, New York
1999; Steven Weinberg, *Der Traum von der Einheit des Universums*, München
1993. Eine ausführliche, sehr nuancierte Darstellung des historischen Ver-
hältnisses von Christentum und Naturwissenschaft bietet John Hedley Broo-
ke, *Science and Religion. Some Perspectives*, Cambridge 1991. Die Unmöglichkeit eines konsistenten Gesamtsystems demonstriert sehr schön Paul
F. H. Lauxtermann, *Schopenhauer's Broken World-View. Colours and Ethics
Between Kant and Goethe*, Dordrecht/London 2000. Eine informative Einführung in die Geschichte der vielen Versuche, naturwissenschaftliche
Weltbilder zu schaffen, bietet ein Artikel von Casper Hakfoort, »The His-
toriography of Scientism. A Critical Review«, in *History of Science* 33, 1995.

Meinen Standpunkt im Konflikt zwischen Wissenschaftsrelativismus
und Realismus habe ich ausführlicher im Epilog meines schon erwähnten
Buches *How Modern Science Came into the World. Four Civilizations, One
17th Century Breakthrough* dargestellt.

Außerdem habe ich einen Beitrag zur Diskussion über Natur- und
Geisteswissenschaften geliefert, in einem von dem Schriftsteller Gerrit
Krol eingeleiteten Sammelband mit dem Titel *De trots van alfa en bèta*, Ams-
terdam 1997.

Zitatnachweise

Einleitung – Die »alte« und die »neue« Welt

S. 11: »Denken mit den Händen«: Denis de Rougemont, *Penser avec les mains.* Paris 1972.

I. Um am Anfang anzufangen: Naturerkenntnis im alten Griechenland und China

S. 15: »Wie aber könnte dann Seiendes …«: Parmenides, *Vom Wesen des Seienden. Die Fragmente, griechisch und deutsch.* Herausgegeben, übersetzt und erläutert von Uvo Hölscher. Frankfurt am Main 1969. Fragment 8, Vers 19–21. S. 31f.

S. 28: »bloße Mutmaßung«: Claudius Ptolemäus, *Handbuch der Astronomie.* Erster Band. Aus dem Griechischen übersetzt und mit erklärenden Anmerkungen versehen von Karl Manitius. Leipzig 1912. S. 3.

S. 36f.: »Für die Chinesen …«: Joseph Needham und Colin Alistair Ronan, *Wissenschaft und Zivilisation in China.* Bd. 1. Frankfurt am Main 1984. S. 218f.

S. 38: »Studium war …«: Geoffrey E. R. Lloyd und Nathan Sivin, *The Way and the Word. Science and Medicine in Early China and Greece.* New Haven, Conn. 2002. S. 192.

S. 40f.: »Der chinesische Kosmos …«: Geoffrey E. R. Lloyd und Nathan Sivin, *The Way and the Word. Science and Medicine in Early China and Greece.* New Haven, Conn. 2002. S. 198f.

S. 50: »magnificent dead-end«: David S. Landes, *Revolution in Time. Clocks and the Making of the Modern World.* Cambridge, Mass. 1983. Titel des 1. Kapitels.

II. Islamische Kultur und das Europa des Mittelalters und der Renaissance

S. 60: »Dieses Buch wurde ...«: Zitiert nach S. L. Montgomery, *Science in Translation. Movements of Knowledge Through Cultures and Time.* Chicago 2000. S. 120.

S. 72: »Und daher war die islamische Welt ...«: J. J. Saunders, »The Problem of Islamic Decadence«. In: *Journal of World History 7*, 1963, S. 716.

S. 76: »Die Astronomie der heutigen Zeit ...«: R. Arnaldez u. A. Z. Iskandar, Stichwort »Ibn Rushd« in: *Dictionary of Scientific Biography* 12, S. 3.

S. 76: »den Meister aller die da wissen«: Dante Alighieri, *Die Göttliche Komödie*, 4. Gesang, übersetzt von Karl Witte, Berlin 1916.

S. 80: »intensiven Neugier nach den Besonderheiten ...«: Zitiert nach Michael McVaugh, Stichwort »Frederick II of Hohenstaufen«, in: *Dictionary of Scientific Biography* 5, S. 147.

S. 84: »Die Lehrsätze Euklids sind heute ...«: Zitiert nach N. M. Swerdlow, »Science and Humanism in the Renaissance: Regiomontanus' Oration on the Dignity and Utility of the Mathematical Science«, in: P. Horwich (Hg.), *World Changes. Thomas Kuhn and the Nature of Science.* Cambridge, Mass. 1993, S. 149.

S. 91: »ein Tuch, das aus feinstem Faden ...«: Leon Battista Alberti, *Das Standbild. Die Malkunst. Grundlagen der Malerei*, hg., eingeleitet, übersetzt und kommentiert von Oskar Bätschmann und Christoph Schäublin unter Mitarbeit von Kristina Patz, Darmstadt 2000, S. 249. Dürers Holzschnitt trägt den Titel „Der Zeichner des liegenden Weibes" (um 1525), in: Albrecht Dürer, »Unterweisung der Messung«, 3. Ausgabe 1538.

S. 96: »die reale Existenz eines kohärenten...«. Steven Shapin, *Die wissenschaftliche Revolution*, übersetzt von Michael Bischoff, Frankfurt a. M. 1998, S. 9 (unpaginiert).

S. 96: »Nebeneinander unterschiedlicher Traditionen«. Ebd., S. 138.

III. Drei revolutionäre Transformationen

S. 107: »Neue Astronomie ...«: Johannes Kepler, *Gesammelte Werke. Band III. Astronomia Nova.* Hrsg. v. Max Caspar. München 1937. S. 5.

S. 107: »Bei seinen angestrengten Versuchen ...«: Peter Krüger an Philipp Müller, 1. 7. 1622. In: Johannes Kepler, *Gesammelte Werke. Band 18. Briefe 1620–1630.* Hrsg. v. Max Caspar. München 1959. S. 92.

S. 118: »Der Zugang zu einer sehr weiten ...«: Galileo Galilei, *Discors: Le opere di Galileo Galilei*, Band 8, Florenz 1900, S. 190.

S. 124: »um Oheim Pieter …«: Isaac Beeckman, *Journal*. Band I. Den Haag 1939. S. 228.

S. 126: »Was sich einmal bewegt …« Isaac Beeckman, *Journal*. Band I. Den Haag 1939. S. 44.

S. 130: »the effecting …«: Francis Bacon, *Works. Vol. 3. Philosophical Works Part 2.* London 1989. S. 156.

S. 130: »Die Natur nämlich …«: Francis Bacon, *Neues Organon.* Hrsg. v. Wolfgang Krohn. Lateinisch-deutsch. Darmstadt 1990. S. 81.

S. 130: »Händler des Lichts«: Francis Bacon, *Neu-Atlantis.* Berlin 1959. S. 99.

S. 137: »›Weil‹, so schließt er …«: Christian Morgenstern, »Die unmögliche Tatsache«. In: *Galgenlieder. Palmström. Palma Kunkel. Der Gingganz.* Stuttgart 1978. S. 80f.

S. 139f.: »Auch ist es nicht gering einzuschätzen …«: Francis Bacon, *Neues Organon.* Hrsg. v. Wolfgang Krohn. Lateinisch-deutsch. Darmstadt 1990. S. 181.

S. 142: »Es ist sehr wahr …«: Galileo Galilei: Brief an Belisario Vinta, 19. 3. 1610. In: *Le opere di Galileo Galilei.* Band 10. Florenz 1900. S. 298.

S. 142: »… wenn man mich seit meiner Jugend …«: René Descartes, *Discours de la Méthode / Bericht über die Methode.* Stuttgart 2001. S. 133.

S. 142: »Mich selbst fand ich …«: Francis Bacon, *Works. Vol. 3. Philosophical Works Part 2.* London 1989. S. 518.

IV. Eine Krise überwunden

S. 144: »Philosophen und Mathematikers«: Auf dem Titelblatt des *Dialogo* (Florenz 1632) bezeichnet er sich als »e Filosofo, e Matematico«.

S. 152: »bewundernswerte und wahrhaft himmlische Lehre«: Galileo Galilei, *Dialog über die zwei hauptsächlichen Weltsysteme, das ptolemäische und das kopernikanische.* Leipzig 1891. S. 485.

S. 157: »Wenn einmal das Wesen und das Sein …«: Zitiert nach A. C. Duker, *Gisbertus Voetius* (4 Bde.), Leiden 1897 –1915, Bd. II, S. XLV-XLVI.

S. 174: »Wissen ist Macht«. Zitiert nach: Francis Bacon, Works 4, S. 47 (*Novum Organum*, Aphorismus 3).

S. 174: »sichtbar gute Werke im Beisein der Menge verrichtete«: Zitiert nach Thomas Sprat, *The History of the Royal-Society of London.* London 1667, S. 365–369.

S. 175: »Das Gesetz der Vernunft erstrebt …«. Ebd.

V. Dreifache Expansion

S. 183: »In zwei ungleichen Querschnitten …«: Benedetto Castelli, *Della misura dell'acque correnti*. Rom 1628. S. 48. Zitiert nach Maffioli, Cesare Sergio: *Out of Galilei. The Science of Waters, 1628–1718*. Rotterdam 1994. S. 49.

S. 186: »viel zu leiden …«: Christiaan Huygens, *Œuvres Complètes. 9: Correspondance 1685–1690*. Den Haag 1901. S. 289.

S. 189: »[D]ie Erkenntnis einer einzigen Thatsache …«: Galileo Galilei, *Unterredungen und mathematische Demonstrationen über zwei neue Wissenszweige, die Mechanik und die Fallgesetze betreffend*. Aus dem Italienischen und Lateinischen übersetzt und herausgegeben von Arthur von Oettingen. Teil 2. Dritter und vierter Tag. Leipzig 1891. S. 107.

S. 189: »Uebrigens muss selbst …«: Galileo Galilei, *Unterredungen und mathematische Demonstrationen über zwei neue Wissenszweige, die Mechanik und die Fallgesetze betreffend*. Aus dem Italienischen und Lateinischen übersetzt und herausgegeben von Arthur von Oettingen. Teil 2. Dritter und vierter Tag. Leipzig 1891. S. 88.

S. 194: »die Phantasterei kein Ende« : Isaac Newton, Brief an Robert Boyle, 28. 2. 1679. In: Newton, Isaac, *The Correspondence*. Vol. 2. 1676–1687. Cambridge 1960. S. 288.

S. 196: »lächerlich«: René Descartes an Marin Mersenne, Mitte Januar 1630. Zitiert aus Beeckman, Isaac, *Journal*. Band IV. Den Haag 1953. S. 177.

S. 197: »Das Neue der Formen …«: Christiaan Huygens, *Œuvres Complètes. 10: Correspondance 1691–1695*. Den Haag 1905. S. 403.

S. 197: »Monsieur Descartes das Mittel …«: ebenda.

S. 198: »viel Geist …«: Christiaan Huygens, *Œuvres Complètes. 10: Correspondance 1691–1695*. Den Haag 1905. S. 408.

S. 205: »Die Tücke unbelebter …«: John L. Heilbron, *Electricity in the 17th and 18th Century. A Study of Early Modern Physics*. Berkeley 1979. S. 3.

S. 206: »verzauberter Spiegel …«: Francis Bacon, *Über die Würde und die Förderung der Wissenschaften*. Freiburg 2006. S. 301.

VI. Fortgesetzte Transformation

S. 221: »pretty near«: Zitiert nach Richard S. Westfall, *Never at Rest. A Biography of Isaac Newton*. Cambridge 1980, S. 143.

S. 223: »Vom Gebrauch von Experimenten …«: zitiert nach Rose-Mary Sargent, *The Diffident Naturalist. Robert Boyle and the Philosophy of Experiment*. Chicago 1995. S. 164.

S. 224: »durch eine geordnete Folge …«: zitiert nach Thomas S. Kuhn, »Robert Boyle and Structural Chemistry in the Seventeenth Century«. In: *Isis* 43, 1952, S. 22.

S. 226: »Die Teilchen, die von gleicher Größe …«: Robert Hooke, *Micrographia*. London 1665. S. 15.

S. 227: »weibliche oder Mutterprinzip …«: zitiert nach J. Henry, »Robert Hooke, the Incongruous Mechanist«. In: Michael Hunter und Simon Schaffer (Hrsg.), *Robert Hooke. New Studies*. Woodbridge 1989. S. 151.

S. 228f.: »Mechanische Kombinationen …«: zitiert nach Richard S. Westfall, *Never at Rest. A Biography of Isaac Newton*, Cambridge 1980. S. 307.

S. 228: »Vielleicht ist ja das gesamte Gefüge …«: Isaac Newton, *The Correspondence*. Vol. 1. 1661–1675. Cambridge 1959. S 364.

S. 231: »Struck with joy & amazement«: zitiert nach Richard S. Westfall, *Never at Rest. A Biography of Isaac Newton*, Cambridge 1980. S. 403.

S. 242: »eine heterogene Mischung …«: Isaac Newton, »New Theory about Light and Colors«. In: *Philosophical Transcations* 80, 19. 2. 1672, S. 3079.

S. 243: »Newtons methodisches Geschick …«: Richard S. Westfall, *Never at Rest. A Biography of Isaac Newton*, Cambridge 1980. S. 217.

S. 244: »[D]ie Theorie, die ich aufstellte …«: Isaac Newton an Henry Oldenburg, 6. 7. 1672. Isaac Newton, *The Correspondence*. Bd. 1. 1661–1675. Cambridge 1959. S 209.

S. 244: »die sonderbarste [oddest] …«: Isaac Newton an Henry Oldenburg, 11. 6. 1672. Isaac Newton, *The Correspondence*. Bd. 1. 1661–1675. Cambridge 1959. S 82.

Personenregister

Campus Bibliothek

Klassiker der Geschichte, Sozial- und Kulturwissenschaften

Eric J. Hobsbawm
Das imperiale Zeitalter
1875–1914
2008, 468 Seiten, ISBN 978-3-593-38592-1

Eric J. Hobsbawm
Nationen und Nationalismus
Mythos und Realität seit 1780
2005, 256 Seiten, ISBN 978-3-593-37778-0

Benedict Anderson
Die Erfindung der Nation
Zur Karriere eines folgenreichen Konzepts
3. Auflage 2005, 308 Seiten, ISBN 978-3-593-37729-2

John Keegan
Das Antlitz des Krieges
Die Schlachten von Azincourt 1415,
Waterloo 1815 und an der Somme 1916
2. Auflage 2007, 422 Seiten, ISBN 978-3-593-38324-8

Jules Michelet
Das Meer
2006, 348 Seiten, ISBN 978-3-593-38132-9

Moses I. Finley
Die Welt des Odysseus
Mythos und Realität seit 1780
2005, 212 Seiten, ISBN 978-3-593-37860-2

Mehr Informationen unter
www.campus.de/wissenschaft

campus
Frankfurt · New York

Geschichte

Johannes Fried, Michael Stolleis (Hg.)
Wissenskulturen
Über die Erzeugung und Weitergabe von Wissen
2009, 218 Seiten, ISBN 978-3-593-39020-8

Erik Lommatzsch
Hans Globke (1898-1973)
Beamter im Dritten Reich und Staatssekretär Adenauers
2009, 445 Seiten, ISBN 978-3-593-39035-2

Igor J. Polianski, Matthias Schwartz (Hg.)
Die Spur des Sputnik
Kulturhistorische Expeditionen ins kosmische Zeitalter
2009, 395 Seiten, ISBN 978-3-593-39042-0

Otto Ulbricht
Mikrogeschichte
Menschen und Konflikte in der Frühen Neuzeit
2009, 410 Seiten, ISBN 978-3-593-38909-7

Heinz-Gerhard Haupt, Claudius Torp (Hg.)
Die Konsumgesellschaft in Deutschland 1890–1990
Ein Handbuch
2009, 504 Seiten, ISBN 978-3-593-38737-6

Joachim Radkau
Technik in Deutschland
Vom 18. Jahrhundert bis heute
2008, 533 Seiten, ISBN 978-3-593-38689-8

Mehr Informationen unter
www.campus.de/wissenschaft

campus
Frankfurt · New York